imaginist

想象另一种可能

理
想
国

imaginist

世 界 之 门

感 官 的 故 事

［英］阿什利·沃德（Ashley Ward）——著　高天羽——译

SENSATIONAL

A New Story of
Our Senses

九 州 出 版 社
JIUZHOUPRESS

图书在版编目（CIP）数据

世界之门：感官的故事 /（英）阿什利·沃德著；
高天羽译 . -- 北京：九州出版社，2024.4
ISBN 978-7-5225-2761-1

Ⅰ . ①世… Ⅱ . ①阿… ②高… Ⅲ . ①人体—感觉器
官②动物—感觉器官 Ⅳ . ① Q983 ② Q954.53

中国国家版本馆 CIP 数据核字 (2024) 第 066198 号

著作权合同登记图字：01-2024-2353

世界之门：感官的故事

作　　者	[英] 阿什利·沃德 著　高天羽 译
责任编辑	牛　叶
出版发行	九州出版社
地　　址	北京市西城区阜外大街甲 35 号（100037）
发行电话	(010) 68992190/3/5/6
网　　址	www.jiuzhoupress.com
印　　刷	肥城新华印刷有限公司
开　　本	1230 毫米 ×880 毫米　32 开
印　　张	11
字　　数	249 千
版　　次	2024 年 4 月第 1 版
印　　次	2024 年 5 月第 1 次印刷
书　　号	ISBN 978-7-5225-2761-1
定　　价	59.00 元

我的感觉在为你歌唱。你的形象和声音是它的歌词，你的气味和触感是它的旋律。你的和弦包围着我，你就是我的世界。

——庞金（Punkin）

目 录

前　言

在我们周围的世界里，光、影和色彩都是不存在的。

——诺贝尔生理学或医学奖委员 C. G. 伯恩哈德（Bernhard）教授颁奖演说

悉尼，春光明媚的早晨，我满怀紧张期待的心情穿过大学校园前往阶梯教室，去给最近入学的一批学生讲"感觉"这个话题。我很喜欢在讲述奇妙的感觉生理学时，看他们脸上浮现的表情。这个话题很是精彩，我希望能将这番精彩恰如其分地传达出来。我不仅是在传授信息，也是在表演，我希望我的热情或许能点燃他们。

半路上，我穿过了悉尼的一处名叫"四方院"（Quadrangle）的地标，它位于大学校园中心；建筑师在其一隅栽了一棵亚热带树木，算是为它添上了最后一笔。每年南半球的春天正式来临之际，这株可敬的蓝花楹都会突然盛开，清香的淡紫色花朵爆满枝头，宣告学年的结束。这时，悉尼全市的蓝花楹也纷纷加入，令城市焕然一新。在一个月的时间里，城中的公园与人行道都铺满花瓣。于我而言，这也是一年中最令人感官愉悦的时段。

每当欣赏这棵雄伟的老树，我都不禁陷入沉思：简单的光子和气味分子，竟能交织出这样的壮美，真是不可思议。而我的脑又是怎样接触这些基本信息，并通过各种最了不起的协同作用，将它们转化为一种知觉（perception）体验的呢？

虽然我的注意被蓝花楹牢牢吸引，但我仍意识到了其他各种感觉内容。四方院周围的一座建筑顶部，一只黑背钟鹊正在啼鸣。那啼声亢奋迅捷，带有奇特的金属感，仿佛是我在英格兰从小听的鸣禽换了个蒸汽朋克版。与此同时，我还能感到一阵晨间的清风，它起自太平洋，穿过方院东面的拱廊而来。此刻，我嘴里还弥漫着茴香籽味含片的温热滋味，每次讲课我都靠它润嗓子。此外，还有一系列其他感觉一同使我保持直立，并让我的脑时时掌握身体的需求，也使我对环境保持警觉。

而这些只是我在短短一瞬间的感觉内容。变动不居的感觉之流将我们的知觉连通世界，五花八门的消息输入进来汇聚一处，每一秒都在为我们的人生书写自传。尽管我们的知觉似乎是一串连贯而单一的感觉体验，它却是由许多独立而复合的感官交融而成的。人到底有几种感觉？在第一次有人尝试给出合理的回答后，2300 年过去了，仍没有一个确定的答案。

希腊哲学家亚里士多德不愧是史上影响极大的一位思想家。他的观点有时不怎么准确，比如他曾断言野牛会向狗甩出腐蚀性的粪便，以阻止它们追逐。又比如他还提出过一个很有意思的观点，说蜜蜂是聋的，因为他看不见蜜蜂的耳朵。可是他虽然偶有失误，毕竟留下了卓越的智慧遗产。有人说，从他的辛劳中涌现出来的生物科学，还有他在 2000多年前就阐述过的许多知识，都经住了时间的考验。事实上，有一个发现（如果可以用"发现"这个词的话）必须归功于他，就是说人有五种感觉（比较正式的说法是"感觉模态"/sensory modalities），即视觉、听觉、味觉、嗅觉和触觉。为此，亚里士多德常受无端指责，主要因为这似乎是在说显而易见的废话。但我这里要为他辩解一句：亚里士多德还提出过一些富有洞见的开创性理论来描述什么是知觉，各种感觉又如何汇成了我们对世界的体验，而五种感觉不过是这些理论中的一小部分。不过，每当有人问起"我们有多少种感觉"时，可怜的老亚里士多德仍常常被卷入争论之中。

他的这个五感说到今天依然奠定了我们关于感觉的早期教育，但它和完整的真相仍有一些距离。我们的感觉肯定不止五种，具体有多少要看我们如何切分不同的类别，最多或可达 53 种。比如触觉，就是多种感觉的复合，而这些感觉又可以进一步切分。此外还有"平衡觉"和"本体感觉"（对身体位置的感觉），也都处于最初的五感之外。给感觉定下确切数目，这虽然是一个颇受欢迎的奇特辩题，对我们却没有多少帮助。不过，我们仍有必要弄清，在说某某情形是一种感觉时，我们究竟在说什么。

大体而言，一种感觉可以这样定义：它是一种官能，能通过专为某种刺激而生的感受器来探测这种刺激。例如，光线在进入人的眼睛后，会被一种名为"视黄醛"的分子吸收，这种分子就分布在视网膜上的光感受器细胞内部。光线中的能量会令视黄醛发生微小的分子扭曲，进而引起一串化学链式反应，最终生出一道微小的震颤电流。这道小小电流沿着视神经传至早已等候的脑，脑将它和无数来自相邻感受器且同时抵达的其他消息汇总分析，以此向我们提供一个关于光线的视觉。这个将刺激转化为脑可以理解的信号的过程，称为"转导"（transduction）。

还有味觉感受器（受体）*，它们分布于我们的舌表面、面颊内侧和食管顶端。给它们一个分子，几毫秒后，它们就会将这个分子的详情全部报告给脑。我们身上的其他部位也零散分布着味觉感受器，比如肝脏、脑甚至睾丸。最后这个部位是在 2013 年的一篇论文中揭示的，文章发表后在男青年中掀起了一股热潮，好事者纷纷将自己的睾丸泡入酱油之类的液体，有人甚至宣称在下面尝到了咸味。但其实，虽然味觉感受器确实在这些反常的部位出现，它们却并不组织成味蕾，也不像口腔中的感受器那样与脑连通，因此不可能产生风味体验。于是，这些好事者非但白白在性腺上裹了一层调料，还被人指责是在想当然。抛开那一碗碗被糟蹋的酱油不说，一种感觉要成为感觉，除了有专门的感受器之外，还必须有一条畅通的信息公路连入脑的感觉皮层。不过，虽然感觉的神经通路必然从感受器连接入脑，我们也不能就此认为脑只是一台计算机，只会中立地接收和解码输入的信息。

*

---

* 在中文里，严格说，感受器偏向指细胞结构，受体则偏向指大分子，但二者英文均为 receptor，且在涉及嗅觉和味觉两种化学感觉时有重合。本书译稿主要选用"感受器"，据语境少量选用"受体"。——编注

脑中储存着你的全部知识、情绪和个性，寓居着你最隐秘的想法，你也在那里感受生活的一切。脑安全地坐落在颅骨的保护之内，处于精心调控的生理均衡之中。它本身没有感觉，却产生了你的所有体验。脑与感觉器官的连接形成了一张巨大且复杂的网络，借此，脑每秒接收着相当于万亿字节的信息。它几乎能在瞬间加工并分析所有这些信息，将不同来源的输入毫无间隙地啮合运算，技艺精湛无比。脑为过滤、排列和加工外来信息所做的全部工作，其结果就叫"知觉"。这绝不是一个被动过程。脑不单在收集和组织数据，它还会积极地调控和学习，会带着偏见、既有期待和情绪对外来信号进行分层和解读。这种感觉与感性的整合，有力地塑造着我们的知觉。

许多年前，我的祖父母唯一一次踏足英国之外，去维也纳旅行了一回。这是我奶奶素来的一个梦想，她一直希望去这座美丽的城市畅游一番，去看看它的建筑、尝尝萨赫蛋糕（Sachertorte），并在这个华尔兹的发源地聆听那些著名舞曲。后来，祖母回忆，他俩转过一座建筑，就与那条将城市一分为二的著名河流不期而遇。

"快看，吉姆！多瑙河！"她兴奋地喊道，"他们说如果你在恋爱，河水看起来就是蓝的！"

我祖父不是个容易萌发诗兴的男人。他操一口约克郡英语，元音扁得好像他常戴的那顶帽子，他当时只干巴巴地回了句："我看棕不溜秋的。"

虽然依据常识，这样一条工业化地带的主要河流，即使在最具浪漫情调的人眼里，也绝不会如一泓林中池塘般湛蓝，但这则逸事仍然透露了一点点真相：当人的情绪被唤起时，脑的视皮层会更活跃，从而使人所见的一切显得更加丰富、明亮，即便不一定是更蓝。至于我的祖父，他在那次旅行中的感觉，可能也在为他的态度所引导。我们的心态多少会影响脑内的神经活动，使我们见到自己期盼见到的东西。

其实说穿了，我们每个人所拥有、所信赖的对现实的知觉，不过是一套复杂精巧的错觉。在讨论感觉时，这一点是最叫人不能接受的。我们自认为是理性、明辨是非的生物，那么我们的直接体验，又怎么会是错觉？为了说明这一点，我们来看一个简单的例子。我在写作时，面前会放一杯茶。如果我要人仔细观察它，描述它的样子，那人可能会告诉我杯子是什么颜色、里面盛了什么，还会说到杯中逸出茶的气味，它是热的，等等。要是那人喝上一小口，或许还会告诉我茶味略苦，带点奶香，总之嘛就是像茶。

那人对于我这杯茶的体验，在他自己看来完完全全是客观真实的，他还会认为，他感知到的真实与我的完全一致。但实际上，我俩对茶的感觉体验虽然多有重叠，但这重叠并非百分之百。我们对颜色的体会或许有细微不同。同样，茶水的气息和味道对我们也可能不一样。如果那人刚刚从寒冷的室外进来，他就会感到茶水更温暖。

此外，我们的知觉还会蒙上感情色彩。或许另外那人来自中东地区,于是对往茶里放奶的做法大感震惊。果真如此,他对这杯茶的反应就部分地会受其文化判断力的左右。我们的两种体验,对我们自己都同样真实,但没有哪一种是客观上正确的。不过这并不能阻止人们陷入争论,说自己的主观知觉比别人的更真。

像这样为现实绘出不同的色调,只是这场宏大错觉的开端。继续深究下去,它会显得更加精彩且无比诡异。比如,说不同的人对颜色有不同的观感还好接受,但要说颜色并不真正存在于人脑之外,就完全是另一回事了。其实不光颜色,声音、味道、气味也都是不存在的。比如我们感知(perceive)到的红色,不过是波长 650 纳米左右的辐射能量。这种能量并不包含任何“红色本质”,红色只存在于我们的头脑当中。我们所认为的“声音”也不过是压力波,味道和气味则只是不同的分子构象。虽然我们的感觉器官能够出色地探测到这些刺激,但解释它们的却是脑,是脑将它们转化成了一副我们理解世界的框架。这副框架诚然有它的价值,但它毕竟只是对现实的一种解读,跟其他所有解读一样,它也是主观的。

能把我们的所有感觉信息无间融合为一套单一且统一的体验,这绝不是一般的成就,为了做到这个,脑要依靠一些招数。比如,它必须弥补加工不同感觉的用时差异:视觉富含信息数据,加工时间比其他感觉要稍长一点。这就是为什么即使到了 21 世纪,我们仍在用发令枪而非信号灯来开始一场短跑决赛。鸣枪不是出于传统,不是在不合时宜地致敬那些穿长礼服的前辈，而仅仅是因为，运动员也和我们常人一样，对光线做出反应的速度比对声音稍慢一些。我们的各种感觉之所以同步，只是因为脑稍稍拖慢了它们，好把一切都对齐。不仅如此，当感觉产生时，我们体验到的一切都已经发生过了。为了跟上真实世界，弥补这轻微的延迟，人脑必须对运动做出预测。如果它做不到这个，我们就会永远跟不上节奏，笨手笨脚的。

外面有这么多信息一股脑涌入，都要求立即得到关注，脑是怎么一一应付它们的？答案就是不一一应付。脑永远在探寻重要的事情，其间会不断过滤和筛选信息。它特别关注新奇和变化，而我们不停收集的感觉信息，大多并不会越过注意的门槛而进入意识。如果你现在坐着，你不太可能注意到椅背对你后背的压力或衣服在皮肤上的触感——至少读到这句话之前没注意。这并不是脑子在犯懒，而是它在将重要信息和无关紧要的事区分开来。这样做的缺点是脑会忽略细微之处，这也是为什么灵巧的魔术师每次都能骗到我们。

这里就显出了感觉和知觉之间的瓶颈，它们一个只管收集信息，另一个还要加工信息，使之进入人的意识。这一区分对于视觉尤其重要。人脑利用一套模板寻找规律、化繁为简，这套模板称为"内部模型"，有了这个模型，人脑就能根据之前的感觉体验来预测将来的感觉。这个模型用处极大，它使人脑能够加工不完整的信息，并从碎片中构建出一幅完整的图像。

然而这也正是我们会出现错觉的原因，其中又以视觉特别容易受骗。一个著名的例子是旋转的舞台面具。当我们在影片中看着面具慢慢旋转，我们可能首先看到的是它向外凸出的一面——很容易如此，因为面孔是人脑接收的基本信息，一切都很合理。可是当我们看到了面具向内凹陷的一面呢？脑自会将它内外翻转，使我们仍看到一个外凸的表面，就像我们看过的每张脸一样。就算我们知道自己看见的其实是一块内凹，脑的内部模型仍会凌驾于我们的理性。

　　人脑在知觉中的主导作用，意味着我们可以把感觉视作一支管弦乐队，将脑视作指挥，经它的协调与整合，原本孤立的输入才汇成连贯而丰富的单一体验。不过要是没有管弦乐队，指挥也就失去了意义。脑之所以存在，完全是因为有感觉信息需要加工。回到那个古老的"鸡生蛋还是蛋生鸡"的问题，我们可以说是感觉这枚蛋生下了脑这只鸡。事实上，有大量生物没有脑子照样存活，但其中许多仍有基本的感觉功能。试想一只细菌，它小得远非肉眼所能看到，游弋在一只盛水的浩瀚茶杯里寻觅养分。它那条发丝般的尾部鞭毛旋转着，打着微小的圈子，像船的螺旋桨一般推动它前进。这只细菌没有心中的目标，但它能觉察水中的化学物质，并循着它们找到源头。它发现了一丝淡淡的糖味，那对饥饿的旅行者而言是一顿美餐，于是它移动过去。但在接近的过程中，它又感觉到另一种化学物质，那是一个蛋白，这说明前方有麻烦，有另一种有机体。出于反射，它的尾部再次旋转，这次是朝相反的方向，改变细菌的航线。上面这个故事讲的是像大肠杆菌一类的细菌是如何趋向其养分梯度的，它很简单，但它也描绘了一个基本过程：最早的感觉是如何涌现的。

生命在约 40 亿年前从水中演化而来。最早的一批生物都是静态的，只有仗着水流的协助才能运动。但一味待在原地并不是最理想的安排。非得行动起来找到新的牧场，那些爱冒险的微生物才有机会利用之前不曾开采的资源。最早出现的生命中有一种蓝细菌，它们用好几种方法实现了移动的抱负，比如有的会喷出细小的黏液流推动自己。细菌的移动方式有滑行、爬行和游动。如果有机体能够辨明方向，这类迷你迁徙就会变得有效很多。在物理世界中，化学梯度就是为它们指出方向的一种性质。光线是另外一种。感光蛋白如"视紫红质"（rhodopsin）能吸收光线，在这个过程中它们会经历化学重组，并以此为基础探查到太阳的光线，以及阳光中维持生命的能量。

在复杂的有感觉生命的演化中，上述基础过程还伴随着另一个步骤，就是发现压力变化的能力，也称"机械敏感性"（或"牵张敏感性"）。细菌的外膜中有多条管道，能在受到压力时打开。事实上，就是这些管道防止了细菌在大吃布丁后胀破，是它们让细菌能将自身的内部压力与外界压力相匹配。有人猜想，这些敏感的管道发展到后来，就成了我们体内那种更加精细的机械感觉（mechanosensation）。的确，在转向更复杂的生物，如草履虫这样的原生生物时，我们就能发现它们会对触碰做出反应。和细菌一样，草履虫的整个身体只相当于一个活细胞，但只要轻轻拍打，就能引起其内部压力的改变，使它出现飞速逃往反方向的反应。不可思议的是，这个对机械刺激的简单应答，到后来竟演变成了听觉和触觉，就像对光的觉察乃是视觉的开端那样；而细菌追踪化学物质的能力，最终也演变成了我们的嗅觉和味觉。这些进步于数十亿年前发生在最简单的生物体内，它们留下了一部感觉的遗产，在生命之树的每一条枝杈上代代相传。

纵观整部演化史，生物一直在攀爬一架感觉之梯，梯子的每一掌，都会为登上它的生物赋予非凡的优势。这些进步的关键通货是信息：关于环境的信息，关于猎食者和猎物的信息，还有关于竞争者和潜在配偶的信息。我们的感觉是那些在原始沼泽中追踪化学梯度的古代生物的遗赠，最终，这些感觉推动了脑的演化。

实际上，人脑的正常运作也很依赖感觉输入，没有了它们，事情就会变得奇怪。不久前，我去悉尼东郊拜访了一间感觉剥夺室。那里的人告诉我，为获得最真实的体验，我必须把衣物脱光，免得布料在皮肤上引发触感，而这可能阻断即将产生的极乐状态。于是我脱个精光，窘迫地走进了一只蛋形舱室，然后我拉下舱盖，开始拥抱感觉上的空无。我躺下来，身子在一池浅浅的超咸水中悬浮，它的温度和我的血液相同，我戴上耳塞，平息了外界传来的微弱噪声。

起初，我的主要情绪是一种烦闷的无聊感，我的内心像一名躁动的儿童，责怪我撤走了各种刺激。这个阶段一过去，情绪就转到了待命模式，我也放松下来，但因为什么也看不见，我的心灵开始编造事物：闪烁的光，还有如汽水泡一般泛起又退入虚无的几何图形。这个现象的正式名称叫"甘茨菲尔德效应"（Ganzfeld effect），还有个更生动的名字叫"囚徒影院"。被困在黑暗地底的矿工体验过它，视野中唯有一片纯白的极地探险者也体验过它。据记载，古希腊的一些哲学家还曾下到地洞里去引出这种幻觉，希望借此获得洞见。时间久了，这种闪光秀有时会发展成更为奇异的白日梦。这些异象的背后是人脑在仓皇地建立它的内部模型，虽然用来建构这个模型的感觉信息都已经断了。上述古怪幻象就是这么来的，虽然在一些人看来，这些幻象真实得令人不安。在正常生活中，对于大多数人，这个内部模型都提供了脑的感觉框架，这框架是一种错觉，内部模型会随着感觉的输入而不断对它进行强化和更新。吊诡的是，恰恰是这种错觉赋予了我们称为"现实"的那种体验。

然而什么才是现实？还有更宽泛的一个问题：活着意味着什么？无论我们怎么努力作答，都可以公允地说上一句：即使最雄辩的答案，也无法完全传达活着这一体验的荒唐、宏伟和神奇。而感觉正处在这一奇迹的核心。感觉是我们的内在自我同外部环境之间的界面。因为它们，我们才能感知到美，这美包含着伟大的艺术作品到壮丽的自然景象；也因为它们，我们才能品尝到冰凉透爽的饮品，听见欢声大笑，享受情人的触摸。一句话，有感觉的人生才值得一过。我们的感受器会收集林林总总的质地、压力波、光照模式和分子浓度，还会像一群敬业过头的速记员那样，将大量电信息脉冲汇报给脑，脑再经过一番解码和组织，最终从里头编织出意义。这个从混沌繁杂的物理世界中提取意义的过程，就是人之为人的关键。

我自己对感觉的理解，是被我这个生物学家的身份所铸造的；我在大学里对各种动物的感官生态学研究也起了作用，先是在英国和加拿大，后来在悉尼大学。我在研究中考察了哪些刺激在引导从昆虫直到鲸等动物的行为，也考察了不同动物如何体验各自的世界。其中最大的难题是努力抛开我自己的人类中心主义偏见，从各种截然不同的角度来理解对象。虽然我绝不可能像其他物种那样感知事物，但我至少可以尽力丢下对自身感觉体验的确信，尽可能通过它们的眼去看世界。这一过程无与伦比地点燃了我了解感觉的激情，不单是了解其他动物的感觉，还有我们人类自己的。

作为生物学家，我必须明白为什么演化赋予了我们如此这般的感觉。为此我钻研起了其他生物的感觉生活，其中既有与我们在世系关系上最近的哺乳动物，也有与我们关系甚远的生物如甲壳类动物，甚至细菌。我要从它们身上追溯人类感觉的源头，并弄清我们的体验和它们有何不同。虽然本书的主题是人类的感觉，但先去探索一番其他动物的感觉世界，有助于我们加深对自身感觉的理解。

然而，一旦试图对感觉做出最广义的理解，我就很快意识到，必须突破自己的学科限制。感觉不仅牵涉解剖学和生理学，虽然一些枯燥的课本会这样概括它们。那种局限于感觉过程的研究路径，根本无法传达感觉的奇妙之处抑或深层意义。在从纯粹生物学的视角中解放出来后，我扎进了包含心理学、生态学、医学、经济学甚至工程学在内的广泛领域，并开始沉思一个问题：我们的感觉世界，是如何被思想、情绪和文化所塑造，又如何反过来塑造了这些？

我面临的难题不仅是理解感觉，还要把它们放进人生的大背景里去理解，正是这一难题启发我写成了本书。虽然我没有忽视作为基础的生物学，但我的目标乃是全面地审视我们的感觉。为此，我决定把生物化学、分子和细胞生物学的细节留给其他更专门的书去介绍，而我来负责考察我们如何产生感觉，又为何产生感觉。我将深入探讨一些迷人的问题，比如每个人的感觉体验有什么差异，这些差异又是从哪里涌现出来的。我会探究感觉如何塑造了人类，并放眼未来，预测感觉会如何影响将来的事物。

本书的编排，是先用五章介绍我们的五种主要感觉，到第六章则专门探讨其他各种不受重视但同样关键的感觉。这种写法的好处是工整，风险则是有暗示每种感觉彼此独立、相互分隔的嫌疑。我要说，事实远非如此：我们的所有感觉都是极为奇妙地相互依存的。因此在整本书中，我也考察了感觉之间的大量相互作用，尤其在最后一章，我探讨了人脑是怎样从一蓬杂乱的感觉输入中编织出一张名为"知觉"的神奇挂毯的。

刚刚动笔之时，我就对感觉的一切方面充满了热情，而这几年我为写作本书所做的研究更是扩大了我对这个奇妙主题的欣赏。诺贝尔奖得主卡尔·冯·弗里施（Karl von Frisch）曾经描述过人对怀有巨大热情的主题是如何学习的，他说这个过程就像面对一口魔井：你从里面打的水越多，里面反而涨得越满。各位读者，当你们潜入人类感觉的非凡世界，我希望你们也能获得这般神奇的体验。

第一章

眼之所见

一次观察包含了许多并列的事物，将它们看作一片视野中共存的部分。做到这一点，它只需一瞬：短短一刹那，匆匆的一瞥，两眼的一次开合，就揭示了种种共存于世界的性质，它们在空间中铺陈，在深度中罗列，延伸至无限的远方。

——《高贵的视觉》，H. 约纳斯（Hans Jonas）

视觉有时会被当作真相的最后仲裁者。听别人说了一件荒诞不经的事,我们可能回复说要亲眼看见才能相信。但我们亲眼看见的也并非事实,而只是脑编造的故事。在潜意识层面,人脑从眼睛接收原始的输入信息,然后在这些信息上加载意义,它会对观察结果加以过滤,主观地赋予其性质和偏好,并在这个过程中填补信息的空白。我们多数时候对这个过程并无意识,只会满怀确信地回想看见的事物,就像那句"是我亲眼所见!"体现的那样。对视觉的这种依赖多少暴露了人的过分自信,因为视觉恰恰是最易上当的一种感觉。我们甚至会主动骗它,比如穿上"显瘦色"的衣服,又比如室内设计师对各种"错视"(trompe l'oeil)的利用。

　　只有当我们体会到某种错觉时,这种假象才会自我暴露。最基本的一种叫"缪勒-利尔错觉":你看到两条等长的线段,通常彼此平行,且都夹在一对 V 形之间,在一条线两端是向外的箭头"< >",另一条线两端则是向里的箭头"> <"。结果箭头向里的线段看起来更长,虽然我们知道其实不是这么回事。这个简单的错觉利用了一

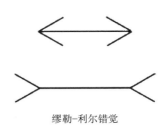

缪勒-利尔错觉

个事实：我们如何看待事物，取决于我们看见它们时的视觉背景。

然而背景还不能决定一切。有一种"自动效应"(autokinetic effect)，描述的是当我们观看光点时，光点似乎在移动的现象。德国科学家、哲学家亚历山大·冯·洪堡曾撰文宣称，他在夜空中看到了移动的"摇曳的星星"。你或许也在凝视一颗星星时体验过同样的运动错觉，特别是在天空中星星较少的夜晚。由此我们或许可以理解，为什么会有人将眼前的这种星体骚动看作外星飞船来访的证据。不过这一效应最令人信服的证据还是来自实验研究：研究者让被试观看屏幕上的一个固定光点，并告诉他们光点正朝特定方向运动。事先获得了这样的启动信息，被试往往会认同光点确实在如研究者所说那样运动。最妙的是，在另一项相似的研究中，被试听说的是光点会拼出某个单词，但他们不知道是什么词。固定的光点当然拼不出任何单词，即使被试看见了什么，那也只能来自他们的想象。但事后询问时，许多被试坚称自己看到了单词，有些还拒绝透露看到了什么，因为那是粗话。

脑只会收集视野内的要点，而非我们注目的一切事物。这就是我们会出现"无意视盲"(inattention blindness)这类现象的原因——多年前社交媒体上风传过一段视频，对这一现象做了最有名的展示。实验者要被试数出一群篮球玩家彼此间的传球次数，多数被试都对这个计数任务太过专心，根本没注意到有一个身穿大猩猩服装的人穿过画面。我们都习惯于着眼大局，擅长从所见事物中提取精要，因此在看过一个场景后，很少有人能描述其中的细节，这也使目击证人的证词相当不可靠。我们会看，但并不总能看见。不过就算有种种缺陷和不一致，我们大体上仍可说是一个视觉物种。然而说来也怪，这么重要的一种感觉，我们竟也必须在成长中慢慢学会。

与所爱之人四目相对，静静地端详彼此——我们很难想到有比这更为深沉强烈的体验了。我们忘乎所以地望向或者望进对方的眼眸，强烈地意识到自己看见了对方，对方也看见了自己。当父亲凝视自己刚出生的孩子，演化理论告诉了我们他是在寻找什么：找相似。无论在何种文化里，平均非亲生率都有略高于 3%，换言之，大约每 30 个新生儿的父亲中，就有 1 个根本不是孩子的亲生父亲。也许就是这个原因，才使得母亲指出孩子与父亲相似的频率要比父亲自己高 3 倍（毕竟母亲本来就有把握孩子是自己的）。2009 年有人开展了一项研究，先要外人评价父亲和孩子的相似程度，再要孩子的母亲评价她的伴侣是不是位好父亲。结果很说明问题：一对父子（女）越是相似，父亲就越会卖力地抚养孩子。总的来说，一个男人越确信孩子是自己的，他为孩子投入的精力往往就越多，而产生这种确信的一个重要因素，就是父亲能否从外表上看出孩子与自己相似。我得说，当我的儿子出生后第一天回家，我在端详他时并未意识到自己在做以上评估。我只知道，这个淌着口水、随意便溺、发着咯咯声响的小团团，是我见过的最奇妙的东西。

我儿子不到一周大时，我这张并不漂亮的脸整天罩在他上方，好在他视力还不够好，这大概是一种幸运吧。他眼前所见，大抵还是一片模糊。所有新生儿都是如此：他们的视觉清晰度只有一个视力正常的成人的 5% 左右。他们也能看到人脸，但只有在 30 厘米左右的范围内才行，而这恰好相当于母亲的乳房到她面孔之间的距离。对我们这种社会性极强的动物来说，面部可说是必须识别的最重要的东西。这种辨别力甚至在我们出生前就打下了基础：我们有一种特定的倾向，就是会对两只眼睛紧挨鼻子、下面加一张嘴的大致组合产生共鸣。处于妊娠晚期的胎儿会对光线照在母亲肚子上形成的图案做出反应，如果用点状和线状的光组合出一幅近似人脸的图，胎儿留意的时间会远长于其他类似组合。

我们这种对最基本的面部轮廓，即两点加一线的组合分外留意的倾向，也是我们这么容易在云朵上或轿车正面看到人脸的原因。幸好，我们识别面部的能力比这还是要复杂一些，不过这种倾向还是可以解释为什么两点加一线的组合至少能暂时骗住我们。识别的完成靠的是脑内的一张神经元网络。这张网络中的每一组细胞，都对应面部的某一特征，然后各组细胞通力合成一幅肖像，让我们用来辨别人脸。人脸虽然有种种复杂的细节，但关键不外乎眼睛、鼻子和嘴的形状，它们锚定我们的知觉，也在我们的内心铺开了一块画布，好让我们在上面标明其他特征。

　　我们人类和许多其他哺乳动物一样，出生时还是不完整的感觉动物。我们的基因里有一套草案，设计好了知觉所需的脑内神经装备。这套草案会受到经验的塑造和打磨，特别是在我们生命最初也最关键的几周数月里。缺了这段经验，可能导致终生缺陷。比如在黑暗中养大的小鼠无法形成完整的视力，永远赶不上在正常环境中养大的同类。不幸的是，那些在婴儿期失去视力，后来才通过手术恢复的人，也是如此。就视觉来说，我们刚出生时还只是试用版，还要通过环顾周围来刺激和重组脑部。我们要用大概六个月的时间来充分训练、打磨视力，可见人类的视觉之错综复杂是何等惊人。但事情并非一向如此。在演化史上的遥远过去，当我们现在所知的视力刚刚出现的时候，它还只是注意光线的能力。

　　当然了，我们永远无法确切知道探测光线的能力是如何演化出来的，它在古代又采取了何种形式，但它很可能与一些现代单细胞生物拥有的装备并无太大不同。现代光合细菌会从太阳获取能量——多亏有感光蛋白，这些细菌能在一定程度上辨别光线的有无，但问题是，它们中的许多并不知道光线来自何处。于是它们在环境中乱冲乱撞，直到碰巧进入一片有阳光的地方，类似于我们的林间空地。和它们相比，名为"眼裸藻"（Euglena）的藻类就精细多了。它同样只有一个细胞，但能感觉到光线，它还有一根像鞭子一样的柔韧小尾巴，名叫"鞭毛"，用来推动身体游向光源。

　　一棵树苗也能在类似的感光色素的指引下，从森林的树冠间察觉到一片空缺，并迅速朝它生长。光线如果是以一定的角度照射树苗，就会使它的一部分位于暗处。面对阳光的冷落，暗侧的细胞会伸展延长，使植株的尖端直接朝向太阳。有些真菌如水玉霉（Pilobolus）在这个基础上更进了一步。水玉霉专门在肥沃潮湿的动物粪便中生长。和一切称职的家长一样，它们也很替子女着想。为了让下一代水玉霉茁壮成长，它们必须让植食动物吃下自己的孢子，再随现成的肥料排泄出来。但问题是，食草动物往往避免在粪便附近进食。因此，成年真菌必须设法将孢子弹飞到别的地方，为此它们又必须能觉察太阳的方向。

　　和树苗一样，这些所谓的"掷帽真菌"（hat-thrower fungus）也能感觉光线并朝它生长。为助力这些活动，它们对身体做出了重大改进。在修长的菌柄的顶端，它们长出了一只透明的水袋。这只封闭的小液球仿佛一块透镜，能把阳光集中到下方的感光细胞上，从而使真菌更有效地觉察阳光。清晨，当阳光从地平线照来，水玉霉就会向它弯曲，并做出一件与其绰号相称的事：掷出自己的"帽子"——其实就是长在那块简易透镜顶上的一袋孢子。这块透镜里水压极高，它破裂时，会将上面那袋孢子以极大的加速度射出，相当于步枪子弹射出时加速度的两倍。通过瞄准低悬于天际的旭日，水玉霉确保了它的孩子们是横向飞出，而非笔直上升再落回

水玉霉，视频"Pilobolus, a specalised coprophilous Fungus"（DOI: 10.3203/IWF/C-2026eng）截图

原地。于是，孢子远远离开了亲代栖身的那堆粪便，被推向一个崭新的光明未来。

说来相当意外，这个觉察光线的简单方法也出现在了动物身上：许多动物同样可以用皮肤感知光线的变化。当一片阴影笼罩一只海胆，这种浑身长刺（但没有眼睛）的小动物便意识到可能有外敌来袭，于是它竖起棘刺，准备迎战。用光线照射七鳃鳗的尾巴或是果蝇的幼虫，它们会匆匆逃开寻找掩蔽——对于这两种生物，这个反应都没有眼睛的参与。雏鸽在上方的光线变化时会坐起来乞食——它们天生会从光线的变化联想到父母的到来。奇妙的是，即使用一只套子将雏鸽的头完全罩住，它们仍会做出这一反应，但如果被一块斗篷整个包住身体，彻底切断光源，它们就不会这么做了。这些动物的反应都有赖于皮肤中能够觉察光线的感光蛋白。

我们人类体内也有类似的蛋白。每天早上我们睁眼醒来，光线的涌入会启动一连串事件，它们驱散睡意，让我们准备好迎接新的一天。光线之所以有这个作用，要多亏一种叫"视黑素"的特殊蛋白，它分布于我们头部的多个位置以及眼球内部。视黑素一经光线照射，就会跳起一支分子级的舞蹈，从而将一条消息发送给脑深部的视交叉上核。作为回应，那里的一团神经细胞会停止生产令人入睡的激素"褪黑素"，并催促身体活跃起来。视黑素特别容易受蓝光激发，而我们喜欢呆呆凝视的背光屏幕发出的正是蓝光，这是你不该带手机上床的一个原因：用这样的设备阅读会激活视黑素，进而说服脑部让你保持清醒。

视黑素虽然功能强大，但并不能令你产生视觉。它的工作只是记录光线的有无，而从察觉光线到产生视觉还有很长的道路要走，为此你需要眼睛。在池塘底部的厚厚一层淤泥上滑动着一种小生物，名为"扁虫"，它们已经长出最原始的眼睛。扁虫在靠近身体前端的地方有一对眼点（eyespots），那是两簇感光细胞，位于两个小小的杯状凹陷内部。和许多阴暗可疑的角色一样，扁虫喜欢躲在聚光灯外。有了这两只眼点，再加上杯状凹陷形成的有方向的阴影，扁虫就能判断光线从哪里照来，并利用这一判断在黑暗中隐身。

从人类的角度看，仅仅能察觉光线的方向还算不得什么大本事，这种看法或也情有可原。毕竟扁虫的视觉能力比起真菌来说似乎并无太大长进。但我们这里先别急于下结论。仅仅是能根据光的梯度调整运动方向，对地球生物来说已经堪称一场革命了。对于眼裸藻这样的微生物，这意味着能够独占阳光充裕的场所，愉快地开展光合作用，并将不那么精明的竞争者甩在后面。而对于扁虫，这又意味着能找到阴影。比起缺乏向光能力的生灵，这些生物已经有了竞争优势。古代生物拥有了这种能力，就会获得自然选择的青睐；它们会留下更多后代，那些后代往往又会继承使父辈胜出的特质。

即便如此，这和眼睛的出现仍有一段距离。确切地说，仍然缺少的东西，也正是使你能够阅读这页文字的东西：形成图像的能力。我们是怎么从简单的感光小片，演化出今天所享有的缤纷视觉的？我们的眼睛以及脑内整套视觉加工系统是如此复杂，包含众多关键成分，要说它们是渐进式产生的，似乎不可思议。但实际上，我们可以通过假设来描述这个渐进演化过程，关键是，回溯过去五亿多年中眼睛的演化步骤，我们也能在周围的动物身上看到眼睛处在不同复杂度阶段的例子。

还是从扁虫说起。它们的眼点所在凹陷越深，就越能在坐落其中的感光细胞上投下阴影，如果凹陷开口较窄，实际就类似于一台针孔相机了。这里无需镜头，单是穿过狭孔的光线就能在对侧投下一幅简单的图像。这图像固然不怎么清晰，但像鲍鱼和鹦鹉螺这样的动物至今仍在依赖这种结构。以此为基础，眼睛的发育加快了步伐。它长出了一块透明的皮膜，最初可能是为阻挡病原体，后来慢慢演化成了角膜。还有晶状体这块"镜头"，前身也是皮肤细胞，上面密布着名为"晶体蛋白"的透明蛋白。还有在扁虫等动物身上发挥原始感光作用的感光细胞，它们后来变成了精细的结构阵列，我们今天称之为"视网膜"。晶状体与角膜的组合将光线折射并聚焦到视网膜上，使我们能看到相当清晰的图像。

我们不能认为眼睛的演化代表了某种意料之中的进步，好像从原始的感光细菌到现代人类的视觉巅峰，是理所应当的生物成就。许多杰出的生物学家都冒险猜测了过去五亿年间，视觉独立演化出来的次数：少则几次，多则数百。无论正确的次数是多少，有一件事是肯定的：动物界中的眼睛形态丰富得令人目不暇接，其中一些显然比我们的还要高级。和许多演化产物一样，我们的眼睛也是由许多可用零件杂乱拼凑出来的，其中包含了一系列的妥协。为眼睛发育编码的基因散布于我们的基因组中，并非集中在某一点。不仅如此，这些"眼基因"都有着漫长的过去，早在眼睛出现前很久就存在了。其中的一些，最初的职能是编码某种细胞应激反应，比如人的身体在照到紫外光后会晒黑就是这样一种反应。最基本的一点是，造就一只眼睛所需的基因装备并不是凭空产生的，而是零零散散地四处取材而来。

就这样，一只优秀的眼睛诞生了，优秀是当然的，但绝非毫无瑕疵。最明显的缺陷是，我们这层奇怪的视网膜是前后颠倒的：为它供血的血管，还有将它连入脑部的神经，竟都分布在朝向外界的那一面。于是在视神经穿过视网膜的地方，我们就有了一个盲点。而血管一旦阻塞或渗漏，就会干扰光线射向视网膜的通路，使人视线模糊或是眼前一黑。"生物工程"常带有这样不完美的印记。

眼睛虽不完美，却仍不失为一件一见之下使人沉醉的器官。端详某人的眼睛，你多半会发现虹膜的周围有一圈迷人的色彩，深深的黑色瞳孔中间还有一个你的小小倒影。"瞳孔"（pupils）的英文名正是由此而来，它在拉丁文中写作pupilla，意为"小人偶"。瞳孔或许比其他任何身体部位都更能泄露我们的心境。它们在我们兴奋的时候扩张，并由此传达我们的兴趣。这就是为什么有些扑克玩家会刻意在打牌时戴上墨镜。瞳孔的反应是无法自控的（不随意），我们没有多少手段掩盖它的扩张，因此在一定程度上，瞳孔是忠实反映我们感受的信号。有一件事我们只在潜意识中略有知觉：当与我们交流的对象瞳孔扩大时，我们就会认为对方温暖友善，因为他们这样子似乎是被我们吸引了。从前的女士曾大肆利用人性的这一弱点，将名为"死亡月影"（deadly nightshade）的颠茄制成的酊剂滴进眼里。这样做有两个效果：第一，颠茄会阻断收缩瞳孔的肌肉，使双眸变得大而诱人；第二，颠茄又会模糊视线，使眼睛难以聚焦。因此，女性采取这种手法之后会显得楚楚动人，直到她站起身时绊在猫身上，脸朝下栽进贵妃沙发为止。不过这种生猛的化妆术毕竟好处太大，在文艺复兴时期的意大利贵妇中十分流行，她们的美貌还赋予了颠茄一个别名："美女"（belladonna）。

抛开这条有毒的捷径不谈，在你看别人时，瞳孔的反应真能透露你的性取向，不过具体如何透露还要看你的性别。有一项研究考察了被试观看淫秽电影片段时的瞳孔变化，结果发现被试的反应和他们自述的性欲对象相关。异性恋男子在看到女性影片时，瞳孔扩张得比看到男性时大，同性恋男子则相反。对于女性，情况要复杂一些：虽然同性恋女子的瞳孔对其他女子的反应更为强烈，但异性恋女子的瞳孔对两性的反应却比较平均。这一模式引发了一些有趣的解释。根据我和女性同行们的对话，我认为这可能反映了女子的性欲乃至整个世界观都比男子更为细腻。这并不说明异性恋女子其实私底下都是双性恋，而也许是她们一边被男演员的身体所吸引，一边又对影片中的女性感同身受，但也并未被影片中的女性所吸引。当然除此之外也有其他的解释。

和相机一样，眼睛不单要将光线导入，还必须折射光线，使之聚焦。要完成这项工作，角膜和晶状体就得开展一些配合。角膜位于眼球表面，它在虹膜和瞳孔前方，保护这些精巧结构不受损坏；晶状体则位于眼球内部，虹膜的后方。我们已经习惯于以为晶状体在这一过程中扮演主角，但其实眼睛的聚焦工作有 2/3 是角膜完成的，然后光线才到达晶状体。不过，晶状体仍然主导着对光线的微调。

两百年前，科学家托马斯·扬（Thomas Young）为眼睛如何聚焦物体的问题而大伤脑筋。当时的一个观点是眼球本身会改变形状，尤其是在横轴上拉长或缩短，从而改变晶状体和视网膜间的距离，就像相机那样。但这个观点要怎么验证？扬做了一件事，我确信我们任何人在同样的处境下也会这么做：他把金属销子插进眼眶，夹住自己的眼球。他的思路是：如果能阻止自己的眼球变形，他就能知道是不是这种变形在将物体聚焦了。但饶是用这款定制刑具固定了眼球，在他环顾四周时，物体仍可以聚焦。他的脑袋想明白了，眼睛也变酸痛了。在排除掉眼球和角膜的形变之后，扬得出了正确结论：晶状体的形变才是人眼能够聚焦的原因。

虽然扬对实验的投入令人钦佩，但他在尝试揭示晶状体的形变原理时却并不顺利。我们今天知道，富有弹性的晶状体是被它周围的肌肉拉成不同形状的。这些肌肉的收缩会使晶状体变得接近球形，使光线大幅弯折，而这正是你在聚焦近处物体时所需要的。随着年龄增长，晶状体弹性减弱，拉扯它的肌肉也变得乏力，使人难以看清近处的物体。一直到30岁左右时，我们都能轻易地聚焦到面前仅10厘米的物体上。之后这个所谓的视觉"近点"就会渐渐远去，到人60岁时，它已经有80厘米远了，这时要再看清物体，我们要么胳膊特长，要么就得戴专门的眼镜。然而，无论什么年龄，又都有人患上近视。近视的部分病理是眼睛没有将光线聚焦到视网膜上，而是聚焦到了它前方的某一点——有人说，近视是眼球拉长造成的。

在眼球后部铺展的就是其妙无穷的视网膜了，这薄薄的一片组织有好几层，能将入射的光线转为神经信号。视网膜的妙处不仅在于其功能，也在于它的构成。视网膜属于神经组织，是从别处借调到眼球里来的，严格地说，它是你脑子的一部分，并且还是唯一一种不必切开颅骨就能看见的脑组织。如果将一片视网膜取下后展平，它的面积还不到一张信用卡的 1/4 大，然而这方寸之间却集成了 1 亿多个感光细胞，专门负责从光线中收集信息并加以传递。

这个无比复杂的多层结构得到确切描述，只有 100 年多一点，描述它的那个男人在年轻时荒唐任性，根本看不出日后会有这样伟大的成就。这位圣地亚哥·拉蒙－卡哈尔（Santiago Ramón y Cajal）1852 年生于西班牙北部，早年以性格叛逆著称，因此被多所学校拒之门外，还总在躲避当地警察。卡哈尔把全副精力都用来和其他男孩打架，还为此发明了各种武器，惹得他父亲十分恼怒。他最后发展到自制了一门土火炮，用它打穿了邻居家的大门，结果是这名业余炮兵在监狱里待了几天。他能免于犯罪，是因为他钟情艺术，特别是绘画和摄影，以及热爱科学，但他厌恶死板的课堂，只在课外投身研究。他绘出的神经系统极为精美，尤其是视网膜，从中可以看出艺术与科学的融合能结出怎样的硕果。最重要的是，他发现视网膜上的细胞彼此相接，连成了一张错综复杂的通信网络，那可说是数码扫描仪上传感器的生物先驱，它能收集详细的视觉信息并传送给脑。

卡哈尔的难题在于，他的发现与当时关于神经系统的主流科学观点相抵触。这对别人或许是一个障碍，好在卡哈尔有着源源不绝的意志力。他因为自己的研究得不到认可而懊恼，于是抱定决心前往当时的世界科学中心——柏林。在那里，他找到了这个领域最著名的科学家阿尔伯特·冯·柯利克（Albert von Kölliker），还没做自我介绍就拖着他去看了自己的新发现。这一招或许不够得体，但确实奏效了。冯·柯利克成了他最热心的支持者。卡哈尔的研究奠定的不仅是我们理解视网膜的基础，还有在更广范围理解神经科学的基础。

卡哈尔的视网膜详图不仅展现了它的多层结构，也画出了其中关键的两种感光细胞。它们根据各自的基本形状，分别称为"视杆细胞"和"视锥细胞"，并对视觉起不同的作用。视杆细胞无法让我们看见彩色，只能让我们产生黑白的明暗感觉——也算某种"五十度灰"。不过它们对光线比视锥细

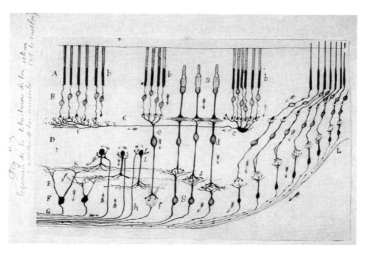

卡哈尔的视网膜多层结构解剖图

胞更敏感，因此在暗光环境下特别有用。与之相比，视锥细胞只对特定波长的光线敏感，并因此赋予了我们颜色知觉。这里头的原理相当巧妙。人类一般有三种视锥，分别负责短波、中波和长波，大致对应蓝、绿、红。我们看到的所有颜色，都是由这三种颜色混合而成的。这就是所谓的"三原色理论"的基础，前面那位挤压眼球的朋友托马斯·扬已经预见到了这个理论。这也是为什么你的电视屏或手机屏上的每个像素里都有三个颜色不同的小点，由此屏幕能以各种方式混合三色，从而显示出完整的色谱。正常条件下这些色点是无法从屏幕上看到的，你要滴一小滴水到屏幕上再看。水滴的放大作用能使你看见像素及其颜色。

我们上小学的时候就听说过三原色：红、黄、蓝。它们是基本色，无法用其他颜色混合出来。其实严格来说，红、黄、蓝是减色原色。* 阳光和居家常用灯光是所有颜色的混色，因此是白的。当白光照到一件物体上，比如涂料中的色素或是一朵花的花瓣时，白光中的某些颜色会被吸收（也就是从混色中减去），其他颜色则被反射回来，这种反射回来的光就是我们看到的。比如你注视一只成熟的番茄时，之所以看见红色，是因为番茄吸收了其他所有颜色，只反射红光。而某物如果吸收所有的颜色，就会显出黑色。不过这种减色原

---

* 其实更确切地说，青、品红和黄才是减色三原色，它们也是打印机墨盒上标出的名称。红色是品红与黄色的混合，蓝色则是青色与品红的混合。（本书脚注若无特别说明，均为作者原注。）

理，只有当光线从番茄这样的物体上弹开后再进入我们的眼睛才成立。如果光线直接从光源进入我们的眼睛，就是另一种情形了，这时我们需要的是另一套三原色，称为"加色原色"。你从屏幕上看到的彩色光就是加色原色形成的。这种情形是起初没有光，只有一片纯黑，然后再将颜色加上去。蓝、绿、红是加色三原色，将它们混合就得到白色。用加色原理形成其他颜色的问题可能令人困惑，主要是因为我们对小时候上的美术课印象太深了。举例来说，我们知道要调出橙色颜料，得将红色和黄色调在一起。而根据加色原理，橙色光却是两份红光加一份绿光混合而成的。

我们自身对颜色的体验，源自人脑对视锥传来的详细信息的解读。虽说每种视锥都对应一个特定颜色，但它们也会对色谱上的相邻颜色做出反应。比如，我们的绿色视锥不只会被绿光激发，它们也会察觉较短的波长比如蓝色，以及较长的接近色谱红端的波长。关键是，它们只在接收到绿光时会格外兴奋，比如看见一片生菜叶，它们就会向脑发出一条热情洋溢的消息。而当察觉到的颜色在色谱上位于绿色两边，它们就会把激情调低。另两种视锥也是如此。鉴于每种视锥所响应的颜色范围有部分重合，人脑会参照三种视锥传来的信息，算出眼睛看到的颜色。比如面前是黄色物体时，我们的红色和绿色视锥都会热情沸腾，而蓝色视锥则百无聊赖，就像青少年在长辈金婚纪念日上的表现。在面对一个青绿色物体时，红色视锥无话可说，蓝色和绿色视锥则激动不已。在这两种情形下，人脑都会解读来自不同视锥的输入信号，并分别为我们生成黄色或青绿色的感觉。

视网膜的正中有一片名为"中央凹"（fovea）的区域，这是一个拉丁词，意为"小坑"。中央凹虽然面积微小，直径连半毫米都不到，但这个视网膜上的小小凹陷中却密布着视锥细胞。不仅如此，这里的每一个视锥，都有一根专线直连通向人脑的信息高速路——视神经。这样的布局，使中央凹能为我们提供最高的视敏度。视敏度就是我们分辨细节的能力，也是验光师测量的内容。如果你视力正常（有时叫20/20），那说明你能在 6 米开外看清一个高约 9 毫米的字母。

比较不寻常的是，在视敏度和运动敏感度方面，男性的表现倒往往好于女性。在存在性别差异的各种人类感觉中，这是一个奇怪的方面，因为在我们其他所有基本感觉中，以及视觉的其他方面，女性都比男性更胜一筹。那为什么视敏度和运动视觉这么特殊呢？或许是因为，在过去数百万年的狩猎采集生活中，人类对男性的能力格外倚重，男性想必在狩猎活动中扮演了主角，要能够分辨远处的细节，察觉猎物的行动。但实际上，我们并不知道原因。这种差异其实也不大，比起许多其他哺乳动物，无论人类男性还是女性都具有出色的视敏度。比如猫的视力，于人类而言简直是法定眼盲。狗要好一点，但视敏度还是比人类低得多。相比之下，猛禽的视敏度则高得惊人，常常是人类的两倍还多，有的更是比我们高出四五倍，它们因此能在高空翱翔时，看清地面上急促奔跑的啮齿类和其他小型动物。

不过，人的视敏度虽高，也主要局限于中央凹。一旦离开这片区域，视敏度就会下降，这也是为什么你的边缘视觉比中央模糊得多。中央凹以外的视网膜细胞较为稀疏，还必须和相邻的细胞共用一根线路连入视神经，因此它们传来的信息就不那么清晰了。我们的边缘视觉主要是由视杆细胞撑起来的，它们善于发现视野中表示运动的变化，但无法提供多少细节。当我们的余光觉察到有东西在动时，我们并不能看清那是什么。这种提早预警能使我们跳着躲开危险，但也可能让我们撞到一只邮箱时脱口说出抱歉。

我们的感觉系统有这么一个面向：人在觉察到周围出现有趣的事物时，会把最敏锐的感受器对准它。因此，我们从眼角瞥见一样东西时，便会反射性地将那东西聚焦到中央凹上。而中央凹又那么微小，就算在 2 米的距离上观察某物，我们能看清的区域直径也才 4 厘米。试想你一边和某人谈话一边看她的脸。以你的中央凹大小，只够看清楚她的嘴或某一只眼睛。为弥补这一点，我们的视觉系统还藏了一手妙招：每一秒钟，眼球都会做出几十次微小动作，扫视对面那张脸上的各个部位，然后由你的脑将这些区域编织到一起，合成出一张天衣无缝的面孔图像。

如果将视网膜想成一张标靶，中央凹就是它的靶心。离这个靶心越远，视锥细胞就越稀疏，它们的位置也逐渐为视杆细胞所取代。你的眼睛到底依赖哪种视觉，是基于视锥的清晰、全彩的那种，还是由视杆提供的模糊、黑白的那种，全看周围有多少光线。随着夜色降临，再没有充分的光线来激活视锥，视杆就接管了视觉。当这种交接发生时，我们视觉中最敏感的区域也由色谱中的红段向蓝段转移。有一种宜人的方式可以体验这种转变：你可以在傍晚时分，找一个露天啤酒园美美地喝上一杯，亲眼看看天色转暗时周围颜色的变化。最先褪去的是红色，远早于绿和蓝。如果你仍有耐心，或许还能观赏到夜空中散布的群星，这时光线已几近全无，我们多亏有视杆才能看见星星，它们也因此呈现出白色。说来奇怪的是，多数恒星根本不是白的，而是有无数种斑斓的色彩。要完整领略恒星的绚丽，你必须增强从它们那儿出发到达你眼球的光线，这就要用到望远镜。这时，你的视锥细胞就会恢复行动，使你看清头顶如彩虹般缤纷的各种颜色。和我们习惯上用来匹配温度的颜色不同，最热的恒星是蓝色或泛蓝的白色，因为它们会发出高能短波辐射。而像参宿四（Betelgeuse）这样较冷的恒星，反倒是微红的。

我们的一生始终沐浴在恒星辐射的能量之中，其中也包括我们的太阳。我们可以根据能量的高低，将不同形式的辐射排成一列谱系，这就是电磁波谱。地球大气替我们屏蔽了其中的大部分，但仍有关键的两种辐射会穿透大气照到我们。一种是能量较低的无线电波，这也是为什么我们可以用射电望远镜研究远方的星系；另一种我们就称之为光。

电磁波谱中包含的能量范围极广，其中只有微小的一段辐射是人眼可见的，它在整个波谱中只占约 0.0035%，我们有时称之为"光学窗口"。我们的大气对这些波长是透明的，会放它们直接通过，这对我们是一个福音。不过就视觉的演化而言，这些波长还要经过另一道过滤，它会将人的可见范围收得更窄。这道过滤就是水，确切地说是海洋。自从我们的祖先从海洋中演化出来的那一刻起，这段狭窄的波长就限定了生物传感器的早期发展。后来生物登上陆地，有了更宽广的波长可供视觉接收，但这一点已经无法改变。于是我们便有了一个受限的颜色视觉（色觉），它的范围早已被数亿年前为应对海水中的波长而演化出的生化机制定死了。

即使在这个狭窄的范围内，仍有意见相左的时候。最近我实验室里的学生之间就起了一场奇怪的争论，焦点是一只包。其中一个学生坚称包是蓝紫色（violet）的，另一个断定它是青绿色（turquoise），哪个也不退让分毫。从各自的主观角度看来，他们都是真理的唯一拥护者、理智的最后一座堡垒。像这样的争论似乎说明，我们的颜色感觉也有个体差异，人之所见是主观的。如果将眼光再放宽些，这场辩论就会通向一个古老的问题：当几个人看见同一种颜色，他们看见的东西一样吗？也许你和我会给看见的东西贴上同一个标签，比如都把成熟的番茄说成"红的"，但我们看见的是同一种红吗？这个问题的答案很难确定，部分是因为颜色本身就是错觉，并不真实存在。成熟的番茄并不是红的，它只是反射了波长 650 纳米的光线而已。人脑对这种输入做出一番转化，为我们创造了"红色"的知觉。我可以测量这个波长，但无法体验你在观看番茄时脑袋里产生的感觉。我们不可能知道彼此看见的世界有多少差异，而每个人看世界的方式很可能也略有不同。虽然我们在理解他人的体验上有着这道看似无法逾越的障碍，但是"我们如何看颜色"这一问题，仍然激发了深入仔细的探究，于是我们得以对每个人如何感知世界有了丰富的洞见。

我们在婴儿时期就学会了给各种颜色贴上标签。这方面我们受到了父母、同辈和师长的引导，其中有强烈的文化影响。以此为基础的一派思想叫"语言相对主义"，主张语言决定了我们的知觉。这派思想的一个重要例证是 1858 年威廉·格莱斯顿（William Gladstone，他后来出任了英国首相）的几项研究。通过对《奥德赛》的分析，他揭示了荷马文句中的一些特殊方面。尤其是荷马对颜色的形容，今天的我们会觉得非常奇怪。他用"紫色"来形容血液、乌云、海浪甚至彩虹。他笔下的海洋"像葡萄酒一样深暗"，压根没提到蓝色、绿色或橙色。这是为什么？格莱斯顿早已想好了答案：古希腊人其实都是色盲。但一个坚定的相对主义者会有另外的看法，认为荷马身处的文化和他运用的字词决定了他看见的东西，也可以说是给他的观看"上了色"。本杰明·沃尔夫（Benjamin Whorf）大概是这派思想最重要的倡导者，他对此做了简要的解说："我们用来划分自然的线条，是由我们的母语布下的。"

做划分是人的本性。为了理解事物，我们会将它们一一分门别类。我们甚至对连续的事物也这么做，颜色就是一例。我们所说的"可见光"波长大概在 380—760 纳米之间，我们视之为色谱。色谱中其实没有不同颜色的截然区分，沿色谱巡视一遍，你会发现一种颜色会自然地渐变着融入另一种。可我们并没有因此而放弃划分。牛顿在对光学的开创性研究中列出了七种颜色：蓝紫、靛、蓝、绿、黄、橙、红。在他用棱镜将白光分解为构成它的各种波长时，出现的似乎就是这七种。为什么是七种？牛顿对此似乎并不坚持，但这可能部分地体现了西方文化对"七"这个所谓幸运数字的执着，这种心理可以一直追溯回古希腊，它也给了我们音阶中的七音符、一周中的七天、世界七大奇迹、致命七宗罪等。牛顿在科学对光和色彩的理解中竖立了一块丰碑，但这并未阻止德国科学家和哲学家约翰·沃尔夫冈·冯·歌德对他的主张发起质疑，歌德详细阐述了一个观点：颜色知觉是主观的，每个人的相关体验都各不相同。

主观肯定是主观的，但是借助研究不同文化中的颜色语言，我们仍可以多少了解其中的异同。1969 年，人类学家兼语言学家保罗·凯和布伦特·柏林出版了《基本色彩词汇：它们的普遍性和演化》（*Basic Color Terms: Their Universality and Evolution*, by Paul Kay and Brent Berlin）一书，这本标志性著作挑战了语言塑造知觉的相对主义观点。两位作者主张，我们对颜色的观察和描述是普遍、先天的，并不依赖于文化。作为论证的基础，他们指出大多数语言都以相似的方式、沿相似的界限切分色谱。虽然字词各异，但它们描述的颜色基本相同。由此可见，全人类眼中的色彩多少是相似的。

这项研究得出的另一个迷人洞见，是色彩词汇在发展中会呈现特定模式。具体而言，大多数语言都至少会有表示黑色和白色的词。如果一门语言中有三种颜色的专名，那第三种几乎总是红色。这或许是因为红色在生物学上具有重要作用：它既能指出受伤部位，又能用来找到富有价值的食物，比如浆果；又或许只是红色特别出挑的缘故。值得注意的是，红色素也很容易吸引其他动物的注意，包括鱼类和鸟类（倒没有公牛，挺讽刺的）。其他颜色加入语言的顺序也很有规律。红之后是黄或绿，再后面是蓝或棕（褐）。英语中的一些词是较晚才加入语言色谱的，比如橙色，直到 1502 年才在记载中出现，这至少部分地解释了为什么在英语当中，胸部长着橙色羽毛的知更鸟会被叫作"红胸"（Robin Redbreast），我们又为什么会说头发透着橙色调的人是"红发"（redhead）。"橙"这种颜色，是甜橙这种激动人心的水果在英国的市场上崭露头角之后才得名的，在那之前，我们对这种颜色的描述完全诉诸与其他事物的比较，像是"番红花色"（saffron）以及令人失望的"黄红色"（yellow-red）。

今日，牛顿对色谱中颜色的计数已经在受到质疑。我们现在常常将他的"靛"（indigo）和"蓝紫"（violet）统一成

"紫"（purple，就是同性恋骄傲旗上的颜色），于是公认的颜色成了六种，它们往往被称为"谱色"（spectral colours）。除去它们还有另外五种：黑、白、灰、粉、棕，加起来共 11个颜色名词。当然，这并不是说别的颜色就没有了。专家们仍在争论人眼能够感知的确切颜色数目，他们大部分举出的数字在 100 万至 1000 万之间，这比英语母语者平均使用的2 万个词可多多了。我们的语言虽然有这样明显的局限，但11 种基本颜色至少给了我们一个起点。并且，它们的特征在大多数人的心里也是相当清晰的。而许多其他颜色，就可能要引起更多一点的争议了。比如要别人描述 maroon 这种颜色，有人会说它是红棕，有人则说它偏紫。尽管如此，许多语言中的颜色专名远少于英语，却照样够用，还有些语言中的颜色专名比英语更多。

我们先不要急于断定所有颜色在所有人眼中都一个样，因为一些有趣的例外并不符合这条规则。英语使用者习惯于认为蓝和绿是两种颜色，但好几种其他语言都不加区分地用同一个词来称呼它们，其中包括日语的"青"（ao）和威尔士语的"glas"。在巴布亚新几内亚，说贝林莫语（Berinmo）的人只用一个词"nol"来称呼蓝色和深浅不一的绿色，他们因而将青草和天空形容为一个颜色。他们还有其他几种颜色，比如 wor，它包括黄、黄绿和一点橙。nol 和 wor 之间有一条语言界限，它出现的色谱位置我们可能会称为"绿"。总之，英语在蓝和绿之间做了区分，贝林莫语没有，而贝林莫语对 nol 和 wor 的区分，也在英语中阙如。

　　各种语言在切分颜色方面的区别为研究者提供了丰富的测试材料。因此过去 20 年间，语言学专家们源源不断地前往巴布亚新几内亚，去访问说贝林莫语的人。其中有一项测试的结果特别引人遐想。研究者给当地人看一种颜色，要他们记住。几秒钟后，研究者再给当地人看两种颜色，要求他们根据记忆，选出与之前相同的那种。比方说，被试可能先要记住一个蓝色样本，然后看一个蓝色和一个绿色样本，再说出哪一个与之前的样本相同。实验的结果毫不含糊。说贝林莫语的人，在匹配 nol/wor 分野两侧的颜色时比说英语的人高出一大截，而后者在匹配蓝 / 绿两侧的颜色时又赢回了一局。与之相似，韩国人比英语母语者更擅长辨认深浅不同的绿。朝鲜语中有 15 个独立的颜色名词，多于英语的 11 个。韩国人能说出 yeondu（黄绿）和 chorok（绿）的分别，而两者在英语中都被描述为绿。这一研究和其他类似研究的结果都支持一个观点：语言极大地塑造了人的颜色知觉。这一结论还从另一个巧妙的发现那里得到了额外支持：我们只有在右眼看到颜色时，才能有效地为其分类（或者说右眼的分类能力要好得多，具体要看你读的是哪项研究）。由于两侧视神经在连入脑部前会左右交叉，解码右眼信息的是我们的左脑半球。那又怎么样？我们的语言中枢就在左脑。

　　这是不是说，语言完全规定了我们对颜色的划分？也不尽然。你如果想知道人类离开了语言会怎么划分颜色，就得去问还没有发展出语言的人类，换句话说就是去问婴儿，这可不简单。幸好我们有一项很棒的技术，能追踪婴儿在观看屏幕上的哪部分图像，他们对各种刺激又投入了多少关注。根据这类研究，我们得知婴儿在语言产生干预之前就在划分颜色了。不仅如此，他们似乎更擅长用右脑来划分颜色。随着年纪增长，语言和左脑半球开始占据主导，但此时划分颜色的基础工作可能已经完成。和其他问题一样，颜色知觉究竟是来自语言还是天生如此，真相也不是非此即彼：实际上两方面都很重要。

我们可以将颜色知觉的问题加以扩展，将其他物种也包括进来，这既能解释这方面存在的多样性，又能使我们明白自身的色觉来自何方。比如，一条狗或一只猫在观看世界时，其颜色知觉要比我们黯淡得多。它们看不出红或鲜艳的绿，其色谱局限于两种主要颜色，黄和蓝。我们无法通过这些动物的眼睛观看世界，但根据模拟可知，我们看见的红，在它们眼中是一种暗黄，而我们的绿，在它们看来是一种浅黄褐色（drab buff）。和多数哺乳动物一样，它们是二色性的，也就是它们的眼睛里只有两种视锥细胞，不像我们有三种。这两种视锥细胞通常是一种绿视锥和一种蓝视锥，因而它们的色觉有些类似患红绿色盲的人。在有些哺乳类物种中，与绿视锥配对的是一种紫外光视锥，它们因此能看见不同于人类的颜色，但范围仍比我们的窄。

为什么和鸟类甚至鱼类在内的其他脊椎动物相比，多数哺乳动物的色觉都如此贫乏？这个问题的答案或许关联着远古的一桩灾难性事件，当时它险些抹杀了这颗星球上的所有生物。地球常受小型太空碎片的撞击。它们大多在外层大气中燃烧殆尽，只留下解体的痕迹划过夜空，也就是我们所知的"流星"。也有少数体积够大的太空物体能穿过大气层落到地面，体积越大越罕见。6600万年前，一颗庞大的小行星撞上了今天的墨西哥尤卡坦半岛，地质学证据显示，它的直径约有15公里，和泽西岛相当，撞击发生时，其速度约为每秒20公里。撞击的直接后果是毁灭性的，不仅形成了一个直径150公里、深20公里的陨坑，还引发了一场世界范围的生态灾难。研究者认为，撞击产生的扬尘把太阳遮蔽了至少10年，使地球陷入了一个黑暗冰冷的寒冬。撞击杀死了地球上3/4的生物，所有大型陆地动物就此灭绝，其中最著名的就是恐龙。

我们哺乳类这一系开局就噩运连连。根据化石记录，鼩鼱似的小生物首次出现在大约2亿年前，它们对当时的既有动物秩序构不成任何挑战。在一个完全由爬行动物主宰的世界里，这些早期哺乳类只能在角落中生存，它们到夜晚才敢冒头，还要战战兢兢免得沦为恐龙的晚餐。直到发生小行星撞击这样翻天覆地的大事，地球上的生命才被迫重新洗牌。在那次撞击之后的岁月里，生存的关键就是体型要小，还要能靠数量极少的食物活命。等最终熬过灾难时，我们的这些以昆虫为食的迷你祖先意识到，地球是它们的了。之前那种夜间出没、在黑暗中挖地洞躲避危险的隐秘生活，使得视觉的价值十分有限。正因为如此，就算哺乳类现在填补了恐龙留下的空当，之前1亿多年的夜间演化仍造就了它们贫弱的视觉，特别是较为贫乏的颜色知觉。

就算到了今天，大部分哺乳动物的视网膜仍由视杆细胞而非视锥细胞主导。因为视杆对明暗更为敏感，这使得这些动物的夜间视觉远胜于我们。如果将现代哺乳动物的眼睛与恐龙时代幸存下来的其他世系，如鸟类和蜥蜴相比，我们会发现，它们和这些世系中的夜行物种最为相似。此外，多数哺乳动物都比我们更加倚重视觉以外的其他感觉。比如它们许多都有长长的吻部，尖端配一只湿湿的鼻头，用这个来嗅出环境，收集详尽的化学信号。猿类（包括人）及一些猴子具有发达的颜色知觉，这反倒成了哺乳动物中的异类。在遥远过去的某个时刻，某位灵长类祖先在基因复制过程中额外获得了第三种光感受器，由此，我们就有了至少与其他哺乳动物相比堪称优秀的色觉。不过虽说人有三种视锥，但红视锥和绿视锥的感受范围仍有大块重叠，这意味着我们对光谱的感受并不均衡。具体来说，我们极善于找出红绿两色以及介于红绿之间的各种颜色中的细微差别。这对以采集水果为生的动物而言是一项突出的优势，因为许多水果在成熟时，颜色都会从绿色变为橙色或红色。现代人或许已经不怎么依赖这项技能，但这仍在提醒我们，人类的感觉还背负着来自过去的演化包袱，我们观看颜色的眼睛，是针对古代祖先的需求而优化的。

我们看颜色的能力并不平等。男性约有 1/12 会患红绿色盲，女性则较少有这种情况。这种差异的原因在于，造成红绿色盲的基因有一部分位于 X 染色体上。女性有两条 X 染色体，也就有了一套备份，因此患这种病的概率大大降低。除了不易患色盲外，还有证据显示女性更擅长分辨紧密相连的颜色。和许多性别差异一样，这个差异的原因也从来不乏解释。从演化的角度看，这可能是因为女性在早期人类社会中扮演采集水果特别是浆果的角色。或者，这也可能和语言影响知觉的辩论有关，因为女性往往有更多词语用来描述颜色。更倾向生物学的解释则又到遗传基因中找起了原因。当红视锥的遗传编码略微变动，再加上女性的 X 染色体数目比男性多一倍，有些女性的视网膜上就出现了不同的红视锥变体，使得这些女性在辨认色彩的能力上有了微小但显著的进步，尤其是在区分不同深浅的红色和绿色方面。但是无论男女，随着年龄增大，人的色觉都会丧失一些敏锐。老人的晶状体和角膜会微微泛黄，因此更难辨认蓝色和紫色中的细微差别，也更难区分黄色和绿色，尤其这两种颜色比较黯淡的时候。我们从中得到的教益是，如果一名女性说某样东西是什么颜色，特别是如果她还年轻，她多半就是对的。

我们的色觉虽然在哺乳类中或可说数一数二，但和其他动物相比则不过是平均水准。多数鱼类的色觉都至少和我们不相上下；鸟类则远远超越我们，它们有四种颜色感受器，我们只有三种。鸟类和蜜蜂、蝴蝶等许多其他动物一样，能看见紫外光。当我们用科技模拟它们观看彼此和周围的效果时，一个全新的世界向我们敞开了。*透过技术装置，花瓣显出了此前不曾预想的色块，它们是用来吸引授粉者的。而像椋鸟和乌鸦这样的鸟类，它们的羽毛也会发生变化：在我们眼里，一只椋鸟只是黯淡斑驳的褐色；而在另一只椋鸟看来，它却跃动着鲜艳的紫色、绿色和蓝色。驯鹿和别的一些极地动物一样，也能看见紫外光。这样的好处是能让它们在苔原上看见作为食物的地衣。还有一个好处：尿液在紫外线下会发光，这能告诉驯鹿，它们鹿群中的同伴去了哪里，狼又在哪几棵树下撒过尿。猛禽也看得见紫外光，能循着啮齿动物的尿滴找到它们的地洞。这些动物常常靠这种视力彼此发送信号，这对于它们就相当于一条加密信道。

换到可见光谱的另一端，感知红外光的能力在动物界中就比较少有了，不过我们也渐渐发现，它比我们以前认为的还是要更普遍一些。感知红外光的困难在于，它是由温暖物体发出的，因此像鸟类和哺乳类这些能自身产热的动物就出局了。不过我们要特别提一提吸血蝠。它们虽然无法看见红外光，但能凭借鼻子上的传感器，循着猎物的体温定位它们。为避免自身体温造成干扰，它们的鼻子演化出了特殊的

---

* 我们人类在常规情况下看不到紫外光。但有些人在经白内障手术摘除晶状体后，却形容自己能看见蜜蜂看到的那种花瓣图案，或是验钞机发出的光。

解剖功能，可以保持较低的温度。另一种吸血动物也靠体温找大餐，那就是蚊子。虽然蚊子到处受人厌恶，但我们仍要为它精确的感觉定位献上一些不情愿的敬意。蚊子先通过我们呼吸中的二氧化碳察觉我们，然后在飞近途中切换成红外感应，以此找到温暖的小块裸露皮肤。响尾蛇、蟒、蚺等也用红外感应寻找哺乳类猎物，利用这些动物散发的热量来置它们于死地。不过红外视觉最精彩的展示，还要去脊椎动物中比较"湿"的门类，即鱼类和蛙类身上寻找。它们眼中的发色团（chromophores）能进行一种化学重组，将自身视觉移向较长的波长，将视力范围推入红外段。这样的效果就相当于一副肉体夜视镜，使它们能在浑水中辨明方向。

　　虽然这样的光谱偏移很是了得，但我们仍应将眼光投到脊椎动物之外，去看看那些可说是有着最佳视力的动物。螳螂虾是一种甲壳类动物，"虾"这个名称可能让你产生渺小之感，但这是一种错觉。几年前，我在大堡礁浮潜时，看见有一只动物从它安全的洞穴里朝我打量。它有一只香蕉那么大，身子前部是一团色彩斑斓、样貌复杂的感觉器官。虽然一看就是甲壳动物，但它的奇特外表和鲜艳制服，却显示它的祖辈之一可能是某种中国神话中的龙。一丛颤动的触须从流过身边的海水中收集化学信息；头部两侧摇摆着黄色和绿色的扁平附肢，用来相互交流。见到外观如此特异的动物，我相当兴奋，不过我也谨慎地不敢太过接近。螳螂虾是礁石区的致命猎手。它有一对棒槌似的前肢，在脑袋下面端着，像拳击手摆出防守的架势。当发现一只蟹，或一只没有防备的人手时，它就会挥出重重一拳，这一拳有极大的速度和力量，其加速会把前方的海水蒸发为一串空泡。如果被转运进一间不合心意的水族馆，它可能会生气地砸碎玻璃，大张旗鼓地逃之夭夭，以此表达不满。

螳螂虾有惊人的拳击实力，然而对科学贡献最大的还是它那对眼睛。就像这种动物身上的一切一样，它们的眼睛也色彩斑斓：大大的紫红色眼睛长在头部上方的青绿色眼柄上——这些是我看到的颜色，至于它们在另一只螳螂虾眼中是什么颜色，就是一个未知的问题了。我们人类眼中只有 3 种颜色感受器，螳螂虾却至少有 12 种，它们看到的颜色包含我们所能看到的全部，并且更多。和其他一些动物一样，螳螂虾也能看见紫外光。不过这还不是它超强视觉中最突出的一面。它们因两眼能独立运动而可以同时望向两侧的能力也不是。甚至不是它们的两眼能分别产生深度知觉。真正使螳螂虾的眼睛与众不同的，是它们能看见偏振光。

人类看见的一切都源自光的两种属性，我们称之为"颜色"和"亮度"。但光线还有第三种我们几乎看不见的属性，那就是"偏振"。光线在进入人眼之前会在环境中四处反射，其波形混合在一起，在各个方向上振动，这就是非偏振光。也有的时候，光线射在水体之类的表面上再反射出来，这时其中的光波都向同一方向振荡，这就是偏振光。我们体验偏振光，主要是通过一种能滤去眩光的特殊太阳眼镜。而能看见偏振光的动物，可将其用作辨认方向的工具；它们也能用偏振光来增加视觉对比，由此看到原本隐藏的事物，还可以把偏振光用作秘密信道。

说了这些，和我们又有什么关系呢？将黑白图像变成彩色，就能使我们多看到一层信息。同理，再加上光的第三种属性，即偏振，看到的信息还能更多。就拿皮肤癌来说，本来靠肉眼很难辨别，尤其在罹患早期。而用某种传感器观察偏振光，它就会如信标一般凸显出来，让医生能够快速诊断。虽然许多别的动物都看得见偏振光，但只有螳螂虾能看见它的全部不同形态。不仅如此，它们复杂的视觉系统中包含的这对内部结构设计精妙的眼睛，能对繁杂的信息先行过滤，然后再传入相对简单的脑。此外，螳螂虾眼睛的流线形状也为人类提供了一幅蓝图，人们参照它开发出紧凑型诊断工具来挽救生命；像无人驾驶汽车和计算机成像这些新兴技术，也都借鉴了它的眼睛。

偏振光对所有动物门类都极为重要。像蜜蜂，彼此间用著名的摆尾舞来传递信息：它描述要找到一朵鲜嫩多汁的花，蜂巢的其他采集者应该朝哪个方向飞行多远，其中的方向信息用舞者和太阳的方位关系来表示。可如果是阴天呢？也无妨。只要能像蜜蜂一样看见偏振光，太阳的方位就很容易确定。你或许认为，将蜜蜂与航海的维京人相比，怎么说都显得牵强，但其实两者都依赖精度极高的导航手段，也都要面临看不见太阳时如何靠它确定方向的难题。我们已经看到，蜜蜂天生就能解决这个难题，从而飞向花朵。维京人曾横渡数千公里到达格陵兰岛和北美大陆，他们在茫茫大海上遇到阴天时，只能临时想办法来确定方位。他们会利用一种名为"太阳石"的水晶，它由方解石构成，能将纷乱的偏振光分成两束。在太阳石的一面画一个点，再从另一侧观看，因为偏振光的分离，这一个点会变成两个。接着，长船上的维京领航员再调整太阳石的角度，直到两个点看起来同样清晰。这时候，太阳石的上表面所指的，就是隐藏在云层中的太阳。用这个法子，维京人能不断追踪到太阳的方位，他们的掠夺之旅也因此达到了最高效率。

螳螂虾乃至维京人利用偏振光的根本原因，和利用其他感官的原因一样：收集周围的信息，更好地理解环境。但感官虽是为获取情报演化而来，其重要性却远不止数据的输入：它们还深刻塑造了我们对周围世界的想法和感受。对于这一点我们都有体会：徜徉于自然之中，我们的多种感官都享受镇定平和；第一次约会时，它们又会兴奋不已。有时，我们还可以从中分析出单个刺激的深刻影响。一个极著名的例子是亚历山大·绍斯（Alexander Schauss）在 20 世纪 70 年代末报告的一系列实验，主题是粉色的强大效应。在他之前，已经有人发现在粉色光线下养育的小鼠比较平静，生长也较为迅速。人类也会如此吗？为验证这一点，实验者在被试面前举起一张亮粉色卡片，然后测试他们的力量。结果很不寻常：在 153 名参与者中，除两人外，其余都在短时间内出现了体力的明显下降。再以同样方式呈现蓝色卡片，结果就正相反了。为致敬他的两位合作研究者，绍斯将这种亮粉色命名为"贝克-米勒粉"（Baker-Miller pink），它有着近乎奇迹的属性。受绍斯的启发，监狱管理者们很快采用了这个想法：囚犯之间长期存在的暴力问题，看来能有一个低成本的解决方案了。他们立即动手，将一间间囚室整个都刷成艳俗的粉色。这一理念还传播到了其他领域，狡猾的球队教练也想借此扩大主队优势，于是将客队更衣室完全以粉色重新涂装，连小便池都不放过。然而，最初的兴奋退去后，这一主张开始显出了漏洞。绍斯没能重复出自己的结果，其他人也发现这个效应微弱得接近于无。要不是瑞士研究者达妮埃拉·施佩特（Daniela Späth）为它辩护，这个理论可能就此消失了。施佩特提出，这个想法本身没错，只是选用的色调出了问题。绍斯用的粉色比较鲜亮，而施佩特建议用冲淡柔和的色调，她称之为"冷静粉"（cool down pink），目前已在瑞士全国的监狱中使用，证据似乎也显示它对囚犯确有镇静作用。

瑞士的一些囚犯对囚室里新刷的这种颜色相当恼怒，说这好像是小女孩的卧室，但其实粉色和女性间的这种联系是较晚才出现的事物。在以前，婴儿无论男女，一般都穿白色衣服，即使用颜色区分性别，穿粉色的也往往是男孩。那时蓝色还是代表精致漂亮的颜色，最好留给女孩穿。一直到1914 年，美国的《星期日哨兵报》（Sunday Sentinel）还在告

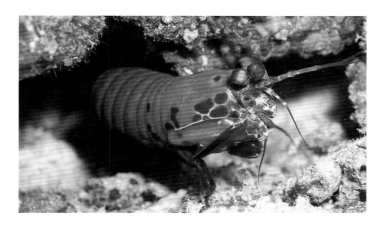

雀尾螳螂虾，摄影：
Elias Levy，https://
www.flickr.com/
photos/67374204@
N00/14463956821

雀尾螳螂虾的眼睛，摄影：Cédric Peneau

左起：人眼所见；紫外线下；模拟蜜蜂所见；模拟鸟类所见。

图片 © Dr Klaus Schmitt, Weinheim, Germany, uvir.eu

贝克−米勒粉：Hex #FF91AF；RGB 255,145,175

达妮埃拉·施佩特
为瑞士监室设计
的"冷静粉"颜色

诉读者："如果你喜欢用颜色区分小朋友的衣着，就让男孩穿粉色，女孩穿蓝色，这样分配较合传统。"

但此时变化已然开始。在整个 19 世纪一直到 20 世纪，上流社会的男子在着装时，都比他们的时髦前辈更中意深暗的服色，女子则有更广泛的颜色可选。渐渐地，粉色成了几乎只有女性才穿的颜色，没有一个"真男人"会在人前穿着粉衣。纳粹党甚至强迫同性恋男子在衣服上戴一枚粉色三角以示性向，平添了一份羞辱。到 20 世纪中叶的几十年里，用粉色标志性别的风气又随着消费社会的兴起而扩大。到今天，这种区分已经根深蒂固，在测试中，就连两岁的女孩都会在一堆彩色东西中挑选粉色物品，频率远超过随机挑拣，而同样年纪的男孩则会回避粉色。这种性别偏见也被营销人员用来瞄准女性消费者，他们常常给女性产品打上粉色商标，要价往往比同款其他产品平均高出 7%，这种欺诈行为在口语中称为"粉红税"。虽然也有人努力为粉色纠偏正名，但粉色依然有其意味。

这种给颜色赋予意义的做法乍一看似乎奇怪。如果你问一位外星来客粉色意味着什么，对方会怎么说？这个问题，单靠这种颜色本身，得不到任何线索。事实上，粉色和女性间的西方式联系是全然主观、纯由文化决定的——比如在中国文化里就没有这种联系。颜色并没有重量之于物体或温度之于晴天那样的物理属性。因此，不同文化在给颜色赋予意义时也有不同。比如，许多西方国家用白色表示纯洁，而印度却用蓝色传达同样的意义；在东亚部分地区，白色则是哀悼之色。伊朗人喜欢用蓝色传达敬意，西方用黑色表示郑重。就算在同一文化内部，颜色也可以有多种含义。在世界大多数地方，绿色都与自然相关，但它在英语里也是妒忌的颜色，莎士比亚就将妒忌形容为"绿眼怪物"。在印度尼西亚的一些地方，绿色还代表不祥。在中国，如果说一个男人戴了绿帽子，就表示他的伴侣不忠——按此眼光，要怎么看全体穿戴绿色的圣帕特里克节游行？黄色在许多地方象征春天，但在欧洲部分地区它也与忌妒、背叛和怯弱相关：法国人将罪犯和叛徒的家门刷成黄色，以示轻蔑。而在日本，它的意思恰恰相反，佩一朵黄色菊花是勇气的象征，也是表达特殊的尊敬。黄色在许多非洲国家同样受到器重，而在中国，说某幅画"黄色"，意思是画得色情。

虽然颜色在不同文化中有不同含义，但相同的是大家都对颜色十分看重。我们是文化的动物，不可能摆脱这种心态。面对从感官不断涌入的信息，人脑必须加以筛选。如果感觉体验中的某个元素关联了情绪，我们就常会格外关注它。那可以是负面的关联，比如蛇嗤嗤吐信的声音，也可以是正面的，比如烹饪美餐的气味。对于这个事实，全世界的营销部门都知道得再清楚不过。"体验营销"的一个关键做法，就是在产品上运用某种颜色，借此传达一条关于此产品的消息。我们自认为是成熟理性的消费者，但研究显示，我们对一些产品的评价，有高达九成都完全取决于颜色。颜色传递消息，替品牌凝聚起部族式的忠诚。史蒂夫·乔布斯当初为苹果选择了白色，一是象征纯洁，二是使他的新兴企业区别于其他科技巨头，那些巨头一般使用灰色或银色。吉百利（Cadbury）选中皇家紫，据说是向维多利亚女王致敬，公司和这种颜色的关联越来越紧密，到2008年甚至为其版权和雀巢打了官司。广告商不仅要用颜色凸显产品，还必须考虑如何传达产品刚好符合消费者需求的消息。例如，他们可能用红色来表示他们的产品能协助解决某一问题，或用蓝色之类暗示某样事物是积极的。牙膏厂家就常用红色代表预防龋齿，用蓝色代表增白作用。

上面的最后一个例子似乎暗示，一些颜色有别于其他众多主观的色彩联想，能激起更具普适性的认知。这个研究领域虽然争论激烈，但各方似乎都认同一点：在我们对颜色的反应中，有些元素比另一些植根更深。比如蓝色的广泛吸引力就是如此。2015年，有人对跨四大洲十个国家的民众进行调查，要他们说出最喜欢的颜色，结果蓝色在十个国家统统大比分胜出。不仅如此，对蓝色的偏好还超越了种族、性别和年龄。这是为什么？一个原因或许是蓝色使人联想到清澈的天空和江河湖海，进而联想到纯洁。人们喜欢蓝色的另一个原因，或许是它似乎能安抚我们。与之相比，红色则使人警觉。那是命令的颜色（想想停车标记和红色交通灯），也可以表示危险。我们常常很难将自己习得的文化反应同那些具有更深演化根源的反应区分开，在这个问题上，我们可以参考灵长类近亲们对颜色的反应。一项对野生恒河猴的研究考察了它们根据喂食者衣服的颜色接受食物的意愿。实验者穿戴蓝色、绿色或红色的 T 恤衫和棒球帽接近猴群，在一个托盘上放一片苹果，然后退一步给猴子让出一些空间。猴群得到免费零食相当兴奋，但看到喂食者穿戴的不是绿色或蓝色，而是红色时，它们又显得极不情愿，这说明，就连它们也从红色联想到了某种程度的危险。

还有人提出红色能在体育中创造优势，比尔·香克利（Bill Shankly）就这么认为。香克利是足球联赛史上最成功的经理人之一，他在接手软伏于英国球坛第二梯队的利物浦俱乐部后，将它改造成了一支冠军队伍。甫一上任，他就将原本红白相间的队服改了一片红，他的理由源自红色心理学。"我们换成全红之后，效果简直太棒了。"他后来回忆说，"当晚我走进安菲尔德球场，眼前仿佛一团火焰在燃烧。这是我们首次以全红色队服出战。老天，队员们个个像巨人！踢起球来也有了巨人般的气势。"

香克利的这个红色暗含力量的说法在 2005 年得到了一项著名研究的部分支持，该研究考察的是运动员在奥运会搏击项目中的获胜因素。在一对一比赛中，每位选手会随机领到红色或蓝色战服，结果穿红色的选手获胜更多，概率超过纯随机值。这或许是因为红衣选手斗志更旺，也可能是蓝衣选手觉得对方更强。甚至有证据表明，这类格斗比赛的裁判更可能将点数判给红衣选手。诚然，红衣只造成很小的优势，但在精英体育赛中，微弱的优势也举足轻重。

不过，红色引起的联想不单能使我们警觉或是更占上风。最值得注意的是，它能唤起我们的另一种激情：它是性感的颜色。其中的原因虽不清楚，但在许多灵长类动物，包括狒狒和人身上，泛红的皮肤都是性唤起的细微迹象。不仅如此，女性在月经周期中生育力最强的阶段，脸色也会比平时稍红润些，这是我们和其他一些灵长类共有的性状。有人做了测试，让男性端详照片并打分，结果证明面泛红光确实能在这个时段增强男性眼中女性的魅力。更令人吃惊是，有一项研究指出，女性在上述生育力最强的时段，穿红色衣服的概率是平日的三倍。或许是出于这个原因，异性恋男子往往会觉得身穿红色或处于红色环境中的女性吸引力超高。无论在男方还是女方，这都未必是有意的行为，而是深埋于潜意识中的某些东西在影响我们的行为与反应。

红色似乎比其他任何颜色都更能激发和煽动我们，但其起效的原理却并不简单明了。红色可以将我们引向竞争状态，可以唤起我们的激情，还对我们有更为一般的刺激作用。尽管如此，它也能干扰思考和问题求解能力，从而影响我们在一些任务中的表现。有证据显示，红色使人精神紧张，从而限制我们做创造性思考的能力。我们对红色的反应还取决于情境。虽然成人喜欢蓝色，但婴儿期的我们却偏好红色。这一点很有意思，因为它说明我们对红色的喜爱主要是在文化产生稳定影响之前。同样有趣的是，即使在1岁这么幼小的时候，对红色的渴望已经在受情境的左右了。快乐的 1 岁小朋友对红色百看不厌，但若这时用一张满面怒容的照片吓吓他们，这种偏好就会消失——孩子会更换阵营，另挑别的颜色去喜欢。

相比之下，蓝色的作用似乎刚好相反，不过效果要弱些。当某家制药公司出品了一种兴奋药物，如果药片或包装采用红色，往往更能取信于人；而对于抗抑郁药物，用蓝色则效果更佳。你或许好奇过为什么快餐店喜欢选红色作为商标、室内设计乃至杯子的颜色，原因部分是红色能激发食欲，另一部分是它能促进自发购买行为。蓝色的作用相反，它似乎能抑制食欲，并提醒我们三思而后行，这就是为什么你没看见过几家蓝色商标的汉堡店——有也早关门了。不过我要多说一句：颜色虽然重要，也只是汇入我们整个感觉体验的多种输入中的一种。或许正因为如此，色彩研究的记录中才净是些相互矛盾的发现。

既然颜色在我们的行为塑造中发挥着重要的、也许还是阈下（潜意识中）的作用，其他视觉提示又如何呢？想想从报摊上亮晶晶的杂志封面还有广告牌上向我们投来凝视的那么多漂亮面孔，显然那些营销部门自认为已经找到了诱饵来引我们上钩。我们对人相貌的评估，显然会影响我们的择偶行为，但有多项研究显示，我们对美的尊崇已远远超过了约会的范畴。这方面最好的例子是 20 世纪中叶一项富有争议的研究，它要在人的外表和道德品质间建立直接联系。第二次世界大战之后不久，整个北美的司法部门都在寻找创新之法以降低急速攀升的犯罪率。有一位爱德华·刘易森（Edward Lewison）大夫，这位加拿大的领军级整形外科医师自认为找到了法子。当时的研究显示，囚犯脸部畸形的概率比一般大众高很多。刘易森由此推测，如果他用手术刀介入这个问题，也许就能使囚犯改过自新。

最初的结果鼓舞人心。经刘易森整形的人似乎都重获了自尊。"我们几乎立刻在这些囚犯身上观察到了有益的心理变化，"他写道，"他们明显变得愿意配合当局，也愿意参加监狱活动了。之前充满敌意、屡教不改的人，举止也变得礼貌亲切起来。"

之后的20年里，刘易森为450名囚犯提供了无偿服务，开展鼻整形、外耳重建、下颌提升等手术。对监狱管理者来说，最关键的指标还是囚犯出狱后的表现，这方面的结果也很明确：和外表较丑陋的狱友相比，那些经过整容的罪犯，再犯率只有前者的50%稍多一点。这一结果本身还不足以说服怀疑者，他们指出，刘易森的受益者都是他筛选过的。在这种质疑的刺激下，刘易森又找了200名囚犯，这次他只给其中的一半做手术——这下有对照组了。结果大致和原来相同：经过手术的囚犯，再犯的概率要低得多。不过人性实在太过复杂，无法用单一性状（在这里就是外表）来概括。这项实验的批评者指出，也许是刘易森对手术对象特别关注，因而使他们改变了行为。还有人说这些重罪犯把外表当作了犯罪借口，改造他们的更好方法是给予他们培训和咨询。就这样，刘易森的方案深陷于争论之中，最终不了了之。

虽然这类研究总是争议不断，但有一点我们都很清楚：美人和丑人的机会确实不平等。我们从很小的时候就开始评判别人的外表，六个月大的婴儿已经显出对漂亮面孔的偏好。在之后的一生中，我们也始终为美貌所吸引。这种偏好甚至有一个名称，叫"美就是好"（beauty is good）现象。比起相貌平平的人，我们会没来由地认为好看的人个性讨喜、品格高尚。他们给我们留下深刻印象，我们对他们的记忆更长久也更细致。有多项研究考察了收入和外貌的关系，结果均显示美貌能带来经济收益，即使排除掉其他因素的干扰。实际上，不必等到我们开始挣钱，相貌引起的差别待遇从很早开始了。比如有研究者要教师给一名虚构的 8 岁孩子写推荐信，这孩子智商低下，成绩也很糟糕。除了文字描述，教师们还会看到一张照片，上面的孩子或模样俊美，或相貌平平。结果你或许也猜到了：老师们对相貌平平的孩子评判更严厉，还建议他 / 她转去"弱智"学生班（当时的叫法）。

但美又是什么呢？我们大可以说，美很难定义，是那种我们看了就明白的东西。这真是模糊得令人泄气的性质，无怪乎千百年来，哲学家一直在努力将它界定清楚。其中的几位比如大卫·休谟和伊曼努尔·康德认为，美存在于观看者眼中，由人的感受和情绪所背书。他们的这一立场针对的是更古老的一种主张，它由古希腊哲学家柏拉图与亚里士多德所持，他们以各自不同的方式提出，美是一种客观性质，独立于任何人的评价而存在。哪一方更接近真相，我们可自行保留观点，但莫衷一是未免使人失望。关于什么是美、什么不是的问题，人们也许永远无法完全达成一致，但我们的看法无疑有许多重合。那么，我们究竟为什么觉得某物或某人特别美呢？

美国哲学家丹尼斯·达顿（Denis Dutton）认为，美是演化鼓励我们做出优秀决策、提高生存和繁衍成功率的一种手段。照他的看法，我们对美的感知是从祖先那里代代相传，并受自然选择过程塑造的。虽然常有人宣称，我们是通过模特的示范，从那些经过粉饰、现实中绝不存在的美貌标准中习得了何谓吸引力，但文化只可能是这个谜题的一部分。在要求被试根据照片给人的相貌打分时，来自不同文化的被试往往打出相关性很强的分数。一个原因是，面孔或许能透露一些线索，用以发现潜在配偶的特质，包括他们的遗传适合度和繁殖能力。

对称是其中一个主要元素：一个人左右两边的脸庞越是匹配，我们就越觉得这人漂亮。不光是漂亮，评分者还会觉得此人更加活泼、聪明及合群。这个差异往往难以感知，却发挥着巨大作用。比如，五官更为对称的男性，能与更多的人发生更多性关系。为什么像对称这样看似不起眼的特质这么重要？一种猜想是，对称关联着优质基因，以及一种名为

"发育稳定性"的特质，它基本是指某动物（这里是人）经受疾病、饥饿等各种考验的能力。根据这种猜想，对称标志着健康。这种观点确有一些证据支持，比如较为对称的男性较少患重病，也有较高的生育力——这样看来，留意对方面部的规整度，也许就是在收集关于他健康状况的重要信息。

对称在外貌评估中的价值，或许能用来解释一个有趣的发现，它是 20 世纪末在科学文献中突然出现的。具体来说就是，如果用大量不同的人脸合成出一张面孔，人们会倾向于觉得这张合成脸比参与合成它的任何一张脸都更漂亮。这或许是因为合成过程熨平了每张脸的怪异和非对称之处。这样产生的脸接近人群的平均长相，这应该说就是我们喜欢的：偏好人群中某种意义上的典型长相。或许是合成脸兼容了遗传多样性和发育稳定性，而这两样如果在潜在配偶身上，都是优秀的性状。

我们眼中的吸引力多少也受性别的影响。虽说男性和女性都认为女性化的特质更好看，但两性在看异性时，情况就不同了。研究指出，异性恋女子喜欢的男性特质包括高颧骨、有力的下颌线，还有比一般女性更突出的眉弓和略长的脸型。相对地，异性恋男子则认为女性更小的下巴和鼻子更具魅力，同时眼距最好略宽，嘴也要小一点。需要指出，虽然研究显示男性比女性更看重外表，但无论男女，在看见喜欢的对象时都会发放同一片脑区，效果类似阿片类麻醉剂，令人意乱神迷。

这里还须补充一点：我们无法从吸引力中提炼出某个单一的特征或品质。虽然人的审美多有相似之处，但每个人依然有自己的癖好，部分原因关乎许多人的一种自我膨胀倾向：我们总喜欢和自己相像的脸；还有部分原因涉及肤色这一更加细微的线索，因为好看的肤色标志着身体健康、饮食均衡。不过，对于什么是性感、什么是乏味，无论你分析出怎样的通用标准，都必然与我们评价另一个人的魅力时那些丰富而隐秘的心思相悖。在这一点上，就像在许多其他方面一样，视知觉蕴含着无限曲折和无限趣味。

　　我们对美的兴趣源于感官对视觉的偏好。好坏不论，总之视觉左右着其他感觉，它不仅得到我们更多的注意，分配到的感觉装置比例也最高。视觉包含数量庞大的感觉受器，约有 2 亿细胞之多，消耗的脑资源也超过其他感觉的总和。这既证明了视觉的复杂性，也证明了视觉在我们人类演化中的核心地位。这一复杂性还带来了人类视觉生活的另一个特质。要理解不停涌入的信息是一大难题，这意味着脑对视觉的分析解释工作，超过其他任何一种感觉。因此，我们看见的一切，无论是一张漂亮脸蛋、一幅风景还是一件艺术品，无不是渗透着我们个人角度和文化背景的一种建构。我们将自己的主观信念和意见说成是"观点"，或许并非偶然。

第二章

快 听

声音是大自然的语汇。

——皮埃尔·舍费尔（Pierre Schaeffer）

我那时 9 岁，站在悬崖边上，睡衣上披了件外套，由我爸爸扶着，抵御自海上袭来的狂风。一场风暴已经从北极南下。周围一片黑暗，只有轿车的头灯在发出光芒，微弱的光柱照出狂暴刺骨的雨水与飞沫。我眯起眼睛，把脸藏进外套的帽兜里，这才在冰冷的寒风中喘上了一口气。风的号叫之外，我听见大海激荡狂飙，巨浪拍打下方的崖壁，发出雷霆般的轰鸣。我怕极了，紧紧抓住爸爸的手。我怕的不单是激烈的暴风雨，还有救生艇队员名册：我爸爸的名字在上面。遥远海上的某处有一艘轮船遇险，海岸警卫队在召集志愿者。谁人直面自然之力的此等狂怒还能幸存？我抬头盯着他，希望他别去。他看到我的眼神，脸上似笑非笑，俯身对我大声说道："有别人的爸爸在那艘船上，小子。"

　　那场暴风雨距今已 40 年，但至今仍历历在目。有那么几分钟的时间，海岬上只有我们这对父子。疾风骤雨在轿车这一点微光之外的黑暗中肆虐，周围传来凶猛粗粝的刺耳杂音，自然正用劲风与咸水的轰击宣示它的伟力。要上救生艇的成员从村里赶来了，个个神色凝重。我被送进我们的轿车，在座椅上缩成一团，我爸和其他人走入夜色，下到停船的地方。我打开收音机，想用节目盖过窗外的肆虐风雨，但里面只传来咝咝的静电声，不时被音调的异变打断。过了一阵，父亲回来了，表情沮丧。他们无法在风暴中启航，因为海浪足有两个人高。海岸上的其他救生艇接到命令，借着港口的掩护出海救援去了。现在除了回屋也没什么可做，狂风猛击窗户，将各种残骸甩满空空的大街。

　　我对那一夜的记忆是声音和恐惧。这两样东西往往同时出现，恐惧于是为声音所提升，甚至就因声音而起。当年导演兼作曲家约翰·卡朋特（John Carpenter）一收到他的恐怖电影《万圣节》的初剪版，就立刻为电影公司的一位高管安排看片会。不过这个初剪版没加配乐，这位女士看了无动于衷。卡朋特明白，要让电影发挥潜力，他还得做些工作。他跟着谱写了配乐，以高超的手法震慑了观影者。其中他称为"牛刺"（cattle-prod）的突然音效自然是手法之一，但这份乐谱的天才之处还在于它那不规则的拍子，是令人不安的 5/4 拍。音乐在撕咬中迫近，急切地催促听众，接着调性陡变，又将听众一下子掀翻。钢琴弹出的小调阴森森的，伴随着和弦一路向下，预示剧情将滑入混沌的噩梦之中。这一版配乐效果奇佳，它营造出紧张感，将我们拖拽进恐怖的氛围。那个年代的另一部名片《大白鲨》也有相似的效应，不过它只用了两个主要音符。它的配乐起初安静缓慢，是一个不祥动机，而后，速度和音量随白鲨的逼近一齐增强，仿佛音乐上的多普勒效应，带给观众急迫感和畏死情绪。对于这类电影，配乐不是附属品，而是我们与片子产生情绪联结的核心。

　　声音有一种近乎独特的能力：能深入我们的情绪。如我们所见，它能激发恐惧，但它同样能唤起许多别的感受。雨水落在窗子上的啪嗒声使人放松，只要我们是待在舒适干燥的室内，也没有出门直面风雨的打算。类似地，轻风拂过树叶的沙沙声也使人平静安闲。声音的重要性没有被商家忽视。比如汽车厂家就很在意引擎的声响，他们调试引擎，使之发出顾客最满意的颤声，甚至要确保车门关闭时也会发出顾客认为悦耳的"砰"声。广受喜爱或厌恶的声音往往会勾起强烈而一致的联想。汽车喇叭的哔哔声令人想起郁闷的通勤之路和堵塞的车流。手机铃声同样使人心惊肉跳，它打断我们的思维，提醒我们现代通信会突如其来将我们捆绑。

响亮而意外的声音总会吓到我们。数年前发生的一件事堪称最为戏剧性的例子，当时我和研究团队一起去考察一间新的实验室。其中一人名叫泰迪，他似乎心不在焉，另一名成员莉丝就悄悄从后面过去，把一只橡胶龙虾举到他耳边，轻轻一按，发出一声尖啸。效果相当夸张：泰迪仿佛被剪断了提线的木偶，径直倒下了。我想莉丝原本只想吓他一跳，并不是要让他瘫成一团。不过泰迪的反应虽然有点过激，却也是人人都有的倾向。任何突如其来的声响，尤其是八九十分贝以上，相当于大卡车呼啸而过的那些，都可能将人吓瘫。这是我们演化出来避免危险的招数：当危险来临，我们会不由自主地闭上眼睛，还常常伏低身子，这两样都是本能反应，旨在保护身体最脆弱的部位。

有一种说法是，在所有文化中，人都天生怀有两种恐惧，一是怕高，二是怕响。这个说法看似有些道理，但其实人的反应并不全都相同。冷不丁响起"砰"或"咔嚓"一声巨响，为什么有人吓得跳起，有人却不为所动？肯定有什么东西可以调低反应的强度。比如催产素似乎就能抑制恐惧。这种在下丘脑中分泌的激素能调节社会行为，使我们乐于合作、友善待人，还能引发对自己的积极感受。当我们亲切地与人交往，比如在照护关系中时，这种激素就会分泌。为测试其在压力环境中使人保持镇定的效果，可以通过鼻子喷入催产素，暂时提升它的水平。在吸进催产素后，人还是会对突发的响声产生反应，但是远没有那么强烈了。反过来，如果事先已经处于恐惧状态，响声就会使我们像烟花似的炸开。我有一次坐飞机，脑袋发昏地选了一部超自然惊悚片看。电影进行到一半，放到寂静而紧张的一幕，我原本已经隐隐不安，忽然那个吵闹鬼（或是别的什么）哇的一声冲了出来。我不由自主地惊叫一声，同时猛抬膝盖撞上小桌板，将一塑料杯子柠檬慕斯泼到了邻座男子的大腿上。惊叫声引得左右乘客都转头望来，边上被我浇了布丁的先生自然也勃然大怒。

虽然突然吓人一跳在全世界都是恶作剧的主要把戏，但它在即时反应之外还会产生其他后果。人在因车祸的巨响而短暂恐慌之后，品格似乎也会紧接着变化，捐钱给慈善机构的概率会增加 10 倍左右。说来也怪，大难不死似乎会使一些人变得善良，至少短期内如此，但我也必须指出，并不是人人都会这样。难以控制愤怒的人往往会被声音激起强烈的惊吓反应，部分原因或许是他们平时就处于高焦虑状态，越是愤怒，对响声的反应就越强烈。因此突然的响声惊吓可能使他们更加愤怒。这种情形下会出现一种反馈循环：焦虑使人做出过激反应，过激反应又使人变得更加愤怒和焦虑。对这类噪声的行为反应属于一种反射，大多超出人的控制。这也意味着我们会一次又一次地陷入恐慌。战场上的士兵和平民会长期遭受意料之外且威胁生命的巨响冲击，这可能导致破坏极大的长期病征，如创伤后应激障碍（PTSD），即使最初的创伤原因早已消失，这种病征也可能持续多年。

虽然我们天生就有被大的响声吓到的倾向，但还有一些较轻的声音也令人难以忍受。我们许多人都曾被无害的声音弄得睡不着，比如龙头的滴水声。一旦你对这种声音变得敏感，它就会在你的意识表层赖着不走，使你无法专注别的任何事情。我曾在一个工作日的凌晨，被我在三楼的住所下方马路上某汽车音响里传来的重低音吵醒。它响了 20 分钟，一点没有停下的意思，我的最后一丝睡意消失了，内心极度窝火。最后我从床上起身，怀着对某只坚强母鸡的歉意，从冰箱里取出一枚鸡蛋，接着走上阳台，仔细瞄准之后投下了我的蛋黄导弹。重力替我完成了剩余工作，鸡蛋在那辆轿车的挡风玻璃中央炸开，乐声戛然而止。我自认为平常不是个特别易怒的人，但那一阵穿透夜色的低音还是令我爆发了。

有些声音就是会折磨我们，这些声音往往有些共性。首先，它们会从背景中凸显出来。比如你在嘈杂的白天不会听见一只龙头滴水，可是到了万籁俱寂的夜间，那滴答声就非常明显。其次，这些声音会反复出现，速度一般较慢，往往还不太规则。糟糕的是，虽然原因并不清楚，可一旦把注意投射过去，人的心思就会被这些声音全部占据。我们基本不知道这究竟是怎么回事，因此也做不了什么来改善处境。想要睡上一会儿的人，会去听点什么来隔开入侵的声音，比如音乐、自然中的声响，或者你喜欢的话也可以听听迷人的经济学讲座。可你要是这么做，我就得提醒你：虽然有证据显示这些方法确实能令你更快入睡，但同样有证据显示，如果在你睡着后这些声音仍在播放，它们的听觉刺激就会破坏你的睡眠模式。还有一个办法是戴降噪耳机。它的原理是用一支外部话筒测量你周围的环境声。有了这个信息，它就能在耳机中发出正好与环境声相抵消的声波，实现降低声音振幅的效果。

对许多人而言，上述入侵性的声音只是小事。它们的存在虽然烦人，但不会占据全部心神。但根据几项估算，大约每六个人中就有一人会对特定的噪声有更深切的反应，整个生活都被这些噪声摧残，这种反应叫"恐音症"（misophonia）。这些人听见噪声时，不仅仅是感到恼怒，还会肾上腺素飙升，心怦怦直跳，原始的生存本能会占据身心，使他们不顾一切地想要逃跑。恐音症的常见诱因包括咀嚼声、鼾声、敲击声等，患者听到这些便感觉自己仿佛正遭受攻击。恐音症的源头是脑中一个名为"岛叶"的区域，其功能是将感觉体验与感觉输入相融合。恐音症患者的岛叶一是过度活跃，二是与其他脑区的连接比较特殊，与正常人稍有不同。虽然在我们这些有幸未患上恐音症的人看来，这些症状无非是患者在大惊小怪，但这是一种真实的困境，有神经病学基础。除了戴上耳机，我们也没什么有效手段来应对它，所以，如果你的另一半一见你吃东西就开始听播客，可别觉得是在针对你。

虽然并非所有人都像恐音症患者一样痛恨声音，但也有一类声音是许多人难以忍受的。为找出大家最厌恶的声音，研究者做了许多民意调查。比如我们都厌恶牙医钻头的嗡嗡声，最可能的原因是我们一听到它就想起痛苦的治疗；我们也厌恶狗的狂吠和其他闯到耳边、令人烦躁的声音。而在这场听觉折磨的巡展中，最常拔得头筹的还是人的呕吐声。我们也很讨厌流鼻涕的人吸鼻涕的声音，或是人吧唧嘴的声音。个中原因很好解释：身体的机能，尤其与疾病传播风险有关的那些，往往令人警觉。这类反应根植于我们的意识深处，之前的无数代人都曾将它们作为自我保存的手段。

至于其他招人厌恶的声响，比如指甲划黑板、餐刀刮餐盘，当然还有孩子的尖叫，也都有一些共性。这些行为都会发出强烈的高频声响。在人类的各种文化中，这样的声学特征都代表极度危难。我们虽然知道上面的行为并不牵涉危难，但无法用理性克服这种厌恶，因为尖叫声和许多特征相同的高频声响都会直接传送到脑的恐惧工厂：杏仁核。因此，我们天生就倾向于将尖叫与其他声音区别对待：它会绕过脑的常规加工，径直拉起我们的紧张情绪。有一点绝非巧合，就是警报声和许多其他警示信号都使用了和尖叫相同的声音频率，数百万年的演化使我们无法忽略它们。有一项研究考察了人通过各种动物的叫声确认其处境的能力，结论是我们极其擅长辨认出动物在痛苦时的尖叫。如果说动物界里有什么通用信号，那可能就是尖叫了。

　　某些领域对声音中蕴藏的破坏力从未小觑。过去几十年间，驯服声音的力量并造出声学武器一直是军事研究的焦点。这听起来仿佛虚构作品中的东西，像 Q 为詹姆斯·邦德张罗的那些，但其实它们已经在现实中崭露头角。2005 年，美国客轮"世邦精灵号"（Seabourn Spirit）受到一群武装海盗的袭击。在船长采取回避行动时，船员们部署了一种声音大炮，它在 300 米射程内让这群劫持未遂者体验了一回痛苦作呕的感觉——声音对人体就是有这样奇怪的作用。* 这当然足以震慑海盗了。再后来，研究者又运用磁场将声音汇集成束，做成精度极高的"激声"（sonic laser），射程足可超过 1公里。我想，只有特殊人群才会欢迎一类新型武器的诞生，但又必须承认，比起橡胶子弹或催泪瓦斯，声学武器毕竟还

---

* 高音强引起的振动能够破坏人的脏器，令人感到明显不适。据说它曾在人身上引发过呕吐和肠道痉挛，使人腹泻不止。可以想见，这样的效果很可能削弱对手的战斗意志。

有一些美德，具体而言是，它们不会像流弹或飘散的瓦斯那样，对不巧走错地方的无辜者造成附带伤害。

"蚊呐系统"（The Mosquito）则是采用更为广泛的声学震慑例证，这套装置利用人类感觉生理的一个特性来对付社会上的特定人群。随着年岁增长，我们的听觉范围会如退潮一般衰减。过了 20 岁，我们大约每天会丧失 1 赫兹听力；我们在 20 岁时，听力峰值可达 2 万赫兹左右，而到 50 多岁时，基本就听不见 1 万赫兹以上的声音了。蚊呐系统的厂家正利用了这一现象。青少年常会在一些地方闲晃，做些小年轻才爱做的事，在这些地方就可以部署蚊呐装置令他们难受。围绕这种声学武器产生了一些完全合理的争论，但拥护者很快为它辩解，说它不会造成长久伤害。

同样在听觉攻击领域，美军还使用过一种大鸣大放的手法。1989 年，巴拿马领袖曼努埃尔·诺列加（Manuel Noriega）出逃后躲进了巴拿马城的梵蒂冈大使馆内，美军包围使馆，用装在卡车上的巨大音箱连续三天不间断朝里面播放重金属乐，最后诺列加不堪其扰只能投降。这种粗暴的方法后来又多次使用，包括 1993 年围攻得克萨斯州韦科市（Waco）的大卫教派总部，以及在伊拉克和阿富汗虐待囚徒。据经历过的人形容，那种听觉轰击连绵不绝，使人陷入绝望。感官赋予了我们体验世界的手段，但也是我们铠甲上的缝隙。我们无法仅凭意志关闭知觉世界，而耳朵的敏感就可能被用来对付我们自己。

虽然登上头条的都是如何特意用声音对付那些惹怒我们的人，但在新闻之外，声音也造成了更加险恶和广泛的问题。现代世界尤其繁忙都市，是个嘈杂的地方。路面和空中交通，人们的交谈和日常事务，乃至店家播放音乐催促我们花钱，一切都加剧了当代生活的喧嚣。表面看这似乎是小事一桩，肯定无法与城市聚落中那些更明显的污染形式相比，但其实噪声有着可观且意外的深刻效应。这个领域的研究大多集中在儿童遭受的冲击上。由跨不同学校的对比可知，背景噪声每增加 10 分贝，学习成绩平均就下降 5%—10%。这个结论已经控制了混杂因素，如内城儿童更多来自贫困家庭。并且，虽然所有小学生都受噪声的影响，但本来就学习困难的孩子受到的冲击最大。关键在于，我们的耳朵吸收了来自许多源头的噪声，而脑又必须付出精力将它们整理归类，给我们的认知活动平添了一副担子。说来最痛心的是，这个问题其实很好解决：做好基本的隔音就能创造奇迹。但那些管钱袋子的人似乎就是没这份意愿。

声音除了被用于邪恶目的，或者暗暗造成声学环境的污染之外，它也有着积极的用途。自列奥纳多·达·芬奇在 15 世纪提出声呐的理念以来，各种形式的声呐已经得到采用。1912 年泰坦尼克号失事，推动了回声探测仪这一声波观测手段的诞生。这一理念经过广泛的改进，如今，相应设备已能将反射的声音模式转化为图像，使我们也能像千万年来的蝙蝠、海豚和鲸那样，用回声测定方位了。几年前，我和其他生物学家组了一支科考队伍，去亚速尔群岛考察抹香鲸的行为，这种动物对世界的印象很大程度就是通过声音形成的。在我眼前，鲸鱼们悠游于海面之上，彼此兜着圈子，不时发出一连串断断续续的叫声，好像一台节奏极快的合成器鼓。它们似乎看准了我这个水中异类不具威胁，但它们评估我的手段却非比寻常。鲸群中的大家长是一头硕大的雌鲸，它一面游向我，一面用精密调校的声呐对我扫描，这种动物就是这样理解周围环境的。这头抹香鲸的头部可说是一面巨大的声学透镜，能将它自己发出的声音聚焦并定向发射出去。待收集到从我身上弹回的声波，它就能在心中绘出一幅我的声学肖像。

　　鲸绝不是能做到这一点的唯一物种。其实这种技术，我们人类也多少都会一些。里基·约德尔科（Rikki Jodelko）是德文郡的一个男孩，近视没有妨碍他骑着自行车在狭窄的街道上飞驰。然而随着年龄增加，他的视力急剧下降，到20岁出头时，他已经只看得见闪烁的光斑了。与外部世界沟通的方式发生了这样根本的变化，里基只能被迫适应以求维系自理能力。和许多视觉受损或眼盲的人一样，他变得更加倚靠其他感官，尤其是听觉。到如今，里基已经学会了用声波被环境物体阻断或反弹所形成的"声影"辨认方位。虽然他坚称自己的听力并不出众，但他毕竟重新配置了对听觉的运用，他练出了对声景（soundscape）的敏感（大多视力正常的人甚至不知道自己也具备这种能力），还在心里绘出了一幅环境地图。他在一次去爱尔兰访友途中展现了这方面技能。一次乡间散步时，朋友的儿子想领教一下他的超强听力。孩子一动不动地静立在一片田中，要里基找到自己。里基利用男孩身体投下的声影，轻易找到了他。虽然里基的听觉可能是在他失明后才加强的，但他坚称这是人人都有的一种技能，只是视觉正常的人还未掌握它罢了。

你上一次体验彻底的寂静是什么时候？仔细想想，到底有"彻底的寂静"这回事吗？我最奇怪的声音体验，大概是去悉尼一间录音室为我的上一本书录制朗读版的时候。那个房间为了隔音，地上铺了软垫，墙上贴满一层厚厚的泡沫橡胶，上面还排列着火柴盒大小的金字塔形突起。这种材料的作用是吸收并分散声波，但它的效果很古怪，使一切听起来都显得单调而没有生气。许多人到了这种地方都会有些害怕和无措，我必须承认，我在里面也觉得很异样。在平常的密闭空间里，你不会注意到那些混响和轻微的回声，而在隔音室内，你却能明明白白感到它们不存在。不过我的耳朵还是捕捉到了一些别的东西，一种微弱的嗡嗡声，起初我不知道那是什么，也说不出它的来源，后来读到作曲家约翰·凯奇（John Cage）追求无声而不得的故事，我才恍然大悟。

1952 年，凯奇发表了他最著名的作品，你可以认为它是一次任性的恶作剧，也可以认为那是一个发人深思的概念。这首作品叫《4 分 33 秒》，其特殊之处在于它要求演奏者什么都不做。有时人们说它只是 4 分半钟的静默，但其实"静默"和"无声"之间大有区别。凯奇自己是在一年前发现这一区别的，当时他去体验了一间没有回声的消音室。这种房间一般用来测试科技设备，代表了隔音技术的最高成就。一个格外安静的房间，比如一间图书馆，也可能有微弱的背景噪声，分贝数大约二三十。和它们相比，专业级的消音室还要安静 10 倍左右，甚至可能在分贝仪上测出负数。饶是如此，凯奇依然没有找到他所追求的无声境界，他意识到，人体竟会发出这么多响声，其中有些声音明显，像是心跳和呼吸，也有比较隐蔽的，像血液循环的缓缓细声*，或是听神经自行低水平发放时的嗡嗡声。不过凯奇一点没有气馁，反而受到了启发。他要在这首《4 分 33 秒》中灌注的不是彻底的无声，而是一段反省式的平静。他没有谱写一段音乐给观众听，而是鼓励他们聆听周围常被忽略的细微声响。虽然凯奇常因《4 分 33 秒》受到抨击，但他还是认为这是他最重要的作品。

一如凯奇的发现，我们绝不可能将声音彻底从生活中排除。我们周围的空气不停地受压力波的扰动，单从这些简单的波动出发，就可以产生极为丰富的声学体验。"听"这

---

* 有人宣称，当我们把一只海螺放到耳边，就能听到自身循环系统的声响，但这个说法并不准确。如果在一间隔音室里听海螺，你是什么也听不到的。海螺其实是聚拢了周围的环境声，然后在它内部的空腔中共鸣。

个动作处于人类语言和音乐的核心，而声音和情绪的密切联系，意味着声音能调动我们最深的感受。能够在言谈中生产出近乎无限的声音组合，这为人类的社会生活打下了基础，也使我们能够表达最深的想法和感受。有人将语言描述为人类所有性状中最根本的一种，说它比任何其他性状都更深刻地塑造了我们这个物种的命运。语言推动人类的演化，使我们适应新环境，也构成人类文化的根基，它最终引导我们走上了一条大路，创造了如今灿烂的文明。

发出声音并不是人类的独有本领。写下这段话时，我窗外的佛塔树正簌簌抖动，几只鹦鹉在上面活泼地聊个不停。它们这场讨论（如果算得上讨论的话）的特征，似乎更多是热情与聒噪，而非复杂的内容或灵动的辞藻。在这一点上，它与楼下路面上一对建筑工人的谈话形成了鲜明对比。工人甲刚刚向工人乙（大概是他下属）发表了不同轿车相对优点的冗长看法，眼下正在指导他搅拌水泥的细节。鹦鹉的对话和工人的交谈之间有一点根本区别，就是后者能传达各种概念。人类的语言与动物的交流无疑是不同的，可为什么只有我们这个物种演化出了复杂的语言呢？

这是一个迷人的问题，围绕它的辩论几乎和语言本身的历史一样漫长。1866 年，因为不堪学界为此争吵不休，这一领域的权威机构巴黎语言学会宣布事情到此为止。学会上了点火气，禁止在它的会议上探讨人类语言演化的问题，结果使这一领域埋没了好几十年。不过到了 20 世纪下半叶，这个话题又从试炼它的旷野中重现，遗传学、神经科学和考古学的发现使它再度振兴。如今，虽然前面还有些路要走，但我们已经快要拼出一个初步答案了。

我们最近的亲戚是黑猩猩和倭黑猩猩这样的类人猿，它们的沟通是靠大量手势和少量独特的叫声。这些叫声虽然不同凡响，但和人类的复杂对话仍颇有差距。具体而言，人的语言和类人猿的叫声之间，至少有三个关键差别。第一个是人类对声道的高超控制。指引这一过程的是人脑，特别是运动皮层（支配随意运动）与喉之间的连接。喉负责调节人发出的声响，对气流以及声襞的运动均能实施精密控制。其他猿类则缺乏将脑与喉直接连通的神经网络，因而无法实现同等程度的控制。第二个差别，按维也纳大学认知生物学教授特昆塞·菲奇（Tecumseh Fitch）所言，是我们对交流的癖好。虽然许多动物包括我们的类人猿亲戚都有相互交流、共享信息的能力，但似乎唯独我们怀有一种无法抗拒的天然冲动，要将自己的想法告诉他人。你只要看看小孩们那喋喋不休的样子，就明白语言对于我们的生活是多么关键了。最后，人类语言的组织和构成方式，使得只有我们才能清楚地表达复杂观念。层级式的句法让我们在字词串中发现意义，这也是人类语言的基本特征。

自从我们的祖先和现代黑猩猩的祖先在大约 600 万年前分家之后，我们人属就走上了自己的演化道路。在这段时间里，我们改造了自己的身体结构，调整了对身体的控制，为的是发出越来越精细的声音。我们的心灵及文化和语言同步演进，造就了一种极为成熟的交流才能。我们是怎样从远古祖先的基本语言技能，过渡到现在这种高超能力的？这个问题至今很难解答。早期人类的商讨方式可能也和现在的类人猿相似，只有一般所说的"原始语言"，其中恐怕也包括一套由各种手势组成的词汇，这也和类人猿一样。而今，即使人类已经如此依赖口语和书面语，手势仍在被广泛使用，比如我开车的时候就能注意到几种冲着我来的手势。大卫·阿滕伯勒（David Attenborough）早年做人类学家的时候，常去远方探寻与世隔绝的部落。他描述了 1967 年在巴布亚新几内亚旅行时，和当地比亚米族（Biami）的接触。他们没有双方都懂的语言可供参考，交流只能通过手势和面部表情。点头、摇头、手指、微笑，这些似乎人人都能理解，但尤令阿滕伯勒注意的，是眉毛在表达特定情绪时的重要作用。和其他手势一起，眉毛促成了比亚米人和他这个英国人的相互理解。人只要缺乏语言交流的共同渠道，很快就会回到比比画画、挤眉弄眼的状态，这或许能使人一窥我们在演化上的过去。

然而，这样的方式在传达详细信息方面效果并不理想。[*] 古人将交流扩展为多种发声方式，或许是人类历史上最重要的一次创新。我们或许永远无法知道这一过程的具体时间线，但根据化石证据的推测，它可能始于 200 万年前的基本

---

[*] 这里必须澄清，简单的手势绝不等于手语，"手语"顾名思义，乃是一种复杂的交流模式。

符号交流，后又在 15 万至 5 万年前发展成真正的语言。通过将概念与词语符号相对应，祖先们可以开始谈论人、地方和物件，也能表达情绪和想法了。在语言的最初阶段，声音可能用来强化亲缘纽带、巩固人际关系，作用类似灵长类中常见的理毛行为。随着语言的发展，它又渐渐成了我们与周围的人协作的手段。在远古某个时候，祖先们的生活方式经历了一次革命。他们原先的食谱以果蔬为主，这时开始加入越来越多肉类。我们这个物种，身体缺乏猎杀所需的关键装备，没有利爪、尖牙和爆发性力量，想要有效捕猎只有一个法子，那就是合作。这样的合作不仅需要智力，还要有一种交流手段将一群猎手的劳动组织起来。一套基本的共同词汇提供了这一手段，也搭起了协作和创新的舞台，而这两样正是人类这个物种的特长。

若干年前，我收到一位朋友的消息，他本来全用文字，却被一个算法转成了语音发送给我。朋友在消息中问我要不要一起去打壁球，但那声音语调让我觉得这是终结者发来的邀请。时至今日，人工智能自那条消息之后已经有了长足发展，但电脑生成的许多语音仍让人觉得不妥。电脑采集了无限复杂而不失优美的口语媒介，却将它压平弄扁，剪除了一切情绪。正常人的对话传达的不仅是词语，还有词语背后的感触。将音调抬高，就是在告诉周围我们情绪高涨，按照语境，这情绪可以是恐惧也可以是欢快。或者在说话时调节口吻，就能向听众传达关切和热情。歌手唱到撕心裂肺的高潮时，能用微妙的技巧传递痛苦。阿黛尔就是个中高手。在演唱热门歌曲《像你这样的人》（"Someone Like You"）时，她的歌声不时在反抗和消沉之间转换，她在歌词中加入微妙的中断，造成的语气正体现了我们有口难言时带有的强烈感情。这使她听起来更加柔弱易碎，巧妙地将我们拉入了歌曲的情绪氛围之中。

人们常说英语是一种无声调语言，当我们说 banana 时，无论调型是升高、平稳，还是随便怎么创新变化，它的意思始终是"香蕉"。对比其他语言，比如汉语普通话、广东话或越南语，它们的声调可以彻底改变词意。在普通话里，根据声调的不同，ma 可以指"马"或者"妈"，xiong mao 可以是"胸毛"或"熊猫"；用动词 wen 的时候，你说的可能是"问"对方一个问题，也可能是"吻"对方一下。英语虽然缺乏这类措辞技巧，却也能用不同的语调强调某些词，从而改变句子的意思。比如这一句："Did you bring a chimpanzee to the party?"（你带了一只黑猩猩去派对？）把重音加在 a（一只）上，提问者似乎在暗示你应该多带几只黑猩猩；把 party（派对）说得格外清晰，意思则是把黑猩猩作为同伴带到派对上是失礼的。

即使听到的是陌生语言，我们的口头交流中也内置了容易提取的信息，告诉我们说话人在表达何种感受。一个营地老板就算用法语冲我们咆哮，我们也可以相当确定他正在因为某件事情发脾气，而他或许也能凭直觉感到我们对他这番愤怒的不解。有研究者检验了来自不同文化的人能否根据一段说话录音辨别某人的感受，结果显示，即便那人用了我们听不懂的陌生语言，我们仍可以准确辨别所谓的"基本情绪"：愤怒、恐惧、厌恶、高兴、悲伤和吃惊。人的听皮层对愤怒特别敏感。无论对方说了什么，只要是用愤怒的语调说出，都会引起我们脑活动的显著增加。这进而为我们预告了一个可能存在威胁的情境，使我们心跳加速、准备迎接冲突。而在听到其他口吻，比如快乐、成就和释然时，我们凭直觉体会情绪的能力会有所降低。不过总的来讲，我们仍很擅长不通过语义辨别声音中的感受。

　　同样，我们也很善于将面部表情与情绪相匹配。这一点看似理所当然，于是鲜有人花时间去思考。但如果得知黑猩猩在这方面与我们有相当的重合，也会用表情传达内心状态，你就有些惊讶了吧。这意味着我们和关系最近的灵长类亲属，都一样用嗓音和表情传达基本情绪，那么这种才能就是早已有之的。不仅如此，对于人声及其中流露的感受，我们在人生的很早阶段就有反应。婴儿在眼睛还无法看见时，就能从听见的人声中捕捉到潜藏的情绪。就连胎儿也会响应母亲的嗓音，到接近足月时，他们一听见母亲出声朗读，就会在短短几秒之内出现放松的迹象。我们的语言能力是天生的，却也需要时间来发展成熟。不过在习得词语前很久，我们就有一种凭直觉从别人的嗓音里听出情绪的天赋了。

从用噪音传达情绪出发，再前进一小步就是用音乐传情了。4万年前，一名石器时代的人类制出了现今已知最古老的一件乐器。它用鹫鸟的骨头雕刻而成，长约一个手掌，侧面仔细钻出了孔洞，形如一只哨笛。这件乐器2008年发现于德国南部，此前关于人类祖先与音乐关系的所有证据，都比它晚1万年左右。我们关于石器时代的知识往往造成一个印象，即活在那个时代艰难又危险，最重要是活不了多久，但现在我们清楚了，音乐在当时就很重要。音乐无法喂饱我们、守护我们，也不能为我们保暖，但它肯定能给我们带来乐趣。音乐能打动人，它对情绪的俘获力，鲜有甚至没有其他感觉体验可以比拟。听到喜欢的曲调，我们会涌起一种名为"审美寒战"（frisson）的体验：脑的快乐中枢射出一股多巴胺，使我们汗毛直竖，奖赏之感油然而生。我曾在观看一条视频时产生过这种体验，那是在加泰罗尼亚的一处市政广场上，一支管弦乐队以快闪形式演奏了贝多芬的《欢乐颂》。*先是独奏的大提琴手假扮成高档街头艺人，在一个小女孩往他脚边的礼帽中投下一枚硬币后，开始缓慢演奏乐曲的高潮部分。片刻后又有一名乐手加入，行人投去疑惑的目光。渐渐地，其他乐手也走进画面，带来各自的乐器。人群围拢过来，起初纯粹出于好奇，接着便被音乐中涌动的灵感所裹挟。最后乐手和歌手增加到了约50人，四面围起数百名观众。

---

* 如果你没看过这条视频，不妨去 YouTube 上看看。当你知道贝多芬是在失聪后创作的这部乐曲，你会更加感叹。

随着音乐渐强，大家的脸上洋溢出喜悦，孩子们兴奋不已。空中弥漫起一股魔力，它不单来自音乐之美，也来自人的团结。演奏使听众兴奋鼓舞，就连看视频的我也湿了眼眶。

音乐这种团结人心的强大力量，或许就是诗人亨利·朗费罗（Henry Longfellow）称之为"人类共通语言"的原因。毕竟，大多数人都能听出《月光奏鸣曲》中的深思内省，或是普罗科菲耶夫《古典交响曲》中的活泼热情，就算对这两部曲子并不熟悉。不过，要达到诗人宣称的那种共通性，音乐还必须超越文化差异，在不同的音乐传统中说出同样的话。它能吗？不久前，哈佛大学的一组研究者检验了这一观点，他们给分布在 60 个国家的数百人播放世界各地的音乐片段，要他们说出这些音乐的社会情境。虽然种族和音乐风格五花八门，但研究者发现，大家都能准确地听出一段旋律是摇篮曲、叙事曲、疗愈之歌还是舞曲。在同一类别下，不同地域的曲子表现出了共同特征，听者无论文化背景如何都能领会。

不过这也并不意味所有文化都欣赏同样的音乐。我从学校毕业后曾在约克郡的布拉德福德工作，这座城市的特色之一是它的巴基斯坦美食，巴基斯坦人在二次大战后的几年里大量移民来此，形成社区。他们的食物将我从早已习惯的乏味饭菜中解救了出来，异国香料的气息同市内多家油腻小馆相比真是天壤之别。这些巴基斯坦餐馆在我看来只有一个缺点，就是它们放的音乐：那些与美食如影随形的邦拉（bhangra）音乐，在我听来只有混乱嘈杂。邦拉乐迷肯定会搬出"五十步笑百步"之类的谚语来反驳我，因为我当时喜欢听的也是"耶稣玛丽链"（The Jesus and Mary Chain）和"新模范军"（New Model Army）之类的独立乐队。音乐趣味是一件很主观的事，成长中听到的东西会影响我们，使我们养成武断的偏好。墨尔本大学的尼尔·麦克拉克伦（Neil McLachlan）认为，我们讨厌某类音乐，往往是因为还不明白它的规则和微妙之处。对于邦拉乐我只是不喜欢，而爵士乐尤其现代爵士，才是我真正厌恶的。可是既然有那么多人喜欢它，问题肯定出在我身上，音乐是没问题的。麦克拉克伦在研究中发现，要欣赏我们曾经回避的音乐风格，秘诀就是训练。一旦明白了某类音乐特有的声音结构与组合，我们就可以开始欣赏它了。这往往是一个有机的过程，我们小时候接触的音乐是它的基础，但这绝不是说你成年后就无法拓展自己的音乐疆域，只是要花些心思。

有一样东西关键性地塑造了我们对某些音乐传统的喜爱，作曲家兼哲学家伦纳德·迈尔（Leonard Meyer）称其为"预期"（expectation）。一旦我们熟悉了某类音乐的套路，脑就会在潜意识中开展短期预测，以判断曲调的走向。我们喜不喜爱一种音乐，至少有部分要看它是否符合我们的预期，如果符合，我们就会体验到犹如欲望获得满足的奖赏感。在听一支乐曲的过程中，始终有两个因素在相互作用，一个是脑对后面几个音符的预测，另一个是这种预测和实际情况的匹配程度。因此，能在多大程度上预测音乐动机，就成了我们能否享受音乐的关键。如果全被我们料中，比如一首儿歌，它大概就无法吸引我们的注意；相反，如果曲调完全不可预料，我们也会失去兴趣。我无法欣赏邦拉乐，多半是因为它的结构对我而言完全陌生，我的脑子推测不出它的走向。处于这两个极端之间的，则是作曲家向往的最佳平衡点：此时，音乐中的意外和复杂足以维持我们的兴趣，但又没有多到使我们完全跟不上它的变化转折。当音乐到达这个平衡点时，多巴胺就会会心地涌出，我们于是就沉浸于满足之中。

当迈尔在 20 世纪 50 年代提出预期在音乐欣赏中的作用时，他做出的还是一种以知识为根据的假设。而在 60 年后的今天，我们已经可以一边让人倾听自己喜爱的曲调，一边用成像技术观察他的脑活动了。我们发现，人在听到一段熟悉的副歌或一首喜欢的歌曲时，奖赏通路的一个关键部分，即"伏隔核"，会变得更活跃。不仅如此，我们还可以用同样的脑扫描技术来验证迈尔的观点。我们收集的证据表明，迈尔确乎说中了要害。一切声音都是短暂的现象，像河流般淌过我们的意识。在听到一个故事，甚至只是一句话时，我们都必须记得它之前的内容才能理解它，而要记得那些内容，我们又要动用额叶这个脑区所赋予的工作记忆。回忆最近听到的声音在我们看来轻而易举，但其他动物比如猴子就难以做到，它们几乎就是"左耳进右耳出"。这或许可以反过来解释为什么其他灵长类不能发出更复杂的声音。而人类却十分擅长这种短期的声音记忆。涉及音乐时，这种记忆使我们能在听到旋律时对它的方方面面进行存储和加工，再用加工的结果预期接下来会听到什么。我们的工作记忆、奖赏系统及听觉加工脑区彼此紧密相连，信息在它们之间来回流转。就这样，所谓的"音乐逻辑"和我们与音乐的情绪连接相互纠缠，共同奠定了我们的音乐趣味。

我们或许可以洞察自己喜欢什么又为什么喜欢，但音乐毕竟无法简单地分析。我们可以把音乐切开，审视蕴含其中的深层数学原理，就像 2500 年前的毕达哥拉斯那样。我们甚至能构建算法，让它创作出新颖有趣的曲子。但是在我看来，这样做时，我们就丧失了某种不可言说却又至关重要的东西。音乐毕竟是艺术，在本质上是描绘人、服务人的，最重要的是，它要由人创造。这也是它引人共鸣的原因：它揭示了人类的处境。像我这样的反技术主义者不禁要问：机器是否可能对我们有足够的了解，从而在它创作的音乐里重现我们与所喜爱的艺术家之间那种类型的、强烈的联结？我可没有把握。但无论我是否喜欢，这都已经是音乐创作的一道前沿了，说不定技术真能扩展我们的音乐疆界。

几百年前，莫扎特曾试验用掷色子的方法决定如何架构乐曲。今天，计算机已经能轻易采集其经典作品中的每个音符，经分析之后再用人工智能（AI）模拟他的风格。和人类作曲家一样，AI 也能借现成的作品获得灵感，只要避免"过拟合"（overfitting），就是别抄得太像，AI 完全能写出像样的曲子。虽然远不及莫扎特的境，但在 YouTube 上，名为"达达机器人"（Dadabots）的乐队已经连续直播了几年的死亡金属乐。这支乐队从不疲倦，因为它不是人，而是算法。这真是惊人的成就，特别是它明显能写出无限量的连续乐曲，并且它的作品可能比现代爵士更招我讨厌。目前达达机器人已经在向其他风格扩张，包括摇滚、流行、节奏口技（beatbox）、垃圾摇滚（grunge），当然也少不了爵士。在我听来，它们都一样糟糕，几乎全是在恶搞。AI 写出的爵士，曲调像一只愤怒的耗子在垂死的剧痛中号出的抗议，但它一听就是爵士，这一点确实了得。还有一个应用叫 Endel，它能创造专属于你的声景，根据你的心理状态和活动播放合适的声音。它先是记录你的心率、位置和正在做的事情，再根据这些信息定制你听到的内容。如此惊人的发展似乎预示，写歌的人类很快就会在后颈感受到机器人同行的金属呼吸了。也有人抵制 AI 侵蚀像音乐这样人性十足的领域，对他们而言，判定这一切的金标准就是艾伦·图灵发明的图灵测试，具体就是看我们能否分辨一支曲子是由人类创作还是机器生成的。如果要对迄今开展的多次图灵测试做一个总结，答案是多半还可以分辨，但差别越来越小了。不过还是那句话：虽然算法肯定会进化到逼真模仿一位优秀音乐人的地步，但它能否攀升到人类音乐天才的境界，就完全是另一个问题了。

我们平时沉浸在丰富的声学环境里，倾听无数言语和音乐的组合，于是很容易忘记听觉的基础不过是简单的物理，它最初演化出来为的也不是取乐，而是生存。所谓"声音"，其实就是我们对于环境中振动的解释。振荡的能量会激起振源周围的空气分子。它们被推向更远的分子，造成空气的轻微压缩，由此形成的波动以振源为中心发散出去，如同池塘上的一圈圈涟漪。但是和涟漪不同，声音是一种纵波。它并不垂直于波的推进方向上下起伏，而是更像一列多米诺骨牌，靠一连串压缩和稀释向外扩张。

对生物而言，声波承载信息的方式也不同于光或化学物质。生物拥有接收声波的独特感觉通道，这从一个极重要的方面增强了它们对世界的整体知觉。一只夜里出来收集种子的小鼠或许无法在黑暗中看到别的动物，处于上风时也无法闻到别的动物，但它却能听见它们的动静，并很可能因此死里逃生。与此同时，小鼠一旦做出不明智的举动，猫头鹰就能凭它发出的些微响声断定它的方位。声音不仅让这些动物可以相互刺探情报，也让它们能主动交流。北美洲的食蝗鼠能靠后腿立起身子，像一只微小的狼似的发出尖啸，警告竞争者不要接近；鸟类也在清晨齐声鸣唱以申明领土，也可能是表达自己准备好了开始一段情缘。

我们平常一说起声音就想到听觉，但是在更基本的层面上，我们也能"感到"声音。你在演唱会上站到一只音箱附近，或者观看公共焰火表演时，都是在用全身接收能量脉冲。这些体验表明，我们的听觉和触觉是密切相关的。二者最初都来自同一种基本感觉，在漫长的时间中循着不同的演化路径，变成了在现在看起来截然不同的样子。然而它们的区隔并没有我们想的那样绝对。我们的耳朵和几乎所有哺乳类一样格外敏感，耳朵及大脑听皮层的结构，都极善于解析复杂的声音，并读出其中的意义。那么其他生物又如何呢？亚里士多德曾宣布蜜蜂是聋的。我们现在知道蜜蜂也有听觉，但大多数人肯定还会自信地宣称，植物是听不见的。

我说"大多数人"，是因为并非人人都这么想。时为王储的查尔斯就曾当众承认，他有时会心血来潮跑去皇家温室和植物聊天，这样的人不止他一个。有一小撮寄情植物的人坦言自己也这么做，植物虽不能报以妙趣横生的对谈，但起码能为喋喋不休的园丁疏解压力。有不少研究检验了对植物说话或演奏音乐是否对它们有利的问题，但至今没有得出结论。这一点并不意外——生物只响应那些对它们重要的刺激。不过这也不是说植物对声音无动于衷。2017 年，莫妮卡·加利亚诺（Monica Gagliano）和西澳大学的同事在几只倒 Y 形的花盆里栽了几株豌豆苗。豌豆的茎叶从 Y 的那一竖里向天空生长，根系则向下延伸，由于管道分岔，豌豆只能向左或向右生根。正常情况下，面对选择，豌豆会以相同的力度向两侧生长根系，而当一侧有水时，它会径直向那侧生根。植物一般是根据土壤的干湿寻找水源的，但加利亚诺证明，湿度探测不是它们运用的唯一感觉。她在一侧下方的土壤中埋入聚氯乙烯（PVC）管，并向其中泵水。虽然 PVC 管里的水丝毫没有注入土壤，也没有改变土壤温度，但豌豆仍在水声的诱惑下，穿透土壤把根长了过去。

　　汩汩的流水不是植物看重的唯一声音。不同的昆虫也可能为它们送去福音或诅咒。须弥芥能感到毛虫咀嚼叶片的振动。对许多植物而言，附近出现这种蝴蝶幼徒都是噩耗，但在得到一点警示后，它们至少可以加强防御。须弥芥植株一旦觉察到危险，就会合成毛虫觉得难吃的化学物质并注满叶片。惊人的是，植物似乎能够分辨食叶虫的咀嚼声和其他声音，比如风吹叶片的窸窣声，虽然两者可能十分相似。也有一些昆虫会得到植物的全心接纳，比如依赖蜜蜂授粉的植物对待蜜蜂。这是一个充满竞争的世界，花朵引诱昆虫来授粉，是此类植物生存策略的关键一环。比如月见草，在觉察周围有蜜蜂嗡嗡飞舞时，就会让自己的花蜜变甜——和须弥芥一样，它也能分辨声音是来自蜜蜂还是其他飞虫。当然，这些植物没有一种长了耳朵，也没有类似人脑那样的感觉加工器官。它们有的只是对振动极为敏感的叶和花。有一件事说来有趣：植物拥有的一些基因，竟也参与了人类的听觉。这虽然不等于它们也有听觉，但至少说明，我们和植物的感觉装置包含了一些共同元素，并以此为基础产生了对于声音或者说振动的敏感。

　　和植物一样，蚯蚓也和人类有些差距。但它们毕竟是动物，因此在演化之路上至少离我们更近了一步。蚯蚓没有耳朵，但有原始的听力。查尔斯·达尔文在凭《物种起源》成名之前很久就研究过它们，晚年又浪子回头似的重回它们身边。他发现这些低调的地下生物在改造环境方面作用非凡，于是下定决心要增进对它们的了解。他对蚯蚓的研究十分广泛，比如他发现蚯蚓不喜奶酪，却偏爱胡萝卜——如果你打算请一条蚯蚓来共度周末，这可说是有用的知识。他甚至算出，在他的宅子，即离伦敦不远的"唐屋"（Down House）周围，每平方米泥土中有约 13 条蚯蚓。不过他真正做到无所不用其极的，还是对蚯蚓感觉的研究。他将几千条蚯蚓抓进屋子，养在台球桌上的几个花盆里，好能凑近它们仔细观察。接着他的想象力就一发不可收拾了：他用提灯照它们，让女儿对它们大声喊叫，让儿子对它们吹巴松管；他还对它们喷吐香烟，甚至放了几个小焰火吸引它们注意。结果这些蚯蚓除了不喜欢光照之外，始终保持乐观。

然而当他将花盆放到钢琴上并开始弹钢琴时，蚯蚓的淡定消失了。这时的它们，用他的话说"就像兔子窜进地洞"。它们在钢琴和台球桌上的不同反应，关键在于振动。钢琴上的蚯蚓能够清楚感觉到钢琴的混响，并做出相应行动。在美国，就有一群人专门利用蚯蚓的这种敏感性，人称"吼虫师"（worm growler）。我来解释一下：这些吼虫师会在地里钉进一根木桩，再用一片叫"啸铁"（rooping iron）的金属摩擦它。木桩的振动在地底生成一片可怕的杂音，蚯蚓于是纷纷逃上地面，进而被抓住当鱼饵。世界其他地方的渔民也采取相似的手段，用各种声音将蚯蚓哄上地面。经常有人宣称蚯蚓这么做是因为那声音模拟了雨打地面的啪嗒声，它们是害怕淹死才逃上来。但其实，蚯蚓溺死的危险很小，即使头顶有积水也没事。它们有这种反应，还是因为那声音模拟了地下的猎食者，比如鼹鼠。当捕猎者在地下肆意挖掘，蚯蚓就会逃到地面，而鼹鼠不太可能跟着到地面上来。

　　觉察振动的能力对于蚯蚓很有价值，对大量其他种类的无脊椎动物也是如此。它们中的许多在听力上并不比蚯蚓进步多少，但也有一些要比蚯蚓高明得多。比如蜜蜂就有一种特化的器官，能听见来自同一蜂巢的蜜蜂发出的嗡嗡声，雄性蚊子也对雌蚊拍打翅膀的甜美音乐格外敏感。前面说过有些毛虫进食的声音很大，会引起附近植物的警觉，其实这些毛虫本身也能精准感觉到猎食的胡蜂振动翅膀的频率。这些虽然巧妙，但其实多数无脊椎动物都只有比较原始的声音传感器；对它们中的多数来说，用来倾听的感觉装置和用来触碰的没有多少区别。这也使它们的听觉与我们相当不同。我们要想明白自身的听觉从哪里来，必须去考察其他一些和我们也颇有差别的动物。比如鱼类是一个很好的开端。

　　你只要体验过浮潜，或曾在游泳池里把头没入水下，就会知道声音在水下也能传播。甚至声音在水中的传播速度是在空气中的 4 倍还多，因为在水下分子排列更紧密，因而能更有效地传导压力波。也是因为如此，听觉成了对鱼类极有价值的一种感觉，鱼的耳朵长在脑袋内部，和我们的耳朵有许多相同的工作原理。除了内耳之外，许多鱼类还有一根贯穿身体、对水位变化十分敏感的"体侧线"。鱼的内耳和体侧线上都密布着特化的细胞，这些细胞不仅是鱼类也是人类听觉的基础。这些毛细胞的上表面伸出一簇纤毛，有百根之多。你可别以为那是凌乱的一蓬，它们更像是整齐的寸头，一根根都精心修剪成特定长度，绝不超过 1/20 毫米。当一道压力波进入鱼类或人类的耳朵，这些纤毛就会"风吹草低"似的弯曲，由此触发消息发放入脑。

脊椎动物演化史上的一大标志，是大约 3.9 亿年前，某几种鱼类为追求更好的生活而离开了水。这不是突然间的变化，而是一个漫长的过程，最早一批开拓者在登陆后仍牢牢守在能轻易返回水里的岸边。这一变迁最终带来了两栖类、爬行类、鸟类、哺乳类和人类。虽然陆地上的生活显得更加美好，但是从呼吸到繁殖的一切活动都需要以新的思路重新开展，让鱼类感知水下世界的各种感官现在已经不甚理想，其中受冲击最大的就是听觉。

在水下，你一般不会听见多少从水面上传来的声音。几乎所有声响从空气中传到水面时都会反弹回去，从水里传向空气中也是一样。鱼的内耳充满水分，它们也将这个结构遗赠给了所有陆生脊椎动物。既然水和空气之间隔着一道屏障，声音在从外耳的空气传入内耳的液体时也不太顺畅。对鱼类而言，内耳本身的结构完美无缺，可是对所有陆地动物都很不够用。因此长久以来，生物学家一直想弄清听觉是如何在演化中克服陆地生活这一难关的。在观察了一些过着水陆双栖生活的现代动物后，他们获得了一些线索。肺鱼和蝾螈之类的动物已经过了几百万年这样的生活，研究发现，它们能觉察传入身体的振动，以此作为听觉。比如，许多蛇类会把头部贴在地上，好接收地面传来的声音颤动，增强听觉。我们人类已经超脱了这种听觉的路数，但仍保留着用身体感受声音的能力。据传言，贝多芬晚年常在齿间咬一把音叉，并让音叉的另一头接触钢琴。这样，钢琴的振动就能通过他的下颌传入内耳，这个过程称为"骨传导"。头骨的其他部位也是传导声音的有效介质，特别是靠近耳朵的那些。这种方式虽然有效（尤其对某些种类的助听器而言），但对于我们大多数人，这只是一种次要的聆听方式。

在演化史上快进到哺乳类的时代，我们可以看到耳朵已经变成了一种格外精细的感觉器官。位于头部深处、下颌骨顶端的内耳始终是听觉的指挥室，它在这个位子上已经坐了几亿年。同时，外耳也伸到了脑袋外面。我们的耳朵像一对碟形卫星天线那样捕捉声音信号，再将信号向内引入耳道。两只耳朵不单是使我们在外貌上更加对称，对于固定眼镜腿也缺一不可，它们还能使我们判断一个声音来自何方：一侧的声音会先到达离声源较近的那只耳朵，片刻后才会到达另一只。此外，头部也会微微遮挡声音，使较远的那侧信号较弱。最了不起的是，即使在声音到处反射的环境中，我们也依然能定位声源，这是因为人脑有一种非凡的技巧来识别并过滤信息：它只用最先到达耳朵的那些声音来确定声源。当声音来自上方或下方时，其音高会因耳朵的形状而略有变化，这样脑就能确定是应该仰视还是俯视以寻找声源了。

外耳包含耳道，终于鼓膜。鼓膜是直径 1 厘米左右的一层薄膜，它会和你听到的音调同频共振。但这里仍旧存在那个问题：耳朵是如何做到不顾物理状况，将声音从空气传入液体的？答案可以到外耳和内耳之间的一段结构里去寻找，这段结构的名称恰如其分，就叫"中耳"，它是演化史上一个极为优秀的问题解决方案：中耳内部有三块很小的骨头，分别是锤骨、砧骨和镫骨，它们各自仅几毫米长，串联在一起将信息从鼓膜传入内耳。这三块合称"听小骨"的骨头在运动中相互挤压，就像一部狂暴机器的杠杆和齿轮，通过物理过程，将空气中的振动由外耳传入内耳的液体介质。虽然样子怪怪的，但这串小骨头却能千百倍地改善声能的传递。控制它们运动的是一连串同样微小的肌肉，这些肌肉能稳住它们，并保护耳朵免受巨响的伤害。这套由袖珍骨头和袖珍肌肉形成的结构改善并增强了声音的传输，也拓展了我们能够听见的声音范围。

最奇怪的是，这些小骨头最初在古代鱼类的鳃和其他头部位置上时，发挥的是和今天截然不同的功能。当爬行类在地球上出现时，锤骨和砧骨是长在颌骨里的，只有镫骨担负着连通内外耳的工作，直到今天，这种排布仍然保留在现代爬行类和鸟类身上。在略早于 1 亿年前的时候，哺乳类的锤骨和砧骨从下颌迁移到了中耳。为什么会有这种迁移，我们并不确定，但有可能是关系到一种哺乳类特有的进食习惯：

咀嚼。两块小骨的迁移使哺乳类获得了优势，可能是因为咀嚼因此变得更为有效，更可能是因为这次分离使哺乳动物除了自身无休止的咀嚼声外，也能听见其他声音了。无论如何，总之听小骨是哺乳动物的听觉如此出色的一大原因。

我们的听觉如此灵敏，另一个原因在和听小骨紧邻的一处结构上。听小骨将消息从鼓膜传向另一层膜，卵圆窗。这是通向内耳的大门，具体说是通向耳蜗。耳蜗是一根骨管，它盘绕成锥形，仿佛一只蜗牛壳。耳蜗只有豌豆大小，却能创造声学上的奇迹。它内部布满毛细胞，这些细胞根据位置的不同，能对不同频率的声音做出反应。在耳蜗里，最宽敞也最接近卵圆窗的部位响应高音，而那些在中央卷得最紧的部位则识别深沉的低音。毛细胞的另一件解码工作是识别一个声音的响度，这取决于振动传入时触发了多少个毛细胞。

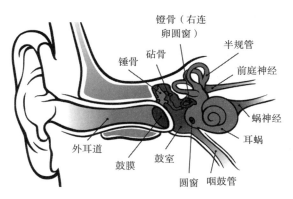

人耳内部结构（为便于观看有横向拉伸）

尽管如此，有些本该震耳欲聋的声音我们反倒听不见。比如蓝鲸的歌声虽然比喷气机还响好几倍，在我们听来却仿佛一只小鼠的低语。这是因为我们的耳朵只能识别特定范围的频率，大约从 20 赫兹到 20 千赫。我们将每秒周期数为 20 的声波感知为极深沉的低音，而每秒周期数为 2 万的声波是极尖锐的高音，你的狗听了会惊得瞪大眼睛的那种——我曾在电脑上播放过这样一个声音，吓得我的猫躲到了沙发底下。超出这一范围的声音当然存在，只是我们听不见。我们参照自身的听觉范围，把频率不到 20 赫兹的振动叫"次声波"，超过 20 千赫的叫"超声波"，介于两者之间的就是声波。蓝鲸肯定是很喧哗的，但它们的叫声属于次声波范围，因而不会引起我们的注意。

　　在超声波范围内更是有许多可说。许多动物用这种声音进行着不为我们所知的交流。比如，蝙蝠就用这些频率来定位蛾子这样的飞行猎物。反之，蛾子也能听见蝙蝠捕猎的啸叫，一旦感到身后追着一只蝙蝠，就会做出回避动作。如果你富于实验精神，可以在夜间去蛾子聚集的地方试试：比如到一盏电灯下面，对飞蛾晃钥匙串。钥匙不仅会发出我们听见的叮当响声，也会发出超声波，后者我们觉察不到，却能警示蛾子，令它们觉得附近来了一只蝙蝠。听到这个声响，有些蛾子会在灾难来临之际孤注一掷：停止飞行，直挺挺落到地上。我前面写了植物也能识别振动，却没提到植物还能发出声音——这才是最不可思议的。说植物会尖叫是夸张了，但在应激或受损时，植物的确会发出高频超声波，音量大致相当于人的交谈，在65分贝左右。只是我们听不见罢了。

虽然我们听不见深沉的鲸语，或是蝙蝠甚至植物的尖细超声，但我们能听见的范围也相当宽广了。这一点上，我们应该感谢自己的那条长而卷曲的耳蜗。相比大多数动物，我们能够觉察的声音可谓大量而丰富。而在这个范围内，我们又对频率1—6千赫的声音特别敏感。人类对话就发生在这个频率范围内，而对话包含着人类生活中最重要的声学信息，因而在漫长的演化中，人的耳朵产生了对于它们最大的敏感性。在其中，毛细胞发挥了重大作用，但让我们接收话语的，还是整只耳朵的共同努力。我们的耳道大小和听小骨机理都调到了最优，为的就是传递与人声相关的特定频率。

除了能感知一系列音高之外，我们还很善于分辨它们。沿耳蜗一路前往最窄的卷曲部位，毛细胞响应的声音会越来越低。但要说清我们到底能分辨多少种频率，答案却有些含糊了。部分是因为，在可听声谱中，我们对有些部分特别敏感，对另一些部分却比较迟钝。一个音调的纯度、响度也有关系。或许最有趣的一个原因，是听觉和我们的其他感觉一样，也可以磨炼。面对任何感觉刺激时，要确定人类能在其中区分多细微的层级，我们每每就会用到"最小可觉差"（just noticeable difference）的概念。有些测试为确定音高上的最小可觉差，让被试分辨两个音的高低。在被试耳朵内部，每一簇毛细胞的最大敏感性都与耳蜗上紧邻它的一簇相差0.2%左右。但耳朵内部的差别只是一部分。脑的听皮层在加工着输入的信息，这里也是磨炼进行的场所。专业音乐家可以将乐器调得惊人地准。研究认为，在我们的听力最为敏锐的中频段，有些人能用耳朵听出与参考音相差一两个音分（cent）的音。一个音分是一个半音的百分之一，听力达到这种精度确实惊人。对于像我这样的普通人，能听出相差 10 个音分的音已经很不错了。我们和音乐家的差别，主要不在耳朵，而在脑的适应性有多强。

要区分音量和音高都相同的声音，起关键作用的就是"音色"了。举例来说，当你听见两种关系很近的乐器，比如吉他和西塔琴，即使它们正演奏同一支乐曲，你也能轻易将二者区分开来。这里用"色"来指不同乐器的特有音质，而这个类比还可以扩展到别的地方：作曲家选用对立的音色或融入其他音色，最终创作出一部丰富、深思而悦耳的作品，这与画家努力绘出悦目的画作是相似的。音色可以看成是曲调的性格。纯音只有一个频率，它的听感始终平滑如一，却也相当乏味。换成一个频率相同的复合音，你就会听出许多别的东西了。它的基频（最低频）很像纯音，但基频之上还堆叠了若干谐波，正是这些泛音使声音活了起来，为它的听感增加了趣味和魅力。口语也有这种特质，这为我们的嗓音注入了独特的个性。直到不久以前，这都是人工智能语音所缺乏的东西，这类语音因此显得扁平而不像真人。

我们除了能听到不同的音色之外，还能感知响度的变化，响度有时也叫"声压"，对应着声波的大小*——要言之，声波越大，声音越大。我们量化声音大小的最常用量度是分贝，说来奇怪，计算分贝的公式，原本是在长途通信早期研究电报线上的功率衰减用的。†

分贝读数为 0 并不意味着没有声音，只是表示声压极低。在现实中，只有很少人能听见 10 分贝以下的声音。不过我们的耳朵毕竟了得：它能容忍的最大响声，要比能听见的最轻声音响数千倍。分贝是一种对数指标，每增加 10 分贝，就代表声音的强度提高了 10 倍。不过强度并不直接对应人的实际感知，我们听见的不是强度而是音量。我们对声音的估算有主观性，声压增强 10 分贝，大概只相当于音量增加 1 倍。说"大概"是因为人的听觉敏锐度各不相同，一个人耳中的低语，在另一个人耳中可能就是呐喊。这和音高也有关系：我们只对某些频率特别敏感，这意味着即使两个音的响度完全相同，我们仍会更清晰地听见中频段的那个音，音高更高或更低的那个就相对模糊。

还是结合分贝表来说吧。一个普通的安静房间并不是完全安静的，里面还有一点声压，能测出 10 分贝左右的值。在这样的环境里，你确实能听见一根针掉在地上的声音（只

---

* 严格来说，一个波的大小应该叫它的"振幅"。

† 分贝（decibel）中的"贝"（bel）是为了纪念电信先驱亚历山大·贝尔（Alexander Graham Bell），这个指标在他于 1922 年去世后不久就启用了，这也是在分贝的简写"dB"当中，B 要大写的原因。

要是硬质地板），这个声音大约有 15 分贝。正常情况下，我们说话的声音约为 60 分贝，而在一家忙碌的餐厅里，周围的音量会达到 70 分贝，我们就得喊叫着说话了。超过 85 分贝的声音都对耳朵有危险，特别是对其中纤弱的毛细胞。糟糕的是，这些细胞是不会自然重生的，一旦失去就再不会有。车流的噪声、警报声、钻孔声和夜总会的嘈杂音乐都处在这个范围之内。接触这些声音不见得会立刻损失听力，但长期接触就有受损的风险。由于听力受损的程度有高有低，我们很难统计具体有多少人损失了听力，但根据合理估算，这个比例大概是全世界每六名成人中就有一名，而且生活中的噪声越多，听力受损的风险就越大。

到了某个程度，声音造成的就不单是渐进性损伤，而是直接摧毁听觉了。英国深紫乐队（Deep Purple）曾保持数年最响摇滚演唱会的纪录，他们当时制造出了 117 分贝的强音，将几名观众震倒在地不省人事。到 21 世纪的头 10 年，美国战神乐队（Manowar）又决定用近 140 分贝的巨响回敬讨厌的听众，这大约是当头一记雷霆的 4 倍响。声音到了 150 分贝，相当于站在一架开足马力的喷气机边上，或者叫你朋友在你耳边开一发霰弹枪，很可能会直接震破你的鼓膜。幸好，超过这个音量的声音十分少见。当量表接近 200 分贝，压力波就可能震破脏器致人死亡了。理论上说，音量存在一个 194 分贝的绝对上限，因为行波阵面之间会产生一片真空，破坏它们的稳定，这又会形成一道冲击波，将空气推开，而不是在其中泛起涟漪。人类体验过的最大声响大概是 1883 年印度尼西亚的喀拉喀托（Krakatoa）火山喷发。当时有一艘英国汽船正在距喷发点约 60 公里的海上行驶，船长确信自己正在亲历审判日。近 5000 公里之外的人都听见了这声爆炸。世界各地的观测站点根据记录做了计算，显示在喷发中心，喀拉喀托火山的轰鸣达到了惊人的 310 分贝。

虽然像喀拉喀托喷发这么响的声音好像不用费什么劲就能听见，但听觉并不是一个消极被动的过程。我们开始倾听某个声音时，这个过程显得自动又简单。但在这方面，人脑有点像演员迈克尔·凯恩（Michael Caine）说的鸭子：水面上波澜不惊，水下的双脚却在死命地划。从两耳传来的一段段神经信息都要加工组织，各种声音都要解析分类，好让我们关注和自己关系最大的那些。在脑的听皮层，千百万个神经元相互作用联成网络开展这些任务，同时还要辨别声源的方向。虽然这些工作是如此细密复杂，整个过程却又快得叫人震惊。只要四五十毫秒，我们就能将传到耳畔的压力波感知为声音。一如管理的秘诀是分派，人脑也会将特定的声音放到不同地点加工。对于大多数人，右耳对语言最敏感，而左耳的优势在音乐。由于身体两侧的感觉信息会交错到对侧脑半球，左脑在语言解码上发挥最大作用，右脑则负责品鉴音乐。我们还无法准确说出为什么会这样，或许是因为，这能使人脑更高效也更快速地同时完成多项任务。

要将一个人脑中的想法传达给另一个人，最古老的媒介就是声音。后来当然也增加了别的媒介，比如书面文字和手语，但声音至今仍是人际交流的最卓越力量。口语在对人脑的塑造中发挥过巨大作用，这表现在我们能精确注意到口语中的音高和音量，也表现在专门解码口语的神经组织的发育程度。位于耳朵上面一点的颞上回上分布着韦尼克区，它在语言理解中扮演关键角色。* 新技术的诞生让我们能够检视脑的细微活动，进而允许我们探索这个人体最神秘器官的工作原理。基于这些，我们现在知道，人脑会优先处理语音而忽略其他声音，就像航空公司员工会优先接待商务舱乘客那样。语音交流似乎是与其他声音隔开，由专门的几团神经元另行加工的。这种区隔能力有时被称作"鸡尾酒会效应"。它形容在一场喧闹的聚会中，我们能收听到谈话对象的语音，而将大部分其他嘈杂推入背景。随着年龄增长，这种选择性注意会越来越需要我们刻意维持，但如果有人叫我们的名字或大喊"救命"，即便是在我们意识的边缘，也能令我们警醒。这说明，我们并未将别的信息流完全阻挡在外，只是调低了它们而已。

一旦我们开始和人交谈，脑就会以极为专门的方式解读言语。语流被依次分解成句子、词语和音位。一般认为音

---

* 虽然神经病学先驱都热衷于将人脑分成不同区域，每一区处理不同的任务，但新近研究显示，这样的划分多少有一些草率，我们原先觉得局限于特定脑区的功能，其实往往是由多个脑区协作执行的。

位已经是最小的语音单位了，但奇妙的是，人脑还能将它们切分成更小的片段。比如我们说话时喷吐出的 p、b、t 之类的硬辅音，也叫"爆破音"，还有一些是略微轻柔的如 s 和 z，称为"摩擦音"；元音在口语中也有自己的特色。人脑会派出一组组专门的神经元处理其中的每种特征。*信息经过处理，从多个不同工作组传来，人脑会再将它们合成浑然的一体，进而产生对于对方所说内容的理解。

这种浑成的状态，部分是因为人脑能极快地分析和组装连贯的语流，还有部分是因为脑灰质对我们玩了一个把戏。每当我们听见的内容里出现短暂中断，脑就会补上空缺。这叫"连续性错觉"，其实就是脑在用既有知识预测并填充缺失的部分。脑的这项工作开展得极有成效，令我们几乎意识不到。在测试环境下，被试甚至会一口咬定他们听见了缺失的片段，就算给他们明白展示这为什么是错觉也不管用。

萧伯纳曾说，美国和英国是被同一种语言分隔开的两个国家。我有一次在美国马里兰州旅行，路过一个热狗摊时停了下来。我对摊主说了想买的东西，接着双方经过一番不解和试探，他才终于明白我要的是一只"热狗"（hot dog）。问题可能出在我那平坦的北英格兰元音上，他大概听见了'ot dug 之类的音，而当他最终说出"热狗"一词时，我听到的

---

* 比如 p 是一个音位，带有"双唇""爆破""不带嗓音"三种特征；b 则是"双唇""爆破""带嗓音"，因而与 p 有别。这种分析已经低于音位级，这些特征也无法独立出现，但人脑可以辨别它们。——编注

却是 hat dawg。这样的情形会因为各种原因而产生，但人脑在这方面总能做到灵活和适应，一遇到乍一听无法理解的一团声响，它就会开始在谜团中重组、整顿，直到从噪声中拼凑出正确的意思。在此过程中，人脑其实是在调节应对语音特征的不同脑区，努力提取出连贯的信息；每当有陌生人用不熟悉的声音对你说话时，你的脑就会根据那人的语调、音色、口音和方言，开始新的校准。

大约 5000 年前，我们发明了文字以辅助口语，于是开始将视觉，更准确地说是阅读，纳入人际交流之中。无论信息如何传达给我们，压力波也好，光子也好，我们的思维过程好像都没有太大变化。不过，声音和文字毕竟是截然不同的物理媒介，牵涉脑内截然不同的独特通路，我们或许会设想人脑会以不同的方式应对它们。可是如果考察人类在阅读和聆听时的表现，我们又会发现，脑应对两者的方式是那么相似。我们阅读文字时的脑活动模式，和听人说话时的脑活动模式，相关性强得惊人。无论是朗读文字还是自行默念，脑的进程都相似得难以分辨。这很可能就是我们在平日的思考中对两者不加区分的原因。在自然界中，这是脑从两种截然不同的感官获得相同信息的唯一此类例子，也极好地证明了，人脑经过适应，已经能摆脱感官，独立表征语言了。

作为满足听力需求的方案，人类的耳朵实在是过于复杂的一种巧妙杂烩。没有哪个工程师会设计出这样曲折繁复的系统：其中既包含空气，又纳入液体，还借了几块鱼骨来连通二者。它将声波变成机械能,再将机械能转化为液体能量,最终再彻底改造成电脉冲,并在此过程中将声音分解成音高、音色和音量。别看耳朵这么复杂怪诞,它仍不失为一种适应性极强也极敏锐的感觉器官。当我们活动或说话时,耳内的肌肉会修剪我们的听觉,弱化我们自身发出的声音。我们那敏锐的听觉有一点特别了不起:内耳的毛细胞,也就是声音的主要感受器,在每只耳朵里只有约3500个。听上去好像挺多,但与坐拥百万千万感受器的视觉或嗅觉相比,就知道这是个多么拿不出手的数字了。换句话说,我们的听力是由数量微乎其微的一小群细胞所支撑的,但这只是听觉的开始。演化进程赋予了我们在声学环境中察觉无数种声音变化的能力,也赋予了我们在听到声音之外还能解析声音的手段。人脑更是在这个基础上前进一步,用词汇和语言的形式把声音变成了概念。听觉脑的形成和耳朵的发展并驾齐驱,使我们不仅获得了对声音的广泛知觉,也拥有了一套智能装备去实现最美妙的一种活动:彼此交流。

第三章

气味与嗅觉

你有没有试过测量一种气味？你能不能分辨一种气味是否比另一种强烈一倍？你能测量一种气味与另外一种的差异吗？很显然，气味有许多不同的品种，从紫罗兰、蔷薇到阿魏（asafoetida）。但只要你还无法测量它们的异同，关于气味的科学就不存在。如果你满怀抱负想创立一门新科学，就先来测量气味吧。

——亚历山大·格拉汉姆·贝尔

我们周围的空气是一杯浓郁的化学物鸡尾酒，在组成大气的各种气体之外还混入了无数其他物质的分子，都是我们周围的物体发散出来的。我们吸气时就能察觉它们，因为它们进入我们鼻腔深处，和在那里列队恭迎的化学感受器接上了头。这些分子本身没有固有气味，但与我们的感受器相互作用时就产生了深刻的结果：我们获得了嗅觉。

　　虽然分子本身没有气味，但散发它们的物体则可以说是有气味的。一种物质能散发多少气味，要看它有多大的挥发性，即它能多容易地将分子散入空气之中。物体越热，挥发性一般就越强。这就是为什么当你烹饪食物时，食材的气味会更浓烈。同样道理，冷冻食品闻起来就不如常温食品那么新鲜热辣。这也是为什么冬天的气味远不及夏天多——低温减少了万物散出的气味分子。

　　进入鼻腔的气味分子必须被捕获，嗅觉才能产生。鼻腔内有薄薄一层黏液，能在分子经过时抓住它们，就像捕蝇纸粘住昆虫。鼻腔黏液虽然恶心，却对我们闻味的能力至关重要。除了能保护鼻腔内的脆弱结构之外，它还能重组气味分子，将它们分解成更小的零部件。这些零件接着被护送至嗅感受器，魔法正式开演。在我们的鼻腔正上方，距鼻孔约 7 厘米的地方，坐落着嗅上皮。嗅上皮只有一张邮票大小，却集合了千百万个嗅神经元，随时准备考察从外界吸入的化学物质。*这些神经元垂下发丝一般的微小结构"纤毛"，将它们伸入黏液——纤毛上布满感受器，等待着收集气味分子。

我们的嗅觉有一点极不寻常，就是这些感受器的种类多得惊人。人类基因组中包含了约 400 个嗅觉基因，每一个都编码一类不同的嗅感受器。既然我们的每个基因都有两个副本，各来自父母中的一方，那么只要从父母那里得到的副本足够不同，我们就有可能编码出 800 种嗅感受器。将这个数字与其他感官对比：味觉只用到五六种感受器，视觉更是只要视杆和视锥这两种就能应付。而嗅感受器是如此多样，使我们能体验到范围广阔的不同气味，这也意味着人类嗅觉之宽广精细，是其他感觉所不能比拟的。

我的一些非科学家朋友有时会说，科学也不是样样都知道——就我们的嗅觉而言，他们说对了。我们还不清楚嗅感受器到底如何辨别不同的分子，不过最广为接受的一种意见认为，这取决于分子的结构。气味分子有各种形状和大小，研究者认为我们鼻腔中的感受器正是利用这个差异来分辨它们的。最常用的比喻是钥匙和锁：气味分子的外形如同一把钥匙，只能解锁特定的感受器。可是，当你知道了任意一把钥匙都可能打开几把不同的锁，一把锁也能被几种不同的

---

* 对嗅神经元总数的估计存在差异，少则 400 万，多则 1 亿。
化学物质流入鼻腔的数量取决于我们的呼吸率。照理说，这应该意味着我们对气味的知觉会随每一次呼吸产生和消失，或者我们深呼吸时会闻到更多气味。但奇妙的是，脑会对此做出调整，使人的嗅觉趋于均衡。

钥匙打开的时候，这个比喻就有点站不住脚了。不过就我们所知，人的嗅神经元就是这样判断即将到来的化学物质的。

嗅感受器在与合适的分子配对之后就会启动化学反应，结果就是神经元会宣布发现了气味分子：它发出一个电脉冲，沿嗅神经送到一对豌豆大小的名为"嗅球"的结构。信息在那里经过少许重组，继而转送去更高层级的脑结构开展加工。这个过程虽然听起来复杂，但其实从嗅上皮到脑的距离很短，对神经信号的解码也十分迅速。从一个分子被鼻腔捕获，到我们有意识地闻到它的气味，中间只需约 1/5 秒。再想想气味的本质是什么，你会更觉得这个速度实在了得。一天中的第一杯咖啡芬芳浓郁，总是值得细品。你或许认为咖啡有一种专门的气味分子，但其实它的香气中包含了 800多种挥发性成分。鼻腔中的不同感受器探测到咖啡中的各种气味分子，然后各自将信息上报给脑。脑的难处在于，它必须将鼻腔传来的密集情报全部拆开——解码。幸好探察模式是脑的专长，于是从这些缠结的脉冲里，它编织出一个完整的咖啡嗅觉。

像绝大多数独特的气味一样，咖啡香气也是从一团化学物鸡尾酒中涌现出来的。茶的香气不那么复杂，却也集合了600多种挥发性物质——一只西红柿里包含约 400 种，就连气味最清淡的黄瓜也有 78 种。在这错综复杂的情形之上还要再加一个情况：气味会随时间而变化。最明显的，比如食物的化学成分会在时间中改变，由美味变得令人反感。再举个比较有趣的例子：花朵散发的分子混合香气，也会在一天中从早到晚发生变化，于是它们会在不同的策略间切换，以适应昆虫的活动规律。

将各种成分以恰当比例混合以创造完美气味，这是艺术，是科学，也是香水师的无尽追求。香水在过去几千年内始终与人类文明相伴。香水的英文词 perfume 来自意大利语，原意是"用烟熏"，它描述的是一种如今已不太常见的习惯，即点燃熏香以改善一方封闭空间的气味。在现代以前，香水一直用来掩盖不太洗澡的人身上散发出的原始气味，而在人类历史的大部分时间里，这指的就是所有人。不过，香水毕竟也象征了财富和地位，不消说还让用它的人平添了一份撩人的魅力。而今人对洗澡的喜爱，就意味着香水只能在一块较为寡淡的嗅觉画布上增色添彩，它们的香气也因此含蓄得多了。不过香水师并不希望它们的产品过于含蓄。在香水中加入一点点难闻的东西，就能有效地使它的整体气味变得复杂。比如麝猫油有一股强烈的粪臭味，能逼得一头冲锋的犀牛停下脚步并流出眼泪，但它也能在香水的气息中加入一股近乎魔法的温暖与醇厚。

因为气味实在复杂得难以想象，要理解我们的嗅觉绝不容易。不像其他感觉，只要提取一个参数，比如光的波长或压力波的大小，就能直接同我们的知觉挂钩了。气味远没有这么简单。亚历山大·格拉汉姆·贝尔曾给华盛顿特区的一个大学毕业班学生出了一道著名的难题，要他们测量一种气味，他还说，任谁做到这件事，都势必在科学界博得美名。现在一百多年过去，我们和这个目标仍有一点距离——气味仍是我们的感觉中最难测量的一种。我们虽已能分解出一种气味的化学成分，但还是需要一点时间，才能将其中近乎无限的化学组合，精确对应到特定的嗅觉体验上去。说到底，每一种气味的产生，都是脑在对数百种感受器传来的信息进行校准和比对。至于它是如何将如此复杂的局面变为一个有意义的感觉的，这依然是人脑保守最严的秘密之一。

虽然气味对我们的生活贡献良多，但它的价值在现代西方社会却是低估的。美国和英国的民调都显示，在我们的五大感觉当中，人们最不担心失去的就是嗅觉。一项针对英国青少年的研究更是发现，有一半青少年宁愿丧失嗅觉也不愿没有手机。2019 年，推特上的一项调查要求对象按重要程度给自己的感官排序。看到这里，你大概已经料到了结果：嗅觉果然垫底。我们一次次将视觉和听觉抬到感觉神殿的最高位置，可为什么又会像嫌弃穷亲戚似的嫌弃嗅觉呢？

或许是因为嗅觉那毁誉参半的过去吧。在人类历史上的很多时候，气味都是要提防的事物。在若干个世纪里，疾病源自有毒气味的观点都是疾病传播的主导理论。据说，不洁的居所、肮脏的街道甚至犁过的土地都会形成名叫"瘴气"的刺鼻毒雾，人们怪罪它们污染身体，导致各种疾病。有一种令人疲弱的发烧就是从湿地和沼泽中产生的，人们用中古意大利语中表示"坏空气"的词，将它命名为"疟疾"（mal'aria）。恐怖的疫病曾在数百年间笼罩全球，它们似乎同样是由腐败恶臭的空气引起的。14世纪时暴发了腺鼠疫，后来叫"黑死病"，它夺走了上千万条生命，患者感染后很快在痛苦中死去。随着病情恶化，患者身上会散发出一股令人作呕的标志性臭气，这似乎证实了黑死病的根源是气味的说法。

在很长时间里，从医者都用各种草药和香水对抗据说能致人死命的毒气。17世纪的医生会穿一种古怪的防护服，全身从头裹到脚趾，表面涂满各种芳香物，鼻子上还伸出一根鸟喙似的东西，内部填满各种干花，为每一次呼吸净化空气，那样子简直像噩梦中的怪物。富裕的市民会在脖子上佩戴香盒，里面盛放麝香、檀香之类的昂贵香料，这样不单能预防疾病，还能隔开穷人的臭味。不太富裕的人只能用柠檬凑合，希冀有同样的效果。恶臭的住所要用熏蒸法处理，并在房间里洒醋和松节油这样气味强烈的物质——只要

旧时欧洲的医生防护服

能阻止可怕的瘴气，洒什么都行。这种做法一直流行至 19 世纪，到 1846 年时，社会改革家埃德温·查德威克（Edwin Chadwick）还说过一句令人难忘的宣言："一切气味都是病。"

对于过去的气味，我们今天只有模糊的了解。气味很难记录，没有拍照、录像、录音等手段可用。我们大体只能靠文字去设想，这兴许也不是坏事，因为在淋浴和洗衣房还未普及的年代，人和城镇发出的气味，对于现代人可能太过刺鼻。不过，虽然难闻的气味绝不是什么好东西，置身其中的人却往往不觉得有什么不妥。人的习惯化过程意味着持续的刺激会渐渐变得平淡，被脑当作背景噪声忽略掉。比如在长途飞行中，哪怕机舱内有空气净化装置，空气也会变得不新鲜。我们在这样一团闷气中一坐好几个钟头，直到下飞机时才意识到刚刚的空气有多么难闻。而目的地机场的员工，就有另一番体验了：舱门一开，他们会感到一股浊气扑面而来，简直像劈面挨了一记耳光。反之，宇航员在轨道上度过一段时间后返回地球，也说在闻到树木植被之类的寻常气息时，感到的是强烈的刺激和美妙。

气味本身往往得不到信任，好像历史上每位著名人士，但凡觉得要对我们的嗅觉写些什么，都会写下一些贬义的话（历史上女士的观点则没有多少）。这些意见大多可归入两类阵营：一类觉得气味无足轻重，另一类则将它与腐化堕落相连。柏拉图认为气味牵涉的都是"低级冲动"，其他人也把它们形容得堕落而兽性。亚里士多德写道"人的气味很臭"，达尔文则断言"嗅觉的作用微乎其微"。弗洛伊德的结论是，在正常发育中，任何对气味的迷恋都应该留在婴儿阶段，有这样判断的绝不止他一个。我们看到别人对着东西嗅来嗅去，有时会感到不舒服、觉得诡异，尤其对方是成人的话。我表妹阿曼达小时候曾陶醉于香气，不管什么东西都要拿到鼻子下闻一闻。后来她在父母的教导下戒掉了这股冲动，因为父母好像始终认为这不正常。

将眼光放远，17、18 世纪的启蒙运动强调观察，并将视觉作为验证真伪的最优手段。英语里用"我看见了"（I see）来表示"我理解了"就很说明问题。在这个语境中，视觉是认识世界的一种理性手段，不受感情的左右。而嗅觉却性质模糊，又同情绪有牵连，所以只能靠边站了。

除了上面说到的嗅觉反对者之外，应该说还有一个人影响特大，有力塑造了我们对人类嗅觉的观点。这位 19 世纪的法国外科医生兼解剖学家保罗·布洛卡（Paul Broca）是探索人脑的先驱人物。他是一位名副其实的"疯狂科学家"，在巴黎的实验室里收集了数百个人脑，泡在福尔马林罐子里。他很迷恋脑内的不同结构，尤其是额叶部分。这一区域就在额头后方，对人脑的一切功能均有不可或缺的作用，包括意识、形成记忆、共情和人格。与其他哺乳动物相比，灵长类有幸长着特别硕大复杂的额叶，而在灵长类中间，人类又在这个区域获得了超额装配。在那个神经病学初创的年代，研究者的目标是将脑的功能与它的各部位相关联，在这项工作中，布洛卡可谓成功到了极点。他最为人所铭记的就是对额叶几个区域的研究，它们支配着人的话语生产，如今用他的名字命名为"布洛卡区"。

在推进这一领域的同时，布洛卡也提出了其他观点，它们虽然各有缺陷，却至今颇有影响。他其实是在搜集人类独特性的证据，并且认为他已经在对不同物种脑部的测量中发现了它。他主张，人脑中那个从嗅感受器接收信息的嗅球之所以缩小了，为的是给额叶的扩张腾出地方。布洛卡大开脑洞，如获至宝地把这当作人类优于其他动物的证据。他得意地宣布，额叶已经"在大脑中夺取了霸权""引导动物行为的已不再是嗅觉"。在他看来，嗅觉只是一种低级而原始的感觉，摆脱它正说明了人类的优越。

在之后的年代里，有许多科学家以布洛卡为榜样，裁剪事实以迎合各自的理论。他们从感觉的角度重构人类的演化，号称向直立行走的转变使我们的鼻子远离地面从而也远离了最浓郁的气味与恶臭，并主张在此过程中，我们也将嗅觉的重要性降了级。再往前追溯，会发现虽然许多哺乳动物的眼睛都分布在头部两侧，但灵长类的眼睛则移到了脸的正面，这促成了优秀的立体视觉，却也挤压了嗅觉器官的空间。猿类丧失了吻部，更是进一步限制了嗅觉。最后一步，是整个灵长类包括人类开始丧失与嗅觉有关的基因。我们目前有大约 400 个活动的嗅觉基因，而我们的遗传编码中还有近

500个嗅觉假基因。它们就像化石，曾经辅助过我们的嗅觉，但现今都已不再工作。换言之，在演化史上，我们已经丢失了超过一半的嗅觉基因。

如果将眼光放宽，观察全体哺乳动物，你或许会发现一条规律。比如，鲸最初是陆生动物，但数百万年中一直在海里生活，只偶尔浮上水面，这意味着对它们来说，嗅出空气中化学物质的能力没有多少用处。因此，它们的几乎所有嗅觉基因都停止了工作，只留下化石般的假基因。再往体型较小的一头看，大鼠在生活中重度依赖嗅觉，它们的活跃嗅觉基因比我们多得多，假基因遗迹的比例也比我们低得多。换言之，依赖嗅觉的动物，往往有更多活跃的嗅觉基因。

所谓人是视觉动物、嗅觉不够复杂精细的观点，已经变成一种强大的叙述，形成了一股压倒一切的舆论之潮。即使到了今天，嗅觉在科学研究中获得的关注也还是远远少于其他感觉。根据就每种人类感觉发表的论文数目，对嗅觉的考察大约只有听觉的 1/4，而专攻视觉的论文数更是超出了嗅觉 20 余倍。或许就是因为这个缘故，我们虽然能探测到引力波，在火星上发现水，甚至培育出人类器官，却始终不能彻底了解自己的鼻子是如何工作的。

不过，现在有一个新观点正浮现出来，它指出我们的嗅觉其实相当发达，远不是布洛卡所说的"穷亲戚"。诚然，就嗅球在脑中所占比例而言，我们是比不上别的动物，但这样对比忽略了相当重要的一点。虽然我们的嗅球占比较小，但就绝对尺寸而言，它超过了小鼠的嗅球，包含的神经元也只多不少。人脑确实在演化中有所成长变化，但这并不代表我们的嗅觉中枢萎缩了。布洛卡那代人热衷从结构推演功能，认为如果脑中的某一区域大得不成比例，就意味着它相应地也很重要。这样的观点虽然能得出一些笼统的线索，但它即便往好了说也是不够精当，往坏了说更是全无用处。

可是这背后的遗传学原理又怎么说呢？我们知道，人类只有约 400 个活跃的嗅觉基因，被动物远远甩在后面。例如小鼠和狗，嗅觉基因就比我们多出一倍以上，大象的嗅觉基因更是达到 2000 个左右。然而光是这样比较并不全面。首先，400 种嗅感受器，已经比我们的其他感受器多多了。其次，即使承认我们的嗅觉器官不如其他一些哺乳动物，人脑依然有着无可比拟的加工能力。换句话说，关键不是你能获得什么，而是你能拿它们做什么。

我们今天已经有了更加精细的实验方法，对人类嗅觉造诣的看法也经历了某种复兴。1927 年，有一篇研究论文随口提到我们能分辨"至少 1 万种气味"。一如既往，这个说法也在传播中变了形："至少"两个字不见了。于是一代代学生都以为，1 万就是人类嗅觉图谱上的标准数字。直到 2014 年才有人正式质疑了这个说法：洛克菲勒大学的卡罗琳·布什迪（Caroline Bushdid）领导一支团队开展研究，发现人类能够分辨的气味远超过 1 万亿种。1 万亿！再对比一下据称是人类的两种主导感觉——视觉和听觉的范围：我们能听出约 1000 种不同的音调，看出最多 1000 万种不同的颜色。这样一比，我们的嗅觉忽然不再像个穷亲戚了。

那么我们的嗅觉与其他动物相比表现如何？对比嗅觉一般看的是"嗅敏度"，即某动物能够闻出的某种气味的最低浓度。人类能够在不到一千亿分之一的浓度上闻出某些物质——相当于一个奥运标准泳池里不到一滴水的比例。在对一系列生化物质的嗅觉上，人类的表现好得惊人，有时还超过号称嗅觉冠军的小鼠或狗。人类和狗在 15 种化学物质上展开过正面交锋，其中 5 种我们获胜，剩下的犬类领先。我们最为敏感的是花果的衍生物，而狗最敏感的气味都是猎物发出的。无论人还是狗，对特定气味的敏感都经过了演化的调校。早期人类与现代灵长类有许多共性，特别是在饮食方面。我们的祖先是植食动物，能找到水果的嗅觉给了他们生存优势。而狗的祖先是狼，它们关注的嗅觉线索，往往也对应着它们的食肉生涯。有时，嗅觉力的对比不是说谁的嗅觉最好这么简单，还要看嗅的是什么东西。

不过我们也绝不能过度引申。狗的嗅觉在动物界仍位居一流，在大多数指标上都远胜过我们。人与狗这两个物种的合作，是自然界中最特别也最悠久的伙伴关系之一。从古至今，狗及其野生祖先狼一直为我们守护居住地，也极大提高了我们的狩猎成效。狗很擅长捕捉气味，能一路顺着气息找到藏匿的目标猎物。当狗沿着猎物的曲折踪迹搜索时，它们的脑会比对两只鼻孔中输入信息的细微不同。这种用鼻孔比对来定位气息的本事并非狗所独有。几年前，加州大学伯克利分校的一组研究者在草地上洒了一串巧克力香精，然后要志愿者蒙起眼睛唤醒内心的"寻血猎犬"。这个要求看似很高，但是当学生们跪爬着将鼻子贴到地面上，他们竟也能根据两只鼻孔气味的强弱不同，艰难地在草坪上找到气味的源头。诚然，人类被试执行这个任务不像狗那么容易，但是经过一次次测试，他们也会变得越来越熟练。

这种进步对嗅觉和味觉都很典型，因为两者都可以经训练变得更加敏锐。也正因为如此，长期被人用作狩猎伙伴的犬类，才能熟练地找出藏匿的违禁品，甚至嗅出疾病。上面提到的寻血猎犬，被广泛认为是搜索证据和逃犯的高手。人类的嗅上皮大约是一张大号邮票的尺寸，而寻血犬嗅上皮中的感受器约是人类的 40 倍，铺开后有一块 iPad 那么大。它们有着传奇般的业绩：曾追寻到 12 天前的踪迹，追踪距离超过 100 公里。狗的嗅知觉之敏锐，足以在动物界中跻身超级闻味者之列。在保罗·布洛卡的观点占据统治的年代，人们对哺乳类嗅觉的排列是把狗放在一头，人类放另一头，但最近的比较研究显示，我们的嗅觉同样优秀，大约能在哺乳类集团中排到中游。

在开始赞赏人类的嗅觉之外，我们也要着手了解人与人之间有多么不同。记得刚开始攻读博士那阵，我和研究组的其他成员一起去了趟加拿大。那是我第一次离开欧洲，陌生的风景和声音本就在意料之中，我不曾料到的，是那里有一方全新的气味环境。我们工作的地方有一片松林，林中飘着浓郁的松脂味，背景中还隐隐透出一丝柑橘类的清香，这和我在家乡闻过的任何森林都不相同。再就是臭鼬的惊人气味：仿佛着火的橡胶混着硫黄，和这动物迷人的外观形成鲜明对照。我另外还闻到了几十种新气味，其中一种像是在对我的鼻子发起猛攻。它甜到发腻，引人作呕，每次我走到同事们身旁几米处就会被它袭击。最终我找到了这股异味的源头：原来是团队里的高级成员丹一直在往头上抹一种美发产品，使他闻起来像一摊焦糖化的呕吐物。那几天我频频向丹暗示，但毫无作用，最后我忍无可忍，只好亲手解决问题。说来惭愧，一天晚上我趁大家都不留神，找到了丹的那瓶烂泥似的恶心玩意儿藏了起来。第二天丹发现瓶子失踪，莫名其妙，我也终于能开开心心地待在他身边，不必再一阵阵干呕了。

为什么在一组人中，唯有我被这种有害产品击倒了呢？原因就是我们每个人都有一只独特的鼻子，对气味的世界各有不同的看法。请任意一组人闻一样东西，就比如一只柠檬，他们可能都闻得出大致的"柠檬味"，但这味道的强度和其他性质，比如是否清香怡人，就是各人不同的主观体验了。这种差别的根源在于专门用于嗅觉的感受器数量众多，而人与人之间又有基因差异。我们的400个嗅感受器，每一个都由特定的基因编码——除了支撑免疫系统的基因之外，嗅觉基因是人体内最多样的。在全球人类中，这 400 个嗅觉基因至少有 100 万种变化。换言之，任意两人拥有同一套嗅感受器的概率基本为零。甚至有研究指出，任意两人在这方面的差别都有 30% 左右。总之，每个人都有专属自己的嗅觉体验，这有时被称为人的"嗅觉指纹"（olfactory fingerprint）。

过去一百多年里，犯罪学家一直用指纹辨识罪犯，将一片指纹上个人独有的图形与数据库中的指纹做比对。要做到准确匹配，有赖于指纹中独有特征——"细节点"（minutiae）的数量。理论上说，细节点越多越好，但实际比对中，40 个以上就可以算万无一失了。而嗅觉指纹的原理竟也与此十分类似。要采集某人的嗅觉指纹，需要让他闻一系列味道，并从一份描述词表中选词来刻画它们。理论上，只要比对大家对 34 种独特气味的反应，就能区分地球上的每一个活人——人与人的嗅觉差异就是这么明显。一个人的嗅觉指纹主要由基因决定，不会随时间而变化。采集嗅觉指纹的目的不是抓重罪犯，而是希望将这项技术用于医学，比如能用一种无创的方法，找到器官移植和骨髓移植的合适供体。

既然每个人可能体验到的气味多达万亿种，那么我们没能整理出对所有这些气味的反应，或许也就不足为奇了。不过，还是有几项精彩的个案研究凸显了人与人的不同。我对公厕售货机里的内容一般不感兴趣，可是数年前的一天，我发现里面在卖一样叫我感到荒谬和滑稽的产品。那是一种喷雾，说是男性买下后在身上充分喷洒，就能使女性觉得他们有难以抗拒的吸引力。原来这种喷剂中的魔法成分是雄烯酮，这种物质在煽动猪的春情方面效果无与伦比。具体而言，这是公猪产生的一种信息素，母猪闻了会如饥似渴。它对人类并没有同样的效果，一个突出的原因是我们这个物种没有任何靠信息素交流的证据，可要是有人在猪圈附近不明智地往身上喷洒了这种东西，那么一个人面对一大群痴情母猪潮水一般的爱，那景象还是很精彩的。

雄烯酮虽然无法像煽动猪那样煽动我们，却仍是有用的研究对象，因为它仍能在人身上引出各式各样的反应。有的人根本闻不到它，也有小部分人说能闻到一种怡人的甜味，而绝大多数人都把它描述成汗水和尿液的气味。有此差别，不是因为大家的挑剔程度不同；这三组人的反应都是由各自的基因决定的。雄烯酮除了能让猪女士们两眼放光之外，还会造成所谓的"公猪骚味"，令一些人对猪肉反胃作呕。我们人类刚刚演化出来时带有一个嗅觉基因的变体，使雄烯酮闻起来很臭，也使我们讨厌吃猪肉。但随着人类扩散到非洲以外，这个基因发生了突变，改变了我们的知觉。新变体的携带者要么闻不到雄烯酮，要么闻到了也不以为意。这为猪在两个地方的独立驯养打下了基础，一个是中东，一个是如今中国所在的区域，猪肉最终也成了世界许多地区的人类主要食材。即使到今天，那个基因的原始变体仍在非洲普遍存在，而在欧洲和亚洲，占主导的已经是对猪味较宽容的新变体了。将这个例子推而广之，对同一物质有各式反应，尤其体现了人类感官知觉的缤纷多样。

　　除了基因，文化对人类知觉的塑造也起着关键作用。西方人对气味的相对冷漠在语言中有清晰的体现。在英语中，我们使用的词语有近 3/4 基于视觉体验，和嗅觉相关的不足1%。不光是不谈气味，我们也不把气味当作赞赏他人的合适理由。比如，我们可以称赞某人样子好看，但要是说某人身上有味，那就很可能不是称赞了。要是更明确地说"你味道很香"，那多半是在赞赏对方的香水而不是此人的天然体香。再宽泛些，当我们试着用语言表达一种气味，一般都要把它和别的什么关联，比如"这闻起来像肉桂"。除了再用些"发霉"（musty）和"芳香"（fragrant）之类本身就很模糊的词，这已经是我们能做出的最详细说明了。

　　我们分析气味时的不顺利也影响了我们对它的思考。英语在把握气味方面的失败造成了一种观念，那就是气味不能把握。气味显得那样朦胧、不可言喻，和颜色或声音一比更是如此。当然，气味本身往往一点都不朦胧，任何人只要和臭鼬打过照面都能证明。然而我们的语汇中缺乏对气味的清晰措辞，这才使得我们认为气味是朦胧模糊的。这种情况不仅限于英语，其他欧洲语言也类似。气味在我们的会话中就是不像其他感觉那样彰显。

　　与此同时，气味的边缘化也在随着我们离开自然、搬入城市而加速，因为现代生活的气味环境既有限又封闭。第一，众所周知，空气污染会妨害我们的嗅觉。第二，我们在室内度过的时间也变得越来越长，普通美国人醒着的时间有超过 2/3 是在室内度过的；自人类离开树木起就与我们相伴的缤纷的自然气息，如今被关在门外，与我们渴望闻味的鼻子隔绝了。日益吸引我们注意的大小屏幕只会刺激视觉和听觉，根本不提供嗅觉。

语言的缺陷加上生活方式的变迁，共同解释了处于测试环境中的西方人，为什么竟叫不出普通气味的名字。你本以为大多数人至少能正确地闻出咖啡，但是在一项让美国本科生蒙起眼睛作为被试的嗅觉研究中，第一次就说对咖啡的人，四个里才有一个。甜橙算比较简单，但即便如此，也只有半数大学生说对。约 20% 的学生说对了罗勒或花生，而能单凭气味就认出奶酪的人则少之又少。参照这类结果，再联想到我们的语言中几乎没有气味，我们这些西方人自然得出一个结论：这想必是全人类的普遍情况。但是，只要将眼光放到西方以外，你看到的就是另一幅画面了。

过去几十年间，这方面的研究已经开始纳入其他文化，结果足以令人大吃一惊。原来许多文化的成员都将嗅觉摆在极重要的位置，对许多人来说，气味不啻其生活的中心。比如亚马孙雨林是一片感觉刺激丰沛的环境，这里的德萨纳人（Desana）自称 wira，意为"闻味的人"。他们从很小就懂得追踪"风线"（气味的痕迹），靠气味辨别动植物，也靠一张怡人的气味网络在森林中确认方位。周围其他部落都可以靠自身的群体气味彼此区分，这些气味源于他们各自的生息之地。气味实在重要，在选择伴侣时也要听它指挥，因为配偶的气味必须和自己不同才行。和德萨纳人一样，另一支亚马孙部落苏雅人（Suyá）也用气味给动物分类。他们还用气味描述社群中的不同成员，以区分不同的性别和年龄段。个人的气味在有些文化中极为重要，他们会特地采取措施，防止气味混淆。一个人的气味就是他的精髓，将你的气味与别人混同，比如坐得太近太久，都是要谨慎规范的行为。

安达曼群岛的昂基族（Ongee）同样生活在一片崇尚气味的天地中。他们的每一个季节都由当季盛开之花的香气来定义，这意味着他们的历法也是根据气味环境编订的。昂基人相信恶灵会通过气味锁定受害人，因此在森林中穿行时，他们会排成一条直线，好让大家的气味混同而难以分辨。见面打招呼时，他们会问对方："你的鼻子还好吗？"这虽然听着古怪，但其实在许多文化的问候中，气味都很重要。在印度一些地区，曾经最亲切的问候方式是闻对方的头。从北极到波利尼西亚，从西非到菲律宾群岛，摩擦鼻子、嗅对方的气味都是历史悠久的传统问候方式。在冈比亚，人们从前经常嗅彼此的手背，这也是他们在打招呼。

德萨纳族或昂基族的孩子通过嗅觉体验了解世界，这与我们西方人的体验方式有着根本不同。一个英国或美国的少年兴许会在谷歌上搜索一种花的图片，而这样的辨认在其他文化中会是一种更为整体性的感觉体验，除形象之外还要包含气息、触感和滋味。气味在某些文化中的核心地位磨炼了成员的嗅觉，使他们如同有了超能力一般。有一项实验对比了欧洲人和玻利维亚土著齐马内人（Tsimané）在嗅觉敏感性上的高低，结果发现齐马内人不单平均嗅觉远超欧洲人，他们中的 1/4 还超越了 200 名欧洲被试中嗅觉最敏感的那几个——尽管实验期间，许多齐马内人患着感冒。

不同文化的感觉体验，尤其是许多文化对气味的推崇，都造就了人类在知觉上的巨大多样性，这种体验还被迎奉进了语言。马来西亚的嘉海人（Jahai）是狩猎采集民族，他们有一套专属于气味的丰富词汇，这套词汇不仅体现了气味对于其生活的重要作用，也塑造了他们的反应。和我们搜肠刮肚仍难以描述气味的窘态相比，嘉海人历数种种气味时轻而易举，就像我们说柠檬是黄的一样简单。他们能将闻到的气味与脑中的概念相连接，这既增强了他们评判这些概念的能力，也打开了一扇更加清晰而丰富的气味知觉之门。约克大学的阿西法·马吉德（Asifa Majid）的研究显示，嘉海人不仅辨别气味比西方人更加快速精准，他们彼此间的意见也更为一致。在他们看来，气味就是清晰而明确的，是大家都认同的参照物。这些发现彻底推翻了西方的传统观点，即气味是一种无法用语言描述的朦胧感觉。事实是，我们西方人长久以来忽略了嗅觉，如今有了对比，才明白自己错失了什么。

塑造嗅觉力的不单是基因和文化。和我们的所有感觉一样，嗅觉也会随着年龄增长而衰退。嗅觉的衰减会持续到

80 岁，届时有 3/4 的人会在这种感觉上出现重大缺损——这就是为什么出席特殊场合的老年人会习惯性地喷洒极大量香水，浓得足以熏倒一头骡子。这种衰退的原因是嗅神经元与鼻腔黏液的双双减少，而后者是我们嗅觉的关键润滑剂。悲哀的是，随着年岁增长，其他因素也会出来干扰嗅觉。嗅觉减退是许多疾病的一个症状——最近的一个相关疾病当然就是新冠病，其患者中有近一半曾经突然间嗅觉减退。虽然大多数人的嗅觉最终恢复了，但我们仍不知道为什么新冠对我们会有这样的影响。

性别也会影响嗅觉。男人们要有心理准备：在感觉方面，女性才是我们这个物种的超级明星，这一点也适用于嗅觉。当一个男人因为女性爱人斥责他不讲卫生而感觉委屈时，问题多半出在他不能像她一样闻到那么多气味。他身上散发的"瘴气"或许还弥漫在他的感受阈值下方，却已经足够激得她双目流泪了。女性不仅能感知浓度较低的气味，她们的嗅觉体验也更加丰富和广泛。这个差别的一大原因，是女性脑中的嗅觉加工部位比男性多了 50% 的神经元。

像往常一样，一个问题会引出另一个问题：为什么女性有更好的嗅觉？这或许要牵扯到婴儿出生时重要的母婴纽带，又或许关系到配偶的选择。不过最可信的一种解释还是与怀孕有关。虽然嗅觉的一个重要作用是将怡人的香气奖赏给我们，但它的主要功能还是帮人避开有毒物质。有些东西可能对健康的成人影响很小，几可忽略，对胎儿却会造成巨大危害——在人类演化史上，一部分女性以灵敏的嗅觉避开了这些毒物，由此诞下了更健康的宝宝。这或许也是孕期的女性有时会嗅觉增强，有些孕妇还会对某些物质变得极为敏感的原因。例如，构成咖啡气味的一种化学物质"吲哚"，就会给爱喝咖啡的准妈妈造成麻烦。对大多数人而言，吲哚本身有一股口臭或粪便的臭味，可一旦与咖啡中的数百种香味混合，就没几个人闻得出它的本味了。然而当一些妇女怀孕之后，吲哚的屎味又会凸显出来，毁掉整杯咖啡。

你也不是非要怀孕才能获得超强嗅觉。大约有 1/10 到 1/50 的人天生拥有这种超能，他们的正式称号叫"嗅觉超敏者"（hyperosmics）。这些人为何拥有这种超强感觉还是一个谜。他们兴许是在基因重组时中了奖，但最可能的原因还是勤奋练习。你对一种气味越是熟悉，闻到它的阈值就越低——只要付出一点努力去训练，你的嗅觉也能变强。这本是侍酒师和香水师们早已知道的经验，他们的脑也随着鼻子提出的要求做出了适应。在脑成像下观察，从事这类专门工作的人，脑中的嗅觉加工区域都有明显的调整和改进迹象。就像健美运动员，一位香水师将嗅觉的"肌肉"绷紧得越久，取得的进步就越大。这种训练效果不必为专业人士所独享，普通人经常接触陌生气味，哪怕每次短暂（大概每天几秒就够），也能取得了不起的成就。魁北克大学的西琳娜·艾因（Syrina al Aïn）及其同事开展的一项研究显示，人们在接受嗅觉训练短短六周之后，脑内就有了明显的发育迹象，他们的嗅觉表现也提高了。既然嗅觉对我们的幸福感如此重要，大家不妨也训练试试。

　　和我们的其他感觉一样，嗅觉这枚硬币也有正反两面。一面是一个人嗅出气味的能力，另一面是每一个人向其他人传达的气息。我在研究生涯中为许多问题绞尽脑汁，其中之一就是动物是如何认出彼此的。虽然某一物种在一个区域内可能有成百上千只个体，但它们之间的互动并不随机。动物和我们一样，也会形成小圈子，会花大量时间与亲近的同类共处，对其他同类则不屑一顾。那次去加拿大时，我的注意都在小鱼身上。你或许认为，像刺鱼（stickleback）这样的动物对同伴不会挑三拣四，但其实在社交方面，它们也极懂得辨别亲疏。我们先研究了这些小鱼谁和谁要好，再对它们做了种群分析，而后发现，加拿大湖泊中的这些鱼类组成了一张典型的"小世界"（small world）网络。即使围着栖息地游弋，它们也照样和亲密同伴组成集群，而和其他集群中熟悉的同类较为疏远。

　　问题是，它们怎么知道谁是谁？地球上的大多数动物都会在气味的指引下分辨亲疏，鱼类也不例外。它们之所以能认出彼此，是因为每一条个体都有自己独特的气味，宛如一个化学签名。这种气味身份对许多物种都极为重要，重要到盖过了其他感觉。我做过一个实验，让鱼类选择是和同类还是另一个截然不同的物种结成一群。我在实验设计中玩了点

刺鱼 © Copyright Mike Pennington　　伪装猎蝽 © Joseph Berger, Bugwood.org

花样，让它们或是看到同类而闻到别的物种，或是看到别的物种而闻到同类。结果显示，它们还是更信任鼻子——所见与所闻相左不打紧，只要气味对头就行。

　　鱼类和所有动物一样，也会散发出富有特色的气味合集，以此向同类传达它们需要知道的一切。有些动物会努力掩盖自己的气味，成效不一。哪个狗主人不曾战栗地看着刚刚美容过的爱犬在一堆粪便上畅快翻滚呢？类似的，猎蝽也会将猎物的尸体粘在自己的甲壳上。这两种动物，都在尽量使自己闻起来不像自己，而更像它们捕猎的对象。与此同时，人类也在尝试另一种嗅觉伪装术：据估计，我们每年在除臭剂上的消费超过 200 亿美元，在香水上的更是两倍于此。讽刺的是，我们用来掩盖自己体味的香气，其实来自其他动物的腺体，这些腺体常位于鹿、麝猫或河狸身上不可说的部位。香水里除了这些动物身上的麝香和河狸香外，还常常包含一丝尿液的气味。说起来怪吓人的，我们的鼻子好像还挺喜欢这种尿味。不过，无论你是狗、虫还是人，你自身的味道总会有遮不住的时候。

人类有一点和其他动物并无不同：我们也各有独特的体味，这一部分来自人体的新陈代谢，以及在我们皮肤上徜徉的看不见的细菌，还有一部分来自我们的基因。遗传基因影响人的体味，令我们能够识别亲人，并找到那些我们希望认识的人。有那么一套基因对我们的疾病免疫起关键作用，能增强我们认出进犯的病原体的能力，名叫"主要组织相容性复合体"（MHC）。*除了上述功能，MHC 还会强烈影响我们的化学签名。MHC 中的基因非常多态，因而赋予了每个人独特的体味，我们参照这种由基因决定的味道，就能分清谁是谁。因为血亲和我们之间有共同的基因，所以气味会和我们相似。母亲仅凭气味就能挑出自己孩子穿过的衣服，婴儿也能闻着乳垫认出母亲。儿童还能以相似的方式认出兄弟姐妹；同卵双胞胎的气息极为相似，足以干扰一条追踪犬的判断，使它走上错误路线。这一切都有助于我们识别亲属，进而协助血缘最近的人；还能使近亲的气味失去性吸引力，免得我们闯下乱伦大祸。

体味对性吸引的作用是一个科学家长期探讨的领域。1995 年，瑞士研究者克劳斯·韦德金德（Claus Wedekind）将一批男学生穿了两天的 T 恤衫发给女性志愿者，要她们给上面的气味打分。为营造公平的嗅觉环境，他特别关照捐出

* 在人身上，MHC 有时又称"人类白细胞抗原复合体"（HLA complex）。

T恤的男性不要用除臭剂或香水。实验结果非同小可：女志愿者们强烈偏爱的 T恤，都是 MHC 与她们不同的男性穿过的。这种偏好背后有着坚实的生物学基础：这是大自然避免近亲繁殖的手段。甚至有人提出，这也是我们喜欢亲吻的原因：亲吻能帮我们采集潜在伴侣的气息和味道。这观点虽然剥去了此类情景的浪漫外衣，却也指出了气味如何在潜意识中引导我们的行为。参与韦德金德研究的女性当然不大可能只凭一件 T恤的气味就畅想一段长期恋情，但你对一个人的喜爱程度，却多少会遵循他和你是否相配的评估。一父一母重组基因生下一个孩子，其实是在分散遗传风险。和一个 MHC 不同于你的人结合，也意味着后代更可能继承一套范围较广 MHC 基因，最终获得一套较为强大的免疫系统。换句话说，女性的嗅觉能指引她们将来生下更健康的孩子。不过有趣的是，如果女性在给 T恤评分时正服用避孕药，她们的偏好就会逆转，反而更容易喜欢 MHC 和自己相似的男性气味。由此可知：其一，激素会影响择偶决定；其二，既然避孕药的原理是让身体误以为自己怀了孕，它可能也会推动女性去接近自己的社会内群体（social ingroup），因为其中或许包括了能照料她的亲人。

自 25 年前韦德金德的结果首次发布以来，后续研究已有多项，而结论却并不一致。这或许也不足为奇——毕竟人类的相互吸引本来就是一个纷繁复杂的课题。检验上述观点的核心标准，是看某女性给一件臭 T恤所打分数，是否真能体现她的择偶标准。简略地说，答案是不太能。在美国的夫妇之间，确实存在 MHC 的相似性略低于随机水平的倾向。这虽然与最初的研究相符，但也有人指出，出现这种状况，固然有人们会爱上 MHC 与自己截然不同的人的原因，但避开 MHC 与自己雷同的人的动机至少同样强大。这里我们要为韦德金德说句公道话：他的初衷，不过是确认人类能否根据潜在配偶的遗传构成，对不同的气味做出觉察和反应。事实是我们和许多动物一样，的确能做到这个，但它对我们的择偶似乎只有很弱的塑造作用。不过这也不是说气味在这方面就不重要。我曾在同事斯黛拉·恩赛尔（Stella Encel）的帮助下，发起过一次非正式民调，我问一众异性恋女子，一名潜在伴侣的天然气味对于塑造其魅力有多大影响。答案几乎众口一词：气味如果难闻，根本不喜欢，如果好闻，肯定大加分。她们的说法与其他几项调查的结论相符，即人的气味是影响人类择偶的关键因素。女性尤其认为气味是决定性的，男性也觉得气味相当重要。再联想到社会对气味的态度，特别是形成我们体味的各种因素，这个结论就更有意思了。

青春期的开始对任何人都是一道难关。我当初也和朋友们一起，经历了种种令人烦恼的变化，特别是体味上的。这些变化的罪魁祸首不是分布于全身的平常汗腺（也叫"外泌汗腺""小汗腺"），而是与毛囊相关的一种特殊类型：顶泌汗腺（大汗腺）。这种汗腺集中于人体的多毛部位，尤其是腋窝和胯下，它们会渗出一种乳汁似的液体，在与皮脂腺产生的其他物质混合后形成一种乳状液。虽然刚刚形成的时候没有什么气味，但它只要落入常居微生物的魔爪，就不会这么清白了。人的皮肤上定居着数百种细菌，我们身上的臭味要特别拜其中的两三种所赐。一种属于棒状杆菌，它的一名近亲是导致白喉的病原体。这种杆菌将我们排出的复杂分子切碎重组，制成像丁酸之类的简单分子，有人形容这些分子的气味如同变质奶酪或呕吐物。葡萄球菌属的成员也不甘示弱，它们将我们纯洁无瑕的分泌物重组为硫醇，那是带了肉味或洋葱味的有机硫，含有一丝臭鸡蛋的气息。还有一些细菌会把氨基酸变成丙酸——闻起来像有刺鼻怪味的醋。每个人身上都有这些难闻物质的组合，比例依各人的菌群和卫生习惯而略有不同，但一般认为，男性通常带有大量棒状杆菌，因此散发出干酪的气味，而女性的腋窝似乎更喜欢葡萄球菌，体香中带有一丝洋葱气息。

这些气味一般都称不上好闻，当我们的衣衫上荡起一阵狐臭，我们大概起码会觉得有些尴尬，但事情也不是从来如此。据说拿破仑就曾乞求他的恋人约瑟芬好好涵养体味，并在信中写道 "Ne te lave pas, j'accours et dans huit jours je suis là"，大意是"不要洗澡，我正赶来，八天后到"。在发酵一周多后，约瑟芬的体味想必真能叫人犯晕，但故事里却说拿破仑闻得欲罢不能。我们或许会对这种爱好大加嘲讽，但其实我们现代人才是异类——人类的演化史本就是一部性欲和气味的故事。比如你可曾想过，我们的身体为什么会在特定部位保留茂盛的毛发？有人认为，这与人的直立姿态，以及气味对自我宣示的重要作用都有关系。那些有可能闻到我们的人，我们的腋窝离他们的鼻子最近，因此在体味散发上做出了最大贡献。长在这里的毛发提供了一个愉快友好的环境，能让微生物尽情施展；它们还能向外抽出水分和挥发性物质，对等候的观众宣示我们的体味。

我们刚好在到达性成熟的年纪开始散发气味，这暗示了散发这些气味背后的原因。个人的体味宣示了此人的性状态。比如单身男子的体味比有伴侣的男子更为强烈，因为前者的睾酮水平更高。异性恋女子会根据体味评判男子，并表示附近有熟悉的男子体味时会感觉放松。女性有一种显著能力，能觉察男性发出的某些化学物质。她们能闻出男性体味中的某些成分，这些成分的浓度要再高几百倍才能被男性自己闻到，且女性的这种能力会在她们生育力最强的时段变得最为敏感，而在同样的时段，异性恋男子也会觉得女性的气味特别诱人。就这样，一场化学共谋在受孕的关键时刻将夫妇撮合到了一起。女性的体味甚至能激发异性恋男子的性欲，因此男性在闻到此类气味时，调节性反应的脑区会活跃起来。如果各种气味成功施展魔法，令那心醉神迷的一对沉溺于欢好之中，精子就会用某种手段向卵子靠近——你问什么手段？还是它们自己的嗅觉。

气味能从嗅觉方面促进性吸引起效，但这并不仅仅关乎性。我们的化学签名对任何能嗅到我们的人而言都是一个丰富的信源，而其中重要的一部分是由我们吃下的食物决定的。我们一面口含薄荷糖来清新口气，一面又小心翼翼地避开豆类，因为它们很容易产生科学家忸忸怩怩地称作"肠胃气"（flatus）的东西。人人知道芦笋会影响尿液的气味；吃芦笋也是一个有趣的检测方法，能确定你的嗅觉受体基因OR2M7是哪个版本。不过，和倚重尿液来沟通的多数脊椎动物不同，在我们的嗅觉本领中尿液并不占据重要位置；我们是闻汗味的专家，也可说是腋窝的内行，而我们吃的喝的东西，都直接关系到汗液的化学成分。

有一句话素食者想必爱听：含有大量红肉的饮食，会增加体味的强度和特征。不是说我们的汗里会直接透出肉味，而是有越来越多证据表明，我们吃下的东西参与决定了哪些菌种会在我们的皮肤表面上占据多数。如果饮食中红肉占大头，你就是在怂恿棒状杆菌在你的体味中大显身手。除了红肉，精制碳水化合物也会修改你的体味，让大家觉得你不太好闻。既然这两样东西常常在快餐菜单上成对出现，可以说红肉和碳水的组合就是引起狐臭灾难的配方。

想要改善体味，最好的办法就是多吃水果蔬菜。这些食物不仅会滋养气味较为温和的微生物，甚至能令我们的体味让人觉得好闻。其他凸显饮食习惯的食物还包括草本和香料，如孜然、葫芦巴和可怕的大蒜。我说大蒜"可怕"，其实是继承了和我出身相同的上几代人遗留的体验，他们觉得大蒜这东西实在可疑。大蒜会污染口气，这在他们看来就足以证明它的破坏性。可喜的是，如今的英国人已经大致挣脱了清淡烹饪的束缚，当代厨师也接受了大蒜的本来面目，将其视为福音。虽然它的确对口气有一定影响，但严格的测试已经揭示，吃大蒜会令我们的体味更加好闻而不是难闻，还能降低体味的浓度。这或许是因为大蒜具有其他健康食物的共同特征，并且对我们的腋窝菌群有抑制作用。

　　吃好喝好对我们的健康很关键，而健康状况又会转化成我们的体味。在我们的嗅知觉中，健康人的体味会比较好闻。疾病或其他失调在身体上引起的生化改变，也会在我们的体味中显现出来。古希腊医生希波克拉底率先记载了体味的诊断价值，到今天依然重要。比较晚近的一个著名例子是苏格兰护士乔伊·米尔恩（Joy Milne），一天她注意到丈夫莱斯（Les）身上平日的气息变成了一种"难闻的发酵味"。十多年后，莱斯被诊断出了帕金森病。对于这类令人失能的疾病，发现其早期征兆能使医生在治疗中获得关键优势；而乔伊只用鼻子一闻，就在其他症状远未出现时觉察到了异样。很快有人发现，乔伊还能嗅出其他人身上的帕金森征兆。可惜莱斯到底死在了这种病上，好在他去世前和乔伊制订了一项计划，准备将她的天赋用于实践。起初，医学界的一些研究者对乔伊的能力相当怀疑，可在她通过这些人的测试后，他们马上开始听从她的意见。由此，他们也分离出了几种造成帕金森病人独特体味的化合物，看来用不了多久就有望开发出一套诊断测试了。这种做法还可能应用于一长串其他疾病，包括癌症、猩红热、结核、黄热病、糖尿病和阿尔茨海默病等，它们同样会表现出身体的化学变化。这个简单的情形绘出了一幅诱人前景，似乎医学诊断即将进入新时代：只凭人的体味，就能用传感器迅速对健康做出无创性评估。

我们早就怀疑健康状况和生活方式会影响体味，而更令人意外的是，气质或性格特征也可能有这种影响。心理学家有时会谈论人格的"大五"（Big Five）维度，也就是决定我们性格的五项关键特质：开放性（O）、尽责性（C）、外向性（E）、宜人性（A）和神经质（N）。其中每一项都受血液中激素和神经递质的影响。比如血清素和睾酮都会影响人的进攻性和支配性，而多巴胺和人的冲动性及外向性有关。这使人不禁要问：既然人的生化状况关乎个性，那我们能否嗅出人的人格类型？这也是波兰弗罗茨瓦夫大学的阿格涅什卡·索洛科夫斯卡（Agnieszka Sorokowska）想要回答的问题，为此她采用了我们熟悉的 T 恤衫测试：先让一组捐献者每人接受心理测量以评估他们的性格，接着让他们连穿三天 T 恤，再脱下来拿到测试环境中去给人闻。结果很不寻常：闻味者虽然无法确定 T 恤的主人有多么宜人、尽责或开放，却能很好地辨认他们在另外三个维度——外向／内向、神经质／情绪稳定、社交支配／社交顺从——上的特征。打分者在这里的表现，有时甚至超过了观看短片判断人格的测试，联想到我们对视觉线索的看重，以及在意识层面对嗅觉信息的轻忽，这样的结果着实不同凡响。

就像个性会影响人的体味，心境和情绪的变化也体现在我们的化学签名之中。不只狗能觉察人的恐惧，我们自己也能。例如，人能通过衣服上的汗味，准确地分辨健身爱好者和跳伞新手。并且，我们自己害怕的时候，也更能觉察别人害怕时的体味——恐惧会像感染似的传播，仿佛一个早期预警系统。除了恐惧，我们还能分辨快乐——比如闻出谁刚看过一部喜剧。我们不仅能觉察别人的情感状态，也能做出响应。带有情绪的泪水中包含独特的化学物质，不同于用于滋润眼球的或切洋葱时流下的泪水。志愿者在闻到小瓶中带有情绪的泪水时，会表现出明显的生理反应，实质上就他们的身体调低了所有侵犯冲动，并为共情做好了准备。我们或许没注意到，在我们平常的社会交流背后，还有一场细微却重要的对话，它是用气味的语言进行的。

不过，我们好奇的不仅是别人的体味。在我们向世界展示的一揽子感觉信号中，自身体味也是关键的一部分：自身气味芬芳，心情就会舒畅，并进而影响行为。有一项实验揭示了这个效应：给参与实验的男性一罐身体喷雾，里面要么是香水和抗菌剂的混合，要么是不含这些成分的对照喷雾。几天后，那些喷了香水的男士越来越有自信，而对照组男性的身上就有些难闻了，人也灰溜溜的。接着再让女性观察者观看两组男性的录像，她们虽闻不到气味，却仍觉得芳香组的男性更有魅力。这一切都展示了体味对于塑造自信和自我价值感何等重要，而人对体味的检查之勤也超乎你的想象。

当我们真的采集自己的体味时，多数人往往偷偷摸摸或私下进行。做这件事被发现了可会相当尴尬，而说起尴尬，没几个人比得上尤阿西姆·勒夫（Joachim Löw）。勒夫虽然在2014年的国际足联世界杯上率领德国队光荣夺冠，但他最著名的成就还是闻自己的味儿。两年后的2016年，当德国队在欧锦赛上对阵乌克兰队时，站在场边的勒夫冒险伸手到胯下快速挠了几下，然后不太隐蔽地闻了闻手指。哎呀，还有几百万电视观众看着呢。他在赛后的新闻发布会上直面了这羞耻的一幕，他说："人有时候会做点无意识的事情，在心情激动、精神集中的时候就会这样。"这番坦白没能阻止意料之中的嘲讽，媒体开始称他为"搔闻教练"（scratch and sniff coach）。也是在这届欧锦赛上，这种心情激动、精神集中的情形又再现了一回：在德国队对阵斯洛文尼亚队时，勒夫重复了他的尴尬行为。虽然勒夫饱受讥讽，但他的行为算不上特别罕见，只是不巧被抓了现行而已，他偷偷嗅的那两下，其实也体现了人类的共性。

诺姆·索贝尔（Noam Sobel）在以色列的魏兹曼研究所（Weizmann Institute）研究人类的嗅觉系统。2020年，他和同事统计出一组惊人数字，揭露了我们和我们最近的灵长类亲属，在自以为四下无人时会做出怎样的勾当。这些大猿（黑猩猩、红毛猩猩和大猩猩）频频摸脸，频率惊人地高，差不多每分钟就摸一把。虽然人类摸脸的次数不多，大约每两分钟才摸一次，但我们在醒着的时候，大约有 1/4 的时间都至少会放一只手在鼻子周围。我们甚至常常意识不到这一点，就像勒夫在道歉时说的那样。问题是：我们为什么要这么做？索贝尔认为，这个习惯或许能辅助我们对环境和自身进行气味采样。他还推测，果真如此，我们就会在手接近鼻子时更多地吸气。他和同事测量研究对象的呼吸频率后，发现正是这样。人嗅自己的手是在感觉什么？部分是在闻自己的气味，这一方面是在确认自己没有发臭，另一方面或许也是在温习自己独特的化学签名。索贝尔认为，这后一个理由可以解释我们为什么要摸自己的脸，尤其在受到惊吓或者应激的时候——自身的气味能使我们安心，尽管我们未必意识到自己在这么做。另一部分目的，是闻一闻我们的手刚碰过的东西，尤其是在碰了别人之后。比如索贝尔指出，他的研究对象在与人握手之后立刻闻了手，以此检查对方的气味。

我们会出于各种原因检查别人的体味，除此以外，还有人用体味来区分"同胞"与"异类"。迦梨陀娑（Kālidāsa）常被认作最伟大的印度作家，他就曾写道："每一个人都信任与自己气味相同的人。"而问题是区分可能变成歧视，气味被用于诋毁。几百年来，关于"犹太臭"（fetor Judaicus）的迷信广为流传，人们用它将犹太人与撒旦和堕落联系在一起。威廉·基德（William Kidd）在 1836 年出版的《伦敦大观》（London Directory）中告诫读者："他们的皮肤饱含污秽，肥皂都无力清除。"在怀有此类迷信的人看来，犹太臭不仅关乎清洁，而是与生俱来的，揭示了犹太人内心深处的腐朽。希特勒自然也坚信这种说法，他极力宣称"犹太人有一种特殊的味道"并且"这股体味阻止了'外邦人'与犹太人通婚"。德国犹太裔记者贝拉·弗罗姆（Bella Fromm）在 1933 年的一场招待会上，当着一众纳粹高官的面勇敢嘲讽了这种观点。当时希特勒意外到场，一进来就对女士们行吻手礼，包括弗罗姆。"元首大人想必是感冒了，"弗罗姆尖刻地说，"他难道不该在十里地以外就闻出一个犹太人吗？但今晚看来他的嗅觉不太灵光。"

　　和犹太人一样，黑人也长期被拎出来接受此类仇恨待遇。有人生造出黑人低等的所谓"证据"来为奴隶制辩护，而体味正是其中不可缺少的一环。从"恶臭""兽性""不洁"这样的形容词中可以看出嗅觉上的种族歧视，它曾是那样根深蒂固，甚至是美国著名庭审案件《普莱西诉弗格森案》的核心支柱。1890 年，路易斯安那州在公共交通中实施种族隔离政策，设置不同车厢供白人与黑人乘坐。不久后，年轻的非洲裔美国人荷马·普莱西（Homer Plessy）不服禁令，坐进了白人专属车厢。他肤色较浅，类似白人，可根据血缘，他在法律上仍属黑人。为了实现抗议，他不得不向售票员解释他其实也是黑人。普莱西辩词的中心，是黑人与白人其实无法清楚划分，隔离的闹剧因此也无法执行。路易斯安那州检察官约翰·弗格森（John Ferguson）用一个种族成见做了回应，说人种无法用肉眼分辨也不打紧，因为普莱西的黑人本性可以闻出来。最后法院支持了检方，在现代人眼里，那实在是荒唐、错误、公然为种族歧视张目的一次判决。

不同人种气味不同的说法不过是个迷信——毕竟任何两个种族在基因型上的差异都接近于不存在。不过这里也有一个例外。有一个ABCC11基因会对两样东西产生重要影响，一样是体味，另一样说来奇怪，是耳屎。大约4万年前，这个基因的一个新变异在东亚产生出来，它的作用一是降低顶泌汗腺的活性，令腋窝少分泌会被细菌转化成狐臭的分子，二是令耳屎干燥。这个变异一经出现就在日本、朝鲜半岛和中国牢牢立足，在东亚有80%到95%的人携带它，而在欧洲或非洲裔中只有不到3%。我们还不确定为什么这个基因在东亚如此稳固，暂行假说认为，当人类从非洲迁徙至较冷的气候带时，一个减少出汗的基因会更有益于生存。无论原因是什么，总之东亚人的腋窝气味变弱了，虽然对人体产生的化学物质所做的分析并未在不同种族间揭示出显著不同。

人与人之间如果有任何别的不同，那都不是来自基因，而是源自饮食和文化的差异。比如根据传说，当欧洲商人最初到达日本时，当地人都被这些外国人的气味吓坏了。其中一个原因多半就是双方饮食的不同，尤其西方人喜爱奶制品，这对当时的日本人来说是陌生的。日本人从英语里借了一个词来说明他们眼中西方人这股荒唐恶臭的主要来由，叫那些欧洲人是bata-kusai，直译为"黄油臭汉"。

其实除了那个基因的变异外，人与人之间差别不多。那么，关于体味为什么有如此强大而讨厌的成见，它们又为什么会延续至今呢？斯蒂芬·赖歇尔（Stephen Reicher）领导圣安德鲁斯大学和萨塞克斯大学的一组研究者，针对这种心态提出了一个有趣的见解。研究者照例给了学生一批 T 恤衫让他们闻味，然后自述厌恶的程度，他们还测量了学生在事后跑去洗手的速度。这里头设置了一个机关：这批 T 恤有的印了学生所在大学的标志，还有的印了竞争大学的标志，或根本不印标志。闻陌生人腋下浊气的体验并不愉快，学生们因此有些反感。而当他们得知所闻的 T 恤来自自己就读的大学时，差异就出现了：他们觉得内群体的气味远没有外人那么难闻。我们似乎觉得，如果一种气味来自亲近的人，或是与我们有较多共同之处的人，它就不像来自外人或陌生人的那样恶心了。

腋下的气息再差，也不是人体产出的最糟味道。每人每天平均要放十个屁。私下放屁不打紧，可要是在人群里这么做，就几乎为一切文化所不齿了——在彬彬有礼的谈话间大放臭气，是最令人形象大跌的行为，特别是附近没有一只狗来顶包的话。虽然放屁这事人人都做，但别人的屁还是比我们自己的惊人得多。究其原因，一小部分或许是自己的"排放"都在意料之中，但主要还是因为我们对别人尤其是陌生人带来的污染和疾病威胁有着根深蒂固的反感。毕竟我们一般不会被自己感染疾病，别人却可能感染我们。于是我们天生就懂得避开任何产生危害的人和事；虽然放屁传播疾病的概率极低，但由屁味联想到的粪便，就是实实在在的威胁了。

厌恶感是演化上的必需。没有它，我们就可能被各种有毒的化学品、环境和生物所污染。我们什么时候会最有意地使用鼻子？大概是从冰箱最深处取出一只样子浑糊糊的容器，并发现它已经过了保质期的时候。比较勇敢的人或许会嗅上两下，以判断是否值得冒险吃上两口，如果不值得，它的那股气味就会令我们知道——因为我们的嗅觉系统随时做好了引导我们远离危险的准备。难闻的气味对脑的激发远大于怡人的芬芳。

情绪和气味间的联系是双向的。如果你预料在冰箱里发现的罐子肯定气味骇人，那么你的焦虑会加重那股气味，于是完全无害的食品也可能因你的偏见而被丢弃。有人为验证这一点做了实验：蕾切尔·赫茨和朱莉亚·冯·克莱夫（Rachel Herz and Julia von Clef）选用了多种物质，让被试给它们的气味评分。两位研究者玩了点手段，给每种物质各贴了一个正面标签和一个负面标签。被试先后闻了贴有两种标签的物质，中间相隔一周，并不知道自己闻的其实是同一样东西——比如松木油会被分别贴上"圣诞树"或"洁厕剂"的标签；还有一种异戊酸与丁酸的混合物，给它的标签是"帕尔马干酪"或"呕吐物"。结果你可能猜到了：被试看到正面标签产生先入之见时，会评价物品的气味更好闻，而看到负面标签时又会给完全相同的气味打出差异明显的分数，这说明我们都极易受偏见的左右。

鼻子会被我们的预期劫持，有时甚至达到产生幻嗅的地步，曾经有两个大胆的电视恶作剧醒目地展示了这一点。1965 年，英国广播公司（BBC）播放了一次访谈，受访者据说是一位杰出教授，自称完善了某样东西，他称之为"视觉气味机"（smell-o-vision）。此人在这台奇妙的机器里加进洋葱，并告诉观众站在电视机前 1.8 米处能接收到最多气味分子。虽然那天是愚人节，但仍有观众写信到电视台抱怨说自己不仅闻到了洋葱味，还被熏得眼泪汪汪。过了几年，又有一位布里斯托大学的讲师迈克尔·奥马霍尼（Michael O'Mahony）将电视观众的眼光引到了摄影棚内一只接了各种电线的巨大锥体上，并告诉观众他将利用振动通过声音传输气味，观众只要听到声音，就会闻到一股"宜人的乡间气息"。他没有再做说明，只是请观众联系电视台描述自己闻到了什么。真有几十个人写了信，其中超过一半说自己好像闻到了干草或青草的味道。甚至还有人愤而投诉，说这个实验令他们患上了枯草热（花粉症）。

从策略制定到社交行为，气味影响我们的一切。2015 年，来自利物浦大学和联合利华公司的几位研究者开展了一项测试，为的是考察人在被各种气味环绕时，会有怎样的赌博倾向。测试中，会有一股气味——或是茉莉花香，或是甲硫醇（口臭和屁味的关键成分）的气味——弥漫在毫无戒备的被试周围，看这些气味如何影响他们的选择。结果不出实验者所料，甲硫醇的臭气果然令人更加谨慎，他们会止损，避免冒险。怪味可能预示着现状将往坏的方向改变。虽然金钱上的小小损失比不上我们的祖先直面剑齿虎的经历，但是令人嫌恶的气味仍能激起我们内心深处远离危险的本能。

气味还能在更大范围内影响我们的道德判断。在一场著名研究中，康奈尔大学的约尔·因巴尔（Yoel Inbar）测试了年轻异性恋被试对同性恋和老人的感想。该研究的机关在于，被试填写问卷的地方，或是一个平常的房间，或是另一个精当地喷洒了屁味的房间——要让被试注意不到这股子硫味。结果很明确：那些置身臭室的人，偏见变得更强了。换句话说，感觉会深刻塑造人的思维以及与世界的互动。

读到这里你或许要问：除了把人放到屁味里去熏并观察其反应，对气味的心理学研究就没有别的招数了吗？其实研究者有时也会着眼于气味谱中较为宜人的一端，他们这么做时也确实会令被试高兴。比方说，大多数人都认同柑橘类的气味很好闻，觉得它热烈、迷人又清新，这个优点也引得厂家纷纷用它来推销自己的产品。尤其是柠檬的气味，一直被用于清洁剂。于是今天你在擦洗污秽的厨房台面或清洁淋浴房时，也能享受这种水果的清香。2012 年，两位荷兰研究者勒内·维克和叙泽·泽尔斯特拉（René Wijk and Suzet Zijlstra）不仅收集了志愿者闻到柑橘香时的意见，也测量了他们的一系列心理、生理和行为反应。结果志愿者不仅喜欢柑橘气味，还变得更加活跃，在一项简单测试中表现更好，表达的情绪也更积极；他们还在一场自助餐中做出了不同选择，多吃了橘子，少吃了奶酪。

虽然广告商一直在通过视觉和听觉取悦我们，但也有狡猾的营销人员在发起另一场不断壮大的运动：纳入人的其他感官，以便更好地使钞票离开我们。他们之所以能做到这个，是因为我们的行为本就受感觉主宰。比如在拍卖会上加入细微的柑橘芬芳，就能使买家的出价提高1/3；在赌场中加入宜人的香气，赌客就会流连更久，在老虎机上花的钱也会多出一半。只是接触一种气味就能诱发如此的改变，这显示了气味塑造人类感知的强大力量，而这种塑造往往又发生在我们的意识层面之下。

无论能否意识得到，嗅觉都有望成为控制疼痛的手段。人不需要多少注意就能迅速感知到气味，这使得气味成了镇痛手段的有力候选。好闻的气味既能改善心境，又可减少小手术中病人的焦虑。但问题是，难闻的气味作用正好相反，且效力比好闻的气味强大得多。我们很多人都对医院的气味很熟，那气味本身不见得难闻，但我们的经历或许会将它和恐惧及应激联系到一起，这进而又会增加疼痛的冲击和强度，形成恶性循环。认识新气味，并将它与或好或坏的体验挂钩，是我们很擅长的一件事。美国布朗大学的蕾切尔·赫茨已经通过研究揭示出，在人执行艰难或令人沮丧的任务时放出新颖的香气，他就会将这种气味与自己的懊恼相联系，下次再闻到这种香气时，他就不愿再尝试一项艰难任务。

　　稍微岔开一句：我们在嗅到宜人气味时产生的放松感受，正是芳香疗法（aromatherapy）的基础，这种疗法的现代版本虽然在 20 世纪 20 年代才发明出来，但它的各种形式却是古已有之。不过芳香疗法不同于在科学上与它对应的芳香学（aromachnology），后者是依据严谨而客观的研究方法来研究气味是如何影响人的。简单地说，芳香学的初衷并不是彻底推倒芳香疗法，而是要约束其中的夸大主张，从宣扬逸事过渡到倚重数据。虽然有证据显示，芳香化合物能通过鼻腔和肺部的黏膜表层进入血流，但这种渗透只是极低水平的，剂量肯定比不上我们习惯使用的传统药物。况且，就算它们真能入血，也要过一刻钟左右才会穿透血脑屏障，对心智产生直接影响。比起这个时间，大多数人都表示香气的作用要迅速得多，常常几秒之内就见效。总之，这些都说明人对气味的反应主要是情绪上、心理上的。这不是在否定闻薰衣草精油或任何你喜欢的产品的价值，只是说，芳香疗法的作用方式与药物并不一样。

　　究竟何种气味最能改善情绪，要看是什么人在闻它。这方面可能有相当深刻的个体差异。比如东非的达萨纳赫族（Daasanach）是牧民，整个社会都建立在牛群之上。他们觉得牛就是最好闻的味道，也会因此在身上涂牛粪、牛尿和牛油。我不见得能体会达萨纳赫人对牛的衷心喜爱，但我也认同奶牛身上那股温暖的甜味挺好闻。在西方世界，欧洲人和美国人在面对冬青白珠树的气味时是存在文化分裂的。这是一种生长在北美洲的常绿灌木，有一股薄荷般的消毒水气息，美国人用它给口香糖、糖果和牙膏增添风味，更不用说还有那个莫名其妙大受欢迎的根汁汽水（root beer）了。大体而言，美国人对这股气味只会赞不绝口；而欧洲人如果受到怂恿抿了一小口根汁汽水，多半会怕得蜷缩起来。同样一种气味，为什么在相似的文化中会激起这么不同的反应？或许是因为它勾起了不同的联想。对于我和许多欧洲人，白珠树的气味像某种只在牙医诊所才会闻到的漱口水；而对于美国人，这是从小闻到大的熟悉气味，令他们想到的多是美食和积极的内涵。不过，虽然人的偏好有这么多不同，但如果只看不同，就会模糊一个更普遍的事实：关于一样东西的气味是否好闻，我们更可能是一致大于分歧的。如果将嗅觉分解为它的生物元素，你或许就会得出这样的结论：一样东西的气味是好闻还是难闻，要看它可能会帮助我们还是危害我们。然而气味的复杂又不止于此，生物元素之上还叠加了各种情绪和联想，给每一种气味都赋予了意义。

在有一点上，嗅觉或许超过其他任何感觉：它让我们能回溯过去，找回自传性记忆。曾经的时间、地点甚至情绪，都被特定的气味勾连在我们的潜意识中，只要淡淡地飘起一点，就能令它们再度显现。这个现象常被称作"普鲁斯特效应"，为的是纪念马塞尔·普鲁斯特在《追忆似水年华》中刻画的尝到泡了茶水的蛋糕所勾起的"似曾相识"（déjà vu）之感。嗅觉和味觉似乎比其他感觉更能唤起鲜活的往事。有人表示，这可能和人脑的组织方式有关。具体而言，就是嗅觉的神经通路不仅与嗅球紧密相连，还连接到边缘系统，而边缘系统是形成和提取记忆的关键部位。

气味和记忆的这种密切关系似乎是一种常见体验。虽然具体的气味因人而异，但我们几乎都有过那种因闻到熟悉的旧日气息而回到过去的奇特感觉。就比如我，只要闻到一丝茴芹籽的气味，就会瞬息回到童年，仿佛重新坐在了我家旧轿车的副驾驶位上，身旁的妈妈一边驾车驶过大街，一边吃着她不时犒赏自己的甜食。和我一样，对于大多数人，这种体验都会勾起对人生中一个逝去阶段的记忆。不仅如此，它们比起基于视觉线索的记忆，似乎更加生动和充满情绪。利物浦大学的西蒙·朱和约翰·唐斯（Simon Chu and John Downes）认为，气味在大多数人心中唤起的记忆都是在他们6—10 岁间形成的。这个观点特别引人注意，因为它和一条称为"回忆隆起"（reminiscence bump）的规律形成了鲜明对比：该规律认为，年过四旬的人在描述往事时，他们最丰富的记忆往往来自青春期早年到二十多岁的那段日子，其中又以十几二十来岁时的最多。这里头的原因是多方面的，牵涉人格同一性的发展、认知能力的几个高峰，还有对新鲜刺激事物的接触。然而气味记忆的形成还要早得多，这或许暗示了它们的形成有更深的意义。

最新的研究指出，嗅觉还和生物如何在环境中确定方位有内在联系。在亲缘相近的物种之间展开对比，会发现它们脑的形态与通常的活动距离之间存在关联。具体来说，就是一个物种走得越广，它的嗅球和海马就越大。"海马"是脑的一个部块，对学习和记忆起着根本作用，它也是边缘系统的组成部分，而我们已经知道，边缘系统与嗅觉紧密相关。用嗅觉导航不是像鲑鱼或鸽子那样瞄准某种气味那么简单，它还要求动物在脑内为一个区域绘出某种嗅觉地图——一幅能在漫游时引导方向的"嗅景"（smellscape）。长久以来，水手和早期飞行员一直靠这种能力来实现长距离导航，比如他们会利用森林散发的各种萜烯或是海藻散发的二甲硫醚。最近，加州大学伯克利分校的露西娅·雅各布斯（Lucia Jacobs）和同事在一项研究中指出，蒙住眼睛的人可以靠不同气味的组合，在一个房间内精准地引导自己找到方向。

2014 年，神经科学家约翰·奥基夫、梅-布莱特·莫泽和爱德华·莫泽（John O'Keefe, May-Britt Moser and Edvard Moser）因对人脑如何编码空间信息的研究获诺贝尔奖。在脑中绘出一张环境地图，需要用到海马的一种特化神经元，叫"位置细胞"，

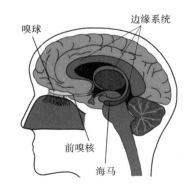

边缘系统

嗅球

前嗅核

海马

它们与另一种所谓的"网格细胞"合作发挥功能。动物在环境中移动时会激活不同的位置细胞，而此时，网格细胞也会画出环境的坐标，并标示其中的关键元素。两种细胞的合作创造出一种内置定位系统。这款神经定位系统的开发和维护需要各种感觉线索来输入信息，但起关键作用的仍是嗅觉。除了位置细胞和网格细胞，脑内还有一个相邻的结构"前嗅核"，同时与嗅球及海马沟通。三者的组合将嗅觉信息置于一个脉络之中，由此创造出对该嗅觉信息的时空记忆。至此，这些对气味的记忆和它们激起的感受，终于和我们幼年时了解环境的需求挂上了钩。

除了帮助我们组织记忆之外，嗅觉还是一套珍贵的早期预警系统，一旦周围有危险污染物，它就会警示我们某样东西闻起来"不对劲"。但虽说人类的鼻子在许多方面都是一件神器，有时我们也不得不征召别的动物来替我们感知。比如松露猎人就会找猪来帮忙，借用后者对菌菇气味的敏感；嗅探犬也被用来侦测各种违禁品和爆炸物。还有一个微缩项目叫"胡蜂追踪"（WaspHound），开发者来自佐治亚大学。小小的胡蜂经过训练，就能探查到许多浓度极低的物质，从庄稼病到炸药都能发觉，发觉后还会改变行为，在容器内动个不停。训练就是在给它们糖粒的同时放出想让它们学习识别的某种气息。等学会之后，它们一闻到这种气息就会联想到糖，并因此兴奋起来。

动物的出色敏感性还能用在其他方面保护我们。"华沙蛤蜊"（Warsaw clams）这名字听起来很适合称呼一支乐队，但其实它是波兰的一种传奇软体动物。这些蛤蜊栖息在胖凯西（Fat Kathy）泵站的水源里，过着和所有蛤蜊一样的日子：一边吸进水分，一边滤出有味道的颗粒。华沙蛤蜊之所以有用，是因为它们对污染物有极强的反应。它们在探测到重金属或其他脏东西时会关闭甲壳，这进而会触发泵站警报，由此预防有毒化学物质进入水源。

别看这种机制如此巧妙，也不是哪里都能用——用不了时就要引入人工技术了。虽说要开发出能比肩人类嗅觉系统的传感器很不容易，但我们终于还是接受了亚历山大·贝尔的挑战，开始测量气味。"电子鼻"（e-Nose）早在 20 世纪 60 年代初即已出现，但直到近年才大有发展，而不再只是个珍奇小玩意儿。这种机器的核心部件是一系列化学传感器，每一个都能探测特定种类的气味分子。它们收集好信息后传给软件，由软件对分子混合物整体进行模式识别。如此看来，这项技术的原理和你脸上的那只真鼻子是很像的，只是它还无法从一种气味中读出意义——这仍是人脑的专有本领。

在食品工业中，"电子鼻"能够断定某样东西吃起来是安全的，还是有细菌指标显示食物已经开始变质。它们能为每个环节提供质检，从原材料直到确保成品符合预期标准。不仅如此，考虑到全世界巨量的食物浪费，我们也许很快可以将基本的传感器整合进食品包装，它们或许能在包装里的东西变得不可食用时变色，使我们在决定是否要无视保质期时不再搞肠胃轮盘赌。市场上已经有类似的东西来判断水果的状态。一项名为"熟感"（ripeSense）的技术能在牛油果或梨子熟透时提醒消费者。除了保卫我们的食物，电子鼻还能用于医学诊断、环境保护，最终还有望取代嗅探犬。有一天，这一切背后的技术或许还能使嗅觉缺失者重新闻到气味。

未来的技术不仅能探测气味，还能创造气味。根据个人喜好定制香水的研究已经在进行之中。只要输入几条细节，香水打印机就能喷出一丝你中意的香气。利用相似的技术，或许有一天连"气味画面"（smell vision）的美梦都能实现：给电影配上相称气味的想法早已有之，但实现起来一直有不小的障碍。首先，要让气味应时出现又倏然消失就是一道难题。不过现在有了可穿戴技术，将嗅觉和视觉、听觉一道激活或许已能做到。但也不是所有电影都适合这样：谁想在看僵尸片的时候闻到那股子味呢？

现在有一种新气味叫"嗅觉白"（olfactory white）。它相当于听觉上的白噪声，就是将范围广大的不同气息混到一起使之相互抵消，最后形成一种谈不上好闻或难闻的无特点味道。当你把至少30种形形色色的气味堆到一起，嗅觉系统就会饱和，脑会因信息过载而无力再分辨其中各成分。这一理念是有真实应用的，比如我们现在闻到难闻的气味，会尽量用空气清新剂之类的东西去掩盖它，那效果在我看来，不过是让臭气与"清新"的香气彼此缠斗，最后混出一股两败俱伤的味。嗅觉白则不同，它可以完全消除难闻的气息，让公共厕所和医院闻起来彻底素净。

以上这些技术进步固然激动人心，我们也不该就此忘了嗅觉本身的奇妙。回溯古代生命史，它是最先产生的感觉，至今在除我们以外的地球生命中仍是最普遍的一种感觉。即使最简单的生物也能觉察环境中的化学物质：几乎每种细菌都能做到这一点，还有酵母之类的真菌，就连植物也能。等到生物演化出了能加工感觉信息的脑，这种基本的"化学感"（chemosense）就演变成了嗅觉；最后，生物还长出了鼻子这样的专门结构来凸显和定位气息。如今，"人类嗅觉很差"这个根深蒂固的观念正被渐渐推翻，"嗅觉较为次要"也渐成过时的偏见。嗅觉是我们人生的基础，婴儿出生后第一天就要用到它：母亲乳头周围的腺体会分泌化学物质，引导他们去吮吸正确的部位。演化将我们的嗅觉图谱调成种种气味，用它们来表示机遇或危险。由此完全可以假设：那些我们最为敏感的气味，也在人类历史上起过最重要的作用。因此，对于成熟水果的香甜、预示火情的硫黄还有报告水体污染的土臭素*，我们都有较低的觉察阈值，这对我们的生存可说是至关重要。简单说，人类这个物种的成功，就是因为嗅觉，嗅觉也始终在保护、取悦我们。这种感觉支配我们的胃口，张罗我们的性事，并激起我们最细致的情绪。

---

* 顾名思义就是"土地的臭味"，这种化合物产自蓝细菌和其他细菌，浓度高时可能影响人的健康。

第四章

说说味觉

海量的风味在我舌间炸开，在我嘴里跳抖肩舞，抽打我的味蕾并骂它们是猪是狗，但我就是爱这感觉。

——斯黛西·杰伊（Stacey Jay）

我和几个朋友坐在一间温暖的酒吧里，躲避着冬日冰岛的狂风，心中又紧张又兴奋。兴奋是因为，我说服了那几个勉强的同伴抽出时间来一场特殊的体验；紧张是因为，这场体验大概不会愉快。"逐臭之夫"在这里是再合适不过的形容：我来这里是为了品尝冰岛美食"哈卡尔"（hákarl），也就是发酵的鲨鱼肉。

　　在觅食这件事上，冰岛人不得不发挥点创意。过去几百年间，他们被迫敞开胸怀接纳了海鹦、绵羊头、酸羊蛋（公羊心里也酸酸的）和某些硕大的鱼类。北大西洋盛产一种格陵兰睡鲨，能长到 7 米长、1 吨重。这东西挑剔的食客是无缘品尝的，因为鲨鱼不像人类食用的大部分动物那样会将有毒的尿素经小便排出体外，而是大多将尿素存在血液里。这不单为它们平添了一道独特风味，还令大啖新鲜鲨肉颇具风险：吃多了你会毒死，就算只吃一点，也可能"鲨醉"。

　　冰岛人的狡猾祖先为此想出了对策：将鲨鱼尸体浅浅地埋进一堆卵石之中。这之后的明智做法本该是让遗体安息，别再惊动，但粗暴的冰岛人偏要折腾折腾。三个月后，一群群细菌已经享尽荣华：随便哪一茶匙鲨鱼肉里，都有几千亿个细菌。它们不仅使鲨鱼的肉体腐坏，还将里面的尿素转化成了氨水。到这时，冰岛人觉得鲨肉已经制备得恰到好处，于是他们刨出鲨尸，将这一大块烂肉挂起风干。再往下就只有吃下去这一条路了。

送到我面前的哈卡尔是一大块一大块的，装在密封玻璃罐里，以免气味吓坏客人。我那几个顽固的朋友拒绝加入，只眼看着我颤巍巍松开盖子，用主人给的牙签挑了一小块出来。到这一步已经不能回头了。我将那一团烂肉塞进嘴里。不像许多第一次尝试的人，我并没有作呕。一波异味在我舌间荡开，就像几间臭名昭著的公厕的味儿混在了一起。那味道里仿佛有一条老鱼，正在屎浪尿潮中英勇逆游。肉的质地也令人心悸，活像一块不怀好意的橡胶。如果要用一句话形容这味道，我多半会说它像"硫味满溢的猫砂盆"。

在全世界的各种文化里，人们都曾用身边的食材做过试验。许多时候，这些食材可能有毒，要经过一些制备才能食用。除了哈卡尔这个例子，一些我们熟悉得多的食物也是如此，比如马铃薯。我们司空见惯的土豆，它的野生祖先生长于安第斯山脉，体内充满茄碱和番茄碱之类的有毒化合物，烹饪并不能消除这些毒素。那人们又是怎么绕开马铃薯的防御机制的呢？有可能是在若干世纪之前，当地人向原驼（guanaco，我们熟悉的大羊驼/llama是它的近亲）这样的动物学了一招。原驼在吃有毒植物前会先舔舐黏土。其中的原理是黏土会与植物中的毒素结合，令其失去毒性，从而无害地通过动物的身体。早先的安第斯土豆爱好者可能也有类似行为，用一种泥土蘸酱伴着有毒的块茎吃下。后来我们当然选育出了一种无害的马铃薯，不太会因此早早进入坟墓了。不过即使到今天，有毒的马铃薯品种仍然受一班极端爱好者的青睐，部分原因是它们耐霜冻，因此能在高海拔地区种植。在秘鲁和玻利维亚的市场上，至今还能买到黏土这一不可或缺的作料，用来和致命的土豆一起吃下。

和土豆一样，许多植物都会用化学防御阻止觅食的动物。其中一些毒名远播，像颠茄、毒芹和夹竹桃。蓖麻产生的蓖麻毒素也很有名，1978 年，克格勃就是用它暗杀了保加利亚异见者乔尔吉·马尔可夫（Georgi Markov）。虽说效力如此强大的植物并不多见，能产生严重后果的植物却也不少。既然如此，我们的祖先在探索陌生植物的烹饪潜力时，又是怎么避免中毒的呢？这就要说到味觉了。

任何渗入机体的东西都可能危害健康，而口腔是我们的第一道防线。为此，人的口腔也演化成了一部复杂的多功能传感器，作用就是保护我们。我们咬下第一口陌生的食物时会先品一品它的风味，用感觉对它的化学成分做一番评估。这番评估接着会传入脑部做迅速加工。如果反馈是好的，我们就继续咀嚼；如果不好，还可以赶紧吐出来，最好是在遭受危害之前。可见，味觉这一感觉使我们能探索并享用食物中的营养成分，同时保卫我们的安全。这虽然听起来简单，但我们所说的"味觉"，其实是不同感觉的复合与协作。

旅行中最激动人心的事情之一就是品尝其他文化的美

食。通过它们，我能对一种文化获得某种感官上的见解。我不是说像哈卡尔这样的东西是整个冰岛文化的结晶，应该说它是冰岛的历史与习俗中一个小而重要的方面。我运气很好，品尝过各种食物，比如加拿大的"河狸尾"（一种油酥糕点，不是河狸尾巴）、名为"乌加利"（ugali）的肯尼亚浓玉米糊冻，还有最令我难以下咽的东西：东京的纳豆。最后这种食物用发酵的黄豆制成，有一种（至少在我闻起来）很久不洗的臭袜子的强烈气息，不过最终打败我的还是它那种筋结黏稠的质地。说到"味觉"（taste）时，我们常把它当作"风味知觉"（flavour perception）的简称，后者常被说成是几样东西混合后涌现出来的知觉，其中包含了味道、气息、质地和所谓的"化学物理觉"（chemesthesis）。

严格说，味觉这部分感觉体验，是由散布于口腔中的专门味觉细胞所产生的。这些细胞分不同的类型，各自对应我们心中的所谓五种"原味"：甜、咸、酸、苦、鲜。这些确实是人的知觉，但我们最好挖深一些，看看每种味觉细胞探测的到底是什么。我们自然知道激活盐受体的是盐，但值得一提的是，引发咸味感觉的主要是钠盐。关心健康的人会用其他金属盐来代替钠盐，比如用钾盐，但它们口味不太重，甚至可能尝出苦味。常用的食盐，正式名称是"氯化钠"，接触唾液会分解为氯离子和钠离子。我们吃咸味食物时，口腔中的钠离子浓度升高，由此引发的神经脉冲在脑内就被翻译为"咸"的印象。现代人常担心饮食中盐分过量，但适量的钠离子是生理活动不可或缺的。吃起来好，因为就是好。*

　　酸味这种知觉出现在我们吃喝低 pH 值的东西，即酸性物质时。一种物质的氢离子越多，酸性就越强。我们对酸味的识别方式和对咸味类似，都是味觉细胞在对离子浓度的升高做出反应。虽然酸味可以当作食物变质的指标，但酸食也是人类饮食的主流，大部分水果和许多蔬菜都是酸的，面包和米饭也是，连牛奶、奶酪、蛋类、肉类也都带一丝酸味。不过这些食物的酸度并不相同，牛奶的 pH 值只比中性略低，柠檬和橙子的酸性则要强上数千倍，许多汽水酸性也很强。当食材的 pH 值极低时，它的酸味可以令人心悸。比如一茶匙的新鲜柠檬汁，足以使最能忍耐的人咧嘴皱眉。它还会在嘴里引出一大股唾液，这其实是身体在努力冲淡酸性。不过酸味是可以掩盖的：加许许多多糖，酸味就会褪去。这是因为我们早已在演化中形成了关注甜味物质的倾向——甜的东西富含能量，回报很高，且在人类历史上直到晚近都相对稀缺。在酸味食物中大量加糖，酸味就会退入背景，由甜味来接管舞台中心。但这其实并没有使酸味食物的酸性降低，这也是为什么牙医总是唠叨汽水有害：这种糖酸结合的饮料对牙齿是一场不小的灾难。

　　咸味和酸味都是味觉细胞识别口腔中离子浓度变化的结果，而余下的三种味道则是通过另一种机制浮现出来的。

---

* 或化用《旧约·箴言》24:13："你要吃蜜，因为是好的。"（Fat honey, ... because it is good.）——编注

它们的原理有一点像嗅觉，食物分子也必须同感觉受体结合才能引发神经脉冲。我们想当然地认为糖是甜味知觉的同义词，但其实有几千种不同的化学物质都会引起甜味知觉，包括铅之类的金属形成的金属盐、某些酒类甚至氨基酸。一边是我们对糖的渴求，一边又有这么多同样能在口中激发甜味受体的物质，于是食品厂家开发出了一个新的品类，它们不单模拟糖的味道，还能使我们感觉比糖甜得多。阿斯巴甜、三氯蔗糖和纽甜的甜度分别是真糖的 160、600 和 8000 倍。一样东西有多甜，就看它和甜味受体结合得多么紧密。受体与物质的分子越是吻合，相互作用的点位越多，甜的味觉就越是强烈。人工甜味剂专门适配我们的甜味受体，两者就像手塞进手套那么贴合。

能蒙骗我们味觉的绝不只有阿斯巴甜和它的一班化学亲戚。天然物质中，效果最惊人的大概是"神秘果蛋白"，它提取自神秘果，它在西非已经种植若干世纪。把它和酸的东西一起吃下，就会出现怪事：原本酸味的食物变成了甜味。它能使柠檬变成最甜的甜橙，还能将添盐加醋的薯片从咸味零食转变为咸甜交织的布丁。在这个过程中，它并没有改变食物的成分——食物自然还是那个食物。它改变的是我们的知觉，将酸味变成了甜味。

有一个过程的原理与此类似：洋蓟中含有一种名为"洋蓟酸"的化学物质，它能暂时与我们的甜味受体锁定，似乎还能抑制它们。吃完洋蓟后喝一小口饮料能从受体上洗掉洋蓟酸，使脑误以为你刚吃了甜的东西。更熟悉的一个味觉花招来自牙膏中的一种常见成分，十二烷基硫酸钠（SLS）。因为有这种温和的去垢剂，你在刷牙后立刻吃喝东西，都会尝到一股怪味。和所有去垢剂一样，SLS也会攻击脂肪分子，而当它影响到我们味觉细胞的脂质膜时，事情就有点乱套了。它能暂时阻断细胞对甜味的接收，同时又扰乱它们对苦味的探测。于是，你在刷牙之后喝一小口橙汁，会尝不到一丝甜味，其中的酸味也变成了苦。但再喝几口就能洗掉SLS，味觉也会跟着恢复正常。

直到不久以前，教科书上还常常只列四种原味，对第五种统统不提。其实早在一百多年之前，东京帝国大学的化学家池田菊苗（Kikunae Ikeda）就造出了umami一词，大意是"美味的精华"。这种鲜味虽然历史悠久，但它的专门受体直到2002年才获发现，科学界这才终于将它认证为第五种原味。抛开这番曲折，"鲜"早已在各种烹饪文化中占有一席之地。古罗马人用发酵的鱼露为食物添加刺激的滋味，拜占庭人和阿拉伯人也用大麦酱（murri）达到同样的效果，酱油更是在中国使用了近两千年。虽然历史这样厚重，鲜味却始终是最难定义的味道。要我形容的话，我最多说它偏咸、强烈而可口。它在许多食物中出现，包括肉类、鱼类、奶酪、蘑菇和番茄，还有日本人称为"昆布"的海带——海带也是池田菊苗早期研究的基础。对所有这些食物，我们的味觉受体都会接收其中的氨基酸，如谷氨酸。氨基酸是蛋白质的基础构件，也是我们饮食中不可或缺的成分；而人对于鲜味的嗜好，正是身体在引导我们寻找一种关键食材。

　　鲜虽然为我们的菜肴增添了可口滋味，却也受到了一些人的怀疑。当年池田菊苗发现谷氨酸盐中蕴含美味之后，随即有人受到启发，开始生产可能是当今全世界最受诟病的食品添加剂：谷氨酸单钠（MSG）。这种后来名为"味精"的添加剂在全球获得了巨大商业成功，但也始终保持着与其东方渊源的联系。在很长一段时间里，味精始终站稳脚跟、广为接受，可是到 1968 年，一切都变了：这一年的《新英格兰医学杂志》上刊出了一篇快讯，声称味精会引发心悸、头痛和胸痛。这份声明广受关注，引出了一波传闻和"中餐馆综合征"（Chinese Restaurant Syndrome）这么个名词儿，给味精和亚洲美食都蒙上了污名。早期研究似乎也支持这个说法，味精一下从灵丹变成了毒药。不过这些早期研究在科学上并不严谨。它们最重要的缺陷，是被试知道自己的食物中含有味精，并且研究者在其中添加了超出正常比例的巨量味精，再加上围绕味精的歇斯底里情绪，许多被试身上出现症状也就不足为怪了。这其实是一个已有详细记载的现象，叫"反安慰剂效应"，是与更加有名的"安慰剂效应"相反的另一个极端，即人出于负面期待，毫无真实原因地出现了症状。后续研究采用了更严格的流程，如盲法品尝，并得出了很不一样的结论：即便是自称对味精敏感的人，不良反应发生率也微乎其微。过去 50 年间，味精被说成是洪水猛兽，大家却仍从平常饮食中愉快地摄入谷氨酸，因为它本来就是许多食物天然含有的成分，可是一用作添加剂就备受质疑。即便在今天，仍有许多餐馆（特别是做亚洲菜的）在菜单上打出"不含味精"的宣传，这不过是在加深成见。人当然可以自由选择吃什么，但对味精的这种态度更多是迷信而非科学。味精在某些地方的坏名声正应了那句老话：人爱谣言胜过辟谣。

关于味精是否有毒的问题，不说数据，反正不同意见是很多了，但我们的味觉是为检测真正有毒的其他物质而调校的。我们平常不觉得苦味有多重要，但其实口腔是品尝苦味的专家。专门检测甜味和鲜味的受体只有 3 种，感知苦味的受体却至少有 25 种。其中最根本的原因，是进食向来是一件危险的工作。苦味更是因为与植物毒素的关联而格外重要。植物讨厌被吃，又没有多少逃跑的本领。于是它们集结起威力强大的化学物质用以防御，而这些物质几乎全是苦的。唯一例外的情况是植物希望被吃下，比如借此传播种子的时候。这时，它们便会收回保护性的苦涩物质，再加上糖分以鼓励动物乖乖听命。

但也不是所有苦味的植物化合物都对我们有害。有些是我们一尝就喜欢的，比如咖啡、可可，还有加进啤酒的啤酒花。另外，即便是一些最没有危害的食材，也包含了危险的苦味化学物质。木薯里有氰化物；大豆包含一种名为"皂苷"的物质，会破坏红细胞；就连卑微的芜菁（大头菜），也含有一种能抑制体内激素的化学物质。必须指出，以上任何一种都要吃下许许多多才会构成危险；颠茄和毒芹之类就不一样了，只要很小的剂量就会迅速致命。幸好我们可以凭味觉检测出危险化学物质。我们对苦味的敏感度是甜味或咸味的1000多倍，只要嘴里稍稍出现一点毒素，它就会拉响警铃。

苦是酸的对立面，酸味来自酸性物质，苦味则是碱性的指标。pH值极高的食物常常令人抗拒，其中尤以苦味食物为最。我们天生厌恶苦味，以至于对苦味食物有近乎反射的排斥。问题是，蔬菜中的许多化合物，还有提取植物化学物质制成的药品，也都含有特别招儿童厌恶的苦味成分。球芽甘蓝和其他十字花科植物的苦味大多来自"硫代葡萄糖苷"，这种物质会令许多孩子和一些大人觉得反胃。因此一些食品厂家研究起了遮盖这股苦味的可能。一种方法是加入甜味，这有一定的效果，但是我们对苦味的敏感决定了要加入大量糖分才能完全把苦味盖掉。而加盐的方法则能产生一些颇有价值的效果。我们常说盐能增强风味，但更准确的说法是盐能有针对性地抑制某些味道。它似乎特别能够降低食物中的苦味，并增强人对其他风味的知觉：因为氯化钠的作用，它们都从苦味的阴影中冒了出来。当然，这种做法也带来了一批新问题——一种对策可能还要用另一种来补救。

用糖平衡酸，用盐制约苦，用鲜带出美味，这套组合千百年来一直是烹饪的主要手法。我们常听到一种观点，说只要注意五味调和，就能做出臻于完美的菜肴。科学家们也认为，鲜味的发现已经补上了拼图的最后一块。然而最新的研究显示，口腔中除了知名的那些受体细胞之外，还隐藏着许多别的细胞，它们的功能长久以来都是谜团。多年来一直有人主张，既然三种宏量营养素中的两种即碳水化合物和蛋白质都有专门的受体，我们自然也应该能尝出那第三种，即脂肪。虽然争议仍在继续，但受体真的找到了。这种"G蛋白偶联受体120"（GPR120）会在遇到脂肪的基本构件脂肪酸时活化。就像其他原味一样，当脂肪接触舌头时，只要约1/10秒，脑内就会产生可测量的反应。将脂肪的味道也列入原味，理由看来很充分了。

口腔中的其他隐秘味觉感受器也在渐渐交出自己的秘密。有人宣称，人在头部受重击时尝到的金属味，还有在吃面条或米饭时感知到的淀粉味，都应该看作独特的味道。还有人主张，针对水这种生命灵药，或许也有专门的味觉感受器。比如昆虫似乎就有这方面功能，还有越来越多的证据表明，人类身上也遍布水的传感器，且和味觉感受器有许多共性。水可能是没什么味道，但你只要尝过去离子水（就是去掉一切只留下 H_2O 的水），就会发现味道不太一样，有人说是略带一点点苦。这是因为水的风味大多来自水中的微量矿物质，特别是金属离子，其中一些能为我们的咸味受体检测到。此外也有新的证据显示，我们的舌头还装备了一种特殊能力，能觉察另一种对于身体机能不可缺少的物质：钙。令人意外的是，那些我们一提起钙就想到的食物，如牛奶和奶酪，里面倒未必尝得出钙味，因为牛奶和奶酪中的脂肪和蛋白会与钙结合，使我们发现不了后者。我们更可能尝到钙味的是绿色蔬菜，比如羽衣甘蓝和其他十字花科成员，它们都富含这种矿物。

钙受体真正显出本领的地方，是对所谓"厚味"（koku-mi）的品尝。如果你对鲜味的理解有困难，厚味就更是重重一击了。和鲜味一样，厚味也是最先在日本发现的。厚味的"厚"字其实有些自相矛盾，因为它实在尝不出有什么味道——那更接近一种口感，有时形容为"充满口腔的感觉"（mouthfulness）。它能提升比较熟悉的味道，抽出它们的风味，带来一种丰满的体验。虽然在觉察厚味时似乎有钙受体在起作用，但产生厚味的分子却是肽类——有点像没出徒的小蛋白质，会从慢烤的肉、陈年干酪和发酵食品中冒出来。厚味这东西，虽然描述起来就像往墙上钉果冻那么难，但它早就是挂肉风干和催熟奶酪这类手法背后的指导原则了。我们知道经这样处理的食物味道更好，厚味就是其中的关键原因。

那么，我们会将脂肪、淀粉、金属、水和钙的味道也加入原味的行列吗？现在说还为时过早——我们或许自认为对味觉已有透彻了解，但其实要学的还有很多。

在口腔内，味觉细胞以50到150个为单位聚集起来，形成微小的隆起，那就是味蕾。大多数人的味蕾数量在5000—10000个，绝大多数在舌头上，剩下的分布于面颊内侧、上腭和喉咙。每个味蕾上都有一个朝向口腔的小孔，能让化学物质进入，接触到味蕾内部的受体。和流行观念不同，舌头并不是分成不同区域，每一区感知一种特定风味。实际上每个味蕾内部都坐落着各种味觉细胞。不过有一点是真的：虽然口腔的任何部位都能产生五种味觉，但确有一些部分对特定的刺激格外敏感。具体来说，舌头的后部对苦味特别敏感。如果有一个蠢人无视其他味蕾的警告，硬是要将某样苦味极重的东西吞下去，那么他喉咙上方那片格外敏感的区域就可能激起呕吐反射。

每个人的味蕾数量，多少体现了整个人类物种的演化，和其他哺乳类相比这一点尤其明显。总体而言，肉食动物的味蕾是较少的：狗的味蕾只有我们的约 1/4，家猫更少，还不到 500 个。相比之下，植食动物的口腔就布满味蕾：兔子的味蕾数量和我们相当，奶牛更是有 25000 个左右。因此，或许它们每吃一口草都能尝到爆炸般的美味，但这种味蕾超配的原因主要还是为了防御毒物。家养牛的祖先会啃食五花八门的植物，这一点很像今日的一些野生兔子及一众其他植食哺乳动物。植食动物遇到的植物种类越多，无意间吃进毒物失去行动能力的风险就越高，因此就需要一套早期预警系统，这时，它们那一口数量众多的味蕾就派上用场了。在这方面，肉食动物就不必这么担忧，它们的食谱远不如吃植物的亲戚那么多样，它们的猎物体内很少含有毒素，所以演化也没有为它们配备如此复杂细致的味觉。就味蕾数量和食谱而言，我们人类介于上述两种动物之间，相比肉食类可能更接近植食类；但我们最像的还是杂食类，特别是那种长着弯弯尾巴和娇俏口鼻的哺乳动物——我们的祖先吃饭时确实"像猪在吃食"，现在的我们味觉体验也多半和它们相似。

你要是得过感冒或者新冠就会知道，嗅觉消失时也会带走一大块味觉。如果吃饭时捏住鼻子，你会发现食物带来的丰富体验明显变少了。我爸从前常对人说，一个人蒙上眼睛，鼻子再夹上晾衣夹，就尝不出水和健力士黑啤（Guinness）的区别。出于探索精神，我最近亲自检验了这个说法。手头没有晾衣夹，我只好把一只大铁夹夹在鼻子上，事后回想真是离谱，但我总算在科学的名义下强忍疼痛，要别人先后递了这两种饮品给我。将健力士黑啤撇去泡沫，和水冰到同一个温度后，再要尝出两者的区别比我料想的困难得多。我的味觉在这些条件下几乎失效，足见嗅觉对我们的风味知觉是何等重要。有人说，味觉的 80% 是气味。这个数值未必精准，但大意没错：味觉主要是气味。不过根据我们现有的理解水平，还说不出自己感知风味的能力有多少可以归给嗅觉；即使水平到了，也还必须考虑吃的是什么食物。我们现在只能说，气味对食物的风味有很大贡献。

在 20 世纪的大部分时间里，英国消费者都能在广告中看到两个"百世图少年"（Bisto Kids），这一对男孩女孩总是被肉汁的香气迷得晕头转向。一闻到这东西，他们每每会循着诱人的香味找到源头。考虑到百世图少年出现于英国烹饪的最低谷时期，引诱他们的极可能只是一道惨不忍睹的菜肴：被过度烹饪摧毁的蔬菜加上几片干巴巴的肉，共同淹没于第三波肉汁之下。不过，虽说美味的香气能够调动胃口，气味对风味的贡献主要还是在食物入口之后。说起闻味，我们想到的一般都是"鼻前通路"，就是空气经鼻孔到达嗅感受器的那一条。但通向这些感受器还有另一条路：香气从口腔后部升起，顺着鼻咽到达嗅上皮。由于气味是从后面传进鼻子，这条路线就顺理成章地叫"鼻后通路"。这条从口腔到鼻腔的通路，就是法国美食大家让·安泰尔姆·布里亚-萨瓦兰（Jean Anthelme Brillat-Savarin）所说的"嘴里的烟囱"。我们把食物嚼碎后，它们的香气就向上飘送至嗅感受器，我们就是这样在进食中感知到气味的。

有一件事很奇怪：我们是通过鼻孔还是口腔闻到气味，竟会对知觉造成影响。这似乎不合逻辑，毕竟两条通路激活的是相同的感觉受器，然而当我们闻食物时，嗅觉体验出现在鼻腔，而当食物吃进嘴里，体验的中心又在口腔。这一错觉解释了为什么我们在感知风味时似乎对味觉和嗅觉不加区分。抿一口葡萄酒可能会尝到各种风味，而味觉在其中贡献的或许只有一点点酸（葡萄酒往往是酸性的），或许再加一丝丝甜；此外的一切都来自鼻子。我们之所以觉得风味在嘴里，是因为脑玩了一个把戏。不过这也不尽是错觉，在人"嗅气味"和"尝气味"时扫描人脑，发现确有不同的脑活动模式。基于榴莲、花椰菜或蓝纹奶酪的气味生产的空气清新剂几乎铁定卖不出去，但偏偏又有许多人爱吃它们——在这两个场景里，都是同一种感觉在提供大部分信息。看来在我们的各种感觉中，只有嗅觉能为同样的刺激赋予两种不同的体验。

总结一下这幅错综复杂的图景：我们在说某样东西的味道时，说的不仅是味道；说气味在风味知觉中占主导作用，说的也不是鼻子闻到的那种气味。风味三元素中的最后一元是化学物理觉，这是一种对于化学物质的敏感性，与味觉在某些方面类似而又有别。实际上，那些被化学物质所刺激的神经通路同时也参与触觉、痛觉和温度觉，所以与化学物理觉最具共性的倒是触觉。口中的感觉，就是这么复杂而精彩。

我们能通过化学物理觉"尝到"两种化学物，那就是薄荷醇和辣椒素，它们不仅给了我们薄荷味和辣味，还能够激发温度感受器，使它们在温度不变的情况下做出类似冷热知觉的反应。比如薄荷醇能短暂改变神经对温度的反应，使我们对热变得麻木而对冷更加敏感，这就是你在吃完薄荷糖后用嘴吸气会感到空气变冷的缘故。辣椒素走的是相反的路子，它激发的感受器，在平常只检测危险的热度水平。因此辣椒能使口腔对热更加敏感，如果一道菜既辣又热，吃进嘴里是会有点痛的。但多吃几次，我们又会变得不那么敏感了，这基本上是神经损伤的结果。这种神经损伤是可逆的，所以你若想在社交场合留下善于吃辣的印象，就必须经常吃辣。

比起味觉，化学物理觉更接近触觉，这个观点最贴切的例子莫过于某人在大吃辣椒之后如厕时的痛苦。不过辣椒素不是唯一会产生热感的物质，芥末、辣根、黑胡椒和姜也会带来一种由感觉产生的温暖感。你如果吃过不熟的香蕉，肯定明白那种奇怪的"缩皱感"。造成这股涩味的是一组名叫"丹宁"的植物化学物质。除了不熟的水果之外，喝泡了太久的茶或是嚼葡萄皮，也能在你口腔中引入这种感觉——后者正是红葡萄酒中的那股温和涩味的来源。丹宁是碱性的，因此味道发苦，但它们也能与唾液相互作用，激活口中的触觉感受器。类似地，汽水中溶解的二氧化碳会与唾液反应生成碳酸，和涩味一样，它也给我们一种化学物理觉体验。你大可以想象这是微小的气泡在破裂时刺激了舌头，毕竟大多数人就是这么认为的。但就在几年前，科学家却大费周章地否定了这个想法：他们先把一群人关进气压室，调高室内气压，然后请他们品尝汽水。高压使气泡无法破裂，断绝了由此造成酥麻刺痛的可能，但饮料尝起来并无变化。真实的原理是，碳酸本身对口腔形成了温和刺激，口腔再经痛觉感受器识别了这一感觉。别管刺激的原理是什么，你可以试着喝一杯泄了气的碳酸饮料，你会发现乐趣随气泡消失了，那味道相当难喝——我这里说了"味道"，但这当然不是味道，而是一种"风味"。二者的区别很细，却很重要。

没有什么比吃一餐饭更能调动各种感觉了。虽然在风味知觉中担纲的是味觉、嗅觉和化学物理觉，但触觉、视觉和听觉也都会来客串。触觉让我们觉察食物的质地，那或许是巧克力在舌间融化的愉悦口感，又或是一块哈卡尔的橡胶兮兮的劲儿；温度觉能增强大热天喝下一杯冰饮时的享受；视觉会在我们脑中调校食物的魅力；而我们在一只新鲜苹果上咬下一口时，听见那声清脆的咔嚓声，或许也令人开胃。吃以独特的方式将各种感觉模式凑到一起，是我们最丰富多元的感觉体验。

我们总认为味觉在口腔里才有，但其实别的动物在这方面就相当随意。比如有一种鲶鱼，全身都分布着大量味觉感受器，简直是一条游动的舌头——希望它们喜欢这种随时能吃到污泥自助餐的生活。不过它们无论尝到什么，都不会是甜的，因为就像它们在漫画中的宿敌猫一样，鲶鱼没有检测糖分子的相应受体。昆虫的感受器和我们略有不同，它们也同样能在口腔之外尝到味道。蝴蝶和苍蝇用足尝味，因此能在降到一样东西上时测出其化学成分。在一朵花上着陆肯定是令蝴蝶兴奋的体验，而落在一坨大便上的绿豆蝇是否也这么想就不好说了。露天烧烤宴上的灾星蚊子，有一种专门品尝血液的味觉感受器。这也是一条对所有感觉都成立的生物学原理：动物受其生态塑造，这体现在它们的感觉受器上。

人身上能产生味觉的部位也一直在扩大。我们曾在很长的时间里认为，舌头是唯一的味觉器官，直到后来在嘴的周围和喉部顶端也发现了味蕾。更晚近时，我们又发现自己身体内部同样布满了味觉感受器。这个发现始于 20 世纪中叶，当时的研究显示，身体会对同一种含糖饮料做出不同反应，就看它是从嘴里喝下，还是直接注射进血液。糖分必须经肠道摄入，胰腺才会分泌胰岛素。只有我们将食物从嘴里吃下去，身体才会做出恰当反应，这不是身体的错。但问题是，它怎么知道食物是从哪儿进来的？答案我们现在了解了：是肠道中的味觉感受器告诉它的。不单如此，味觉感受器还遍布于整个消化系统，此外就连肺、肾脏、胰腺、肝脏、脑，甚至睾丸里都有。

虽然这些味觉感受器和口腔内的是同一品种，但它们并不形成味蕾，也不像口腔中的感受器那样会与脑交流。所以我们并不能通过这些感受器尝到风味，这样也好：毕竟谁想要尝自己肠子里的东西呢？这样看来，这也不是我们平常理解的那种"味觉"了，不仅不是，有些感受器的作用还相当古怪。当我们吸入有毒物质时，气管内的纤毛会将其中的毒素拂去，而最早检测到毒素的就是呼吸系统中的味觉感受器。气道、肠道和膀胱中的味觉感受器也有相似的作用，它们能捕捉细菌等微生物排出的化学物质，由此发现这些不速之客的入侵。这些感受器会早早拉响警报，一面提醒免疫系统，一面启动强制手段将这些寄生生物喷出体外。

别看味觉感受器的功能这么精彩多样，它们的正职仍是检测营养物质并调动身体做好接待。肠道及脑内的味觉感受器的工作是监测能量水平和饱腹感。在我们一段时间不吃东西之后，它们会触发一种激素的释放，它名为"食欲刺激素"（ghrelin），能使我们产生饥饿感。而当我们吃进有毒物质时，它又会给消化系统踩下刹车，以减缓毒素通过身体的速度，防止它进入肠道继而渗入血液。我们空腹喝酒时更容易难受，也是因为相似的过程；如果我们先"垫垫肚子"，酒精（严格说也是一种毒素）就会在胃里滞留较长时间，然后再转入肠道。

包括口腔在内，遍布全身的味觉感受器结成了一张高效的感觉网络，把我们发动起来去寻觅身体缺乏的营养物质。比如有的疾病会使肾上腺减少分泌皮质醇，造成低血压，对此身体有一个快速的临时解决方案——这就是为什么患这些病的人或动物会渴望盐分。这不是有意为之，而是一股内心深处的驱力。还有一种类似疾病和甲状旁腺有关，它的患者会渴望钙质。在血糖降低时，人也会觉得糖尝起来格外美味。我们许多人都见过饥荒地区的孩子腹部隆起的心痛画面，那是蛋白质严重短缺时肝脏肿大、液体潴留造成的。当救援食品送到时，饥儿会略过其他东西，径直冲向富含氨基酸的汤：他们的身体知道什么有短缺，于是催促他们去摄入蛋白质。幸好，我们大多数人绝不会遭受这样严重的营养缺乏，但在潜意识里，我们仍受到体内味觉感受器的驱使。

和嗅觉一样，人的味觉也有巨大差异。其中的分别可以追究到基因，似乎也和各人的味蕾数量有部分关系。所谓的"超级味觉者"（supertaster），味蕾数量可达到另一群极端人士的4倍之多，后者有时被称作"无味觉者"（non-taster）。不过这两个名称都有些误导。"无味觉者"一般还是能尝到些味道，只是不如别人敏锐。另一方面，"超级"二字暗示味觉超灵是件好事，但其实它也会给进食造成麻烦。比如苦味会显得尤其强烈，使许多绿色蔬菜、啤酒一类的饮料乃至一部分巧克力难以下咽。悉尼最不缺的就是咖啡方面的鄙视链；然而许多超级味觉者会觉得这种饮品苦得无以复加，完全无法忍受。实际上，只有味觉最平庸的人才觉得咖啡好喝——再有人执着于自己选咖啡的趣味时，你要记得这一点。

那么，你要怎么知道自己是哪种味觉者，你的挑剔口味又是否有遗传基础呢？最简单的判断方法是挤一点蓝色食用色素到你的舌尖上，这会显出舌头上的一个个微小隆起，它们叫"舌乳头"，味蕾就包含在其中。有人说，你要是能在直径6毫米的圈子里数出超过15个舌乳头，你就是普通味觉者；要是超过35个，你就是超级味觉者。比这更科学的方法是接受测试。丙硫氧嘧啶（PROP）是一种治疗甲亢的药物，它在化学上的近亲苯硫脲（PTC）能抑制色素生成。这两种物质一般都不会出现在我们的食物里，但它们又都和蔬菜中引起苦味的化学物质很相似。就味觉而言，它们在被人类品尝后会引起非常不同的反应。PTC在这方面的性质是1931年由化学家阿瑟·福克斯（Arthur Fox）发现的，他在某次实验进行到一半时，不慎从设备中放出了一大团PTC

晶体构成的细灰。福克斯本人倒没觉得有什么古怪，可有一位同事怒气冲冲地抱怨说他在灰尘中尝到了一阵强烈苦味。福克斯对自己和同事的不同体验来了兴趣，一心要解决两人的争端，于是决定对更多人开展测试，最后他发现在这方面大家并无共识：有人能尝到苦味，有人不能。我们今天知道，这种差异的核心就在于一个味觉受体基因，TAS2R38，你在接触 PTC 之后是会尝到苦味还是什么也尝不到，就看你拥有的是这个基因的哪个版本。大约 2/3 的人能够努力尝到一丝苦味。由于这是一种可遗传性状，在更先进的 DNA 图谱分析技术问世之前，PTC 尝味曾用作基本的亲子鉴定手段。

而今，测试中常用的已经不是 PTC，而是 PROP 了，因为 PTC 具有毒性，不是尝味测试的理想材料。PROP 测试被广泛用于从人群中筛选出超级味觉者。根据已发表的研究，大约每 4 个人中就有 1 人对 PROP 的味道难以忍受，甚至有传闻说一些超级味觉者曾对主持测试的研究者破口大骂；还有大约相同比例的人觉得 PROP 寡淡无味，剩下的一半人则觉得它微微发苦，但可以承受。根据这一测试，人群可以被分成超级味觉者、无味觉者和普通味觉者。虽然单靠人的苦味受体对一种化学物质的反应来定义人的味觉似有偏颇，但我要指出，PROP 敏感性测试的结果，往往也和一个人的味蕾数量及其对其他风味的知觉敏锐度呈强相关性。

我有一位好友就是超级味觉者，但很长一段时间里，她的许多朋友都只当她是特别挑食。当大家得知她是个超级味觉者，都觉得豁然开朗：我们眼中的"挑食"，在她其实是不得已。她和其他超级味觉者一样，常在食物中狠狠撒盐，或许是因为盐能遮盖苦味。加上她又讨厌蔬菜特别是绿叶菜，因此健康很受威胁。研究证明盐和心脏疾病有关，而饮食中缺乏蔬菜会增加患某些癌症的风险。好的一面是，她不喜欢含糖的甜食。对于像我朋友这样的人，由于味觉增强造成的限制，一份菜单就可能如同一片雷区，她们的饮食要经过仔细规划才能做到平衡、健康。

和超级味觉者一样，无味觉者也有自己的毛病。为了给口中相对平淡的滋味增色，他们更容易去拿辣椒酱或是重调味的食品，而这些往往是超级味觉者憎恶至极的东西。他们很容易迷上富含糖分和脂肪、对健康不利但风味绝佳的食物，这些食物带来的刺激能将他们从其他"饲料"的寡淡中解放出来。和超级味觉者相反，无味觉者更容易爱上啤酒和干葡萄酒这类饮品，烈酒的烧灼也很令他们受用。结果可能不出所料：他们的体重往往超过超级味觉者，也更容易染上酒瘾。悲哀的是，坏消息还不止这些：这些对苦味不像超级味觉者（甚至普通味觉者）那么敏感的人，他们的口腔也会失去对毒素的化学预警系统。可能是为了补偿这一缺失，他们的身体建起了另一道防线：他们更容易呕吐。不幸的是，无味觉者的这种易呕吐倾向还有别的表现形式，包括容易晕车晕船。但这里必须多说一句：这些只是相关关系，不是铁定的决定关系。即使你爱吃球芽甘蓝，或者一进轿车就犯恶心，也不见得就是一名无味觉者。

　　同样，没有一项测试能够完全定义我们的风味知觉。再怎么说，PROP 测试也只能揭示一个基因的变异，这个基因只编码了一种苦味受体，而这样的苦味受体在我们口腔内有 25 种之多。就算苦味知觉和味蕾数量之间存在相关性，味觉的内涵也远不止几个受体这么简单。味蕾是做了一些侦测工作，但说到创造知觉，脑才是挑大梁的。在一些人的脑中，负责对刺激做出反应的区域比其他人更容易激活，因此有可能超级味觉者不单有更多的受体，他们的神经系统中负责解析输入的部分也更敏感。这个观点是从对舌头的另外几项研究中来的，它们研究的不是舌头的化学敏感性，而是热敏感性。先将舌头上的一小片区域渐渐降温至 15℃ 左右，再用一根比体温高 2 度的探针给它加热，这时怪事发生了：大约一半被试自称在温度变化的诱导下尝到了甜味。此外，给舌头快速降温又会使人感知到苦味或酸味。和 PROP 测试一样，能体验到这一奇怪现象的人，对各种味道的反应也比别人敏锐得多。总之，这一课题的完整图景中包含了规模庞大、范围宽广的多样性，它们同时从我们的硬件和软件这两方面产生：既有舌头的参与，又有脑的影响。

　　表面上看，我们掌握的数据是这么说的：只要对 4 个人开展 PROP 测试，其中就应该有 1 名超级味觉者、1 名无味觉者和 2 名正常味觉者。但实际会不会得出这个结果，还要看你测试了人群的哪一部分。如果你已经熟悉本书的套路，你会毫不意外地发现女性的味觉格外灵敏。甚至根据一些估算，女性出现超级味觉者的概率是男性的两倍——虽然男女两性的味觉受体基因非常相似。这一差别的原因我们还不太清楚。男性和女性的味蕾数量相差无几，但女性的味觉感受器反应更强，有人将这与激素活动联系到了一起，比如雌激素似乎就能够增强味道知觉。也因为如此，处于繁殖年龄的女性一般具有最敏锐的味觉。味觉灵敏度在孕期达到顶峰，这时的女性一边渴望食物，一边又对苦味十分敏感。一个可能的原因是女性必须在胎儿发育期间避免潜在的毒素。对于被迫放弃喜爱食物的孕妇，听到这个理由多半不会觉得安慰，但她们格外敏感的味觉确实保护了宝宝的安全。

除了性别在几乎所有感觉方面发挥作用之外，年龄也影响着人对事物的体验强度。大诗人沃尔夫冈·冯·歌德曾忧郁地说："你必须去问孩子和鸟，才知道樱桃和草莓的味道。"我们的味蕾内部无时不在换岗，感受器细胞每两周就要报废和替换一轮，以使我们的味觉敏感性维持在巅峰水平。此外，味觉设备也是人体最稳健的系统之一。你可以用辛辣的咖喱肉（vindaloo）或滚烫的茶水将其摧毁，但它会很快复原，准备接受新的摧残。你甚至可以将舌头的表层整个剥离，它依然能够重生。不过即便如此，随着年龄增长，我们味觉感受器的数量和敏感性还是会下降，最终结果往往是丧失进食的乐趣，退休人员尤其会如此。有研究者注意到一些老人会在食物中放 3 倍的盐，只为能增添一点风味。

再看看年龄标尺的另一头：胎儿在母体受孕后的第 4 个月就有了味觉。当母亲吃进甜食，胎儿主动喝下的羊水会多于母亲吃苦味食物的时候。到出生时，婴儿已具备一整套味觉——有科学家研究了新生儿尝各种风味时的行为，他们的报告可以证明这一点。给新生儿尝几滴混了强烈甜味或鲜味的水，他们便会像漫画里一样咂巴嘴唇，甚至露出微笑。用同样的法子送上酸味或是苦味，他们就不那么乐意了，这时他们会伸出舌头、紧闭双眼，以此发泄不满。婴儿对盐的反应要较长时间才会产生：起初他们对咸味既不喜欢也不讨厌，要长到约 4 个月大时才会喜欢淡淡的盐水胜过清水。

味觉在整个童年时代持续发展，到十四五岁时味蕾长到完整大小。在这个阶段到来前，任何父母都知道，孩子的味觉表现与成人是不同的。有一项测试是给人品尝一系列糖溶液，要他们挑出最喜欢的浓度。成人往往会不约而同地挑出最接近可乐的糖浓度——这正是这种软饮料含有现在这么多糖分的原因。而儿童被放松管制以后，挑选的溶液甜度几乎是可乐的两倍——这也正是面向他们的那些食物中糖的浓度。这个差异的原因在于基本的生理情况：儿童必须找到高能量的食物来源，以维持自身的高速代谢。儿童和成人的另一点不同在于糖分对疼痛反应的影响。奖励接种疫苗的孩子一根棒棒糖是许多国家的通用手法，而且有充分证据指出这确实有效。实验表明，糖分能直接为儿童缓解疼痛，但对成人就行不通。糖的镇痛效应也表现在其他哺乳动物身上，包括大鼠。但意外的是，这种止痛舒压效果，在肥胖儿童身上不如其他孩子那样明显。为了得到安抚，这些胖孩子必须吃下更多的糖，这种模式是典型的恶性循环。

球芽甘蓝和药物都是孩子的噩梦，这说到底还是因为儿童对苦味比成人敏感得多。加上他们又禁不住糖的诱惑，就造成了现代人饮食的一大问题。等到孩子成年，对苦味的敏感有所消退时，不健康的饮食习惯往往已经牢固确立。另外，虽然盐和味精都能为成人掩盖一些苦味，此类诡计对儿童警觉的味蕾却不太有效。就我们目前所知，贿赂孩子吃下西兰花仍是解决这个问题的最实际手段。

抛开我们对苦味的耐受差异不说，对一部分人而言，某些蔬菜和草本的味道就是难吃。比如我就清楚记得第一次尝到新鲜香菜时的那份恐惧。当时一个朋友请我吃饭，为礼仪所迫，我不得不在吃到那一口强烈的肥皂味时仍然保持镇定。接下来的每一口都是折磨，那东西在我尝起来就像用理发店的废水煮的鸡肉。我后来知道，一个人爱不爱吃香菜，就看他体内含有某个基因的哪种版本，这基因的名字很好记，叫OR6A2。大约每六个人中就有一人和我一样厌恶这种草本，就像有一部分人看到甜菜根会别过脸去一样——对于他们，这东西洋溢着一股难吃的土腥味，而这里的元凶是OR11A1。这两个基因关联的都是嗅觉而非味觉，但它们都会对特定的风味产生强烈影响。

种族也对味觉发挥着重要作用。超级味觉者、普通味觉者和无味觉者之间 1：2：1 的比例主要来自对白人的研究，而一旦研究中包含更全面的种族，结论就不一样了。在东亚人中，无味觉者的比例只占 1/10 左右；而在加勒比黑人和非裔美国人中，这个比例更是低到了 1/20。

这些倾向我们很难解释，但还是有人提出了一些看法。大量食用苦味的植物化学物质可能干扰甲状腺的功能，而甲状腺分泌的激素有调节新陈代谢的关键作用。所以，吃多了苦味植物的人会有较高的风险患上甲状腺肿，这种疾病虽然大多症状轻微，但也可能造成生育困难，偶尔还会致人死亡。如今，治疗甲状腺肿已经较为容易，再也不必禁食绿色蔬菜；但在人类历史上的绝大部分时间里，唯一能阻止我们因过量摄入植物中的苦味物质而患上甲状腺肿的，就是我们对苦味的敏感。虽然还不能断定，但一些人群中苦味觉偏弱的人相对稀少（甚至儿童对苦味也感知强烈）或许就与此有关，特别是当地人的饮食中一向有高比例蔬菜的话。

饮食是塑造味觉遗传特征的一股选择性力量，这个观点得到了一些研究的支持，它们在非洲的中部和西部检测了居民对苦味的反应。包括木薯在内的淀粉类蔬菜于 16 世纪引入非洲，从此在当地人的食谱中占据重要地位。问题是木薯中含有糖苷，这是氰化物的前体。小心烹饪能降低木薯中糖苷的浓度，使之可供食用，但这时我们的苦味受体 T2R16 仍能检测到它——正是这种受体使木薯有了难吃的味道。有一件事或许令人意外：虽然木薯有潜在毒性，但生活在木薯种植区的非洲人却有很高比例拥有 T2R16 基因的一种变体，这种变体降低了他们对糖苷味道的敏感度。这乍一看是件怪事，但结合另一个东西考虑，你就明白其中的缘由了：那东西比木薯危险得多，它就是会引起疟疾的寄生生物——疟原虫。木薯，尤其是木薯中含有的苦味化学物，能抑制疟原虫的发育，从而保护当地人不受疟疾这种致命疾病的侵害。由此可见，能够耐受一些木薯品种的苦味，或许是救命的本事。

追查人类苦味反应的遗传基础是很吸引人的研究课题，因为第一，我们对苦味的敏感度各不相同，第二，苦味在使我们避免潜在毒素方面发挥着根本作用。我们对其他味道的反应一般较为温和，但也不乏一些与血缘相应的有趣模式。非洲裔或亚裔人士对许多味道的知觉似乎都比白人更强烈，这一发现也符合对不同种族品尝苦味的研究。

还有一条研究路子是考察我们对甜味的反应。结果发现，人类对于甜味并不全是热爱，在这方面还是有些差异。有些人对这味道欲罢不能，另一些人就冷淡得多。虽说每个群体中都有人可以划入这两种类型，但总的来说，东亚人并不像欧洲或非洲裔那样热衷甜食。就像任何此类趋势一样，这也引出了我们的味觉有多少得自遗传、有多少来自文化教养的问题。答案接近一半一半：你的口味有很大一部分继承自父母，另有更大一点的一部分来自你生活于其中的社会。这个文化因素也引起了医学从业者的担忧，尤其在西方社会，人的口味和饮食已经在过去两代人中发生巨变，超过历史上任何时候。

1860年，一支雄心勃勃的探险队从墨尔本出发，意欲深入澳大利亚的广袤腹地，他们的经历后来进入传说，成了标志失败的一座惨烈丰碑。他们的目标是向北行进3500公里，为当时还不为大多数欧洲定居者了解的澳洲内陆绘制地图，他们还要规划一条电报线路，连接墨尔本（有人估计它是当时大英帝国的第二大城市）和世界其他地方。探险队的头领是一个名叫罗伯特·奥哈拉·伯克（Robert O'Hara Burke）的爱尔兰人，他参过军，当时在墨尔本市做警察。选他来领队是一件怪事，因为伯克这人出了名地不辨方向，据说常常在从酒吧回家的途中迷路。不过这到底是一桩盛事。8月20日，15000千名群众聚集起来目送探险队出发，队伍带了马匹、骆驼和马车，载了20吨装备，其中有不少"必需品"，比如一套雪松木餐桌椅、一只浴缸和一面巨大的中式吊锣。还没等一行人离开墨尔本，半数马车就压坏了，有一辆甚至没能撑到他们走出群众为他们送行的公园。伯克和他的手下就这样坚忍而不明智地上了路。

最初几周，他们的运气依然低迷。进度被豪雨和泥泞的道路所阻碍，伯克只能下令放弃大量旅行装备。不单如此，他们还丢下了几种不可或缺的补给，包括青柠汁和糖。当变态的伯克硬是要丢下一桶朗姆酒时，队伍的副指挥乔治·兰德尔斯（George Landells）终于忍无可忍离开了。离开的绝不止他一个。当队伍来到达令河（Darling River）畔的小定居点梅宁迪（Menindee）时，已有超过一半队员因为伯克的暴脾气辞职或被解雇，而此地距墨尔本仅 750 公里。

他们的进度也慢了若干周，因此不得不在澳大利亚的盛夏走过最艰难的一段旅程。伯克的手下越来越少，有的是被他有意开除，有的是受不了他的火气，到最后队伍只剩下四个人，而前方还有一半路要走。了不起的是，虽然口粮越来越少，温度越升越高，到 1861 年 2 月时，他们竟也走到了澳大利亚北海岸的卡朋塔利亚湾（Gulf of Carpentaria）。目标是达成了，但如今他们要面对一个更大的问题：口粮几乎耗尽，该怎么回去？

在凄惨的撤退中，他们为了吃肉不得不牺牲余下的动物，但这还不够倒霉。远征者们因为营养不良，一个个患上了坏血病、脚气病和痢疾，最后只有约翰·金（John King）一人活着回来。他能活下来，要多亏他和当地原住民的友好关系，而这些人都是伯克和其他队员所不屑结识的。原住民已在探险队穿越的区域生活了数万年，对这一带的风土有丰富的知识。澳洲的灌木地带并不是许多人想象中的贫瘠焦土，而是有着充沛的自然资源。对于知道如何寻觅的人，这里的食物相当丰富。实际上，伯克等人是在美食环绕中饿死的。原住民送上的一些食物，比如巫蛴螬（木蠹蛾幼虫）和布冈夜蛾，对于不熟悉它们的人来说无法下咽，但它们能提

上：巫蛴螬

右：布冈夜蛾，比例尺 =5 毫米，
摄影 Ajay Narendra, Macquarie
University, Australia.

供关键的热量，还是上好的维生素之源，正可以补充探险队的欠缺。我们难免得出这样的结论：他们的死，一是因为天真，二是因为胃口太娇气。

走进一间澳大利亚超市，你或许会设想能在新鲜农产品区发现各种有趣的食材。澳大利亚是许多奇妙食物的原产地：布尼亚松子（bunya nut，实是大叶南洋杉子）、手指柠檬（finger limes）、筐东（quandong）、胡椒莓（pepperberry）、柠檬香桃（lemon myrtle）——千万年来，这些都在原住民的食谱中占据重要位置。它们也很适合在澳洲的气候中生长。可是欧洲来的移居者没有利用澳洲的天然食材，而是径直将他们的生活方式包括食物偏好移植了过来。他们在这里种小麦、养牛群、栽苹果。后来，亚洲移民又施加自己的影响，种起了小青菜和苦瓜不算，最离谱的是还在这片干旱的国土种出了水稻。于是澳洲本土作物大多被抛弃。再对比几种历史悠久的作物的强势地位，这充分显示了人类饮食中文化和传统的重要作用，我们的食谱也因此在广度上受到制约。华盛顿大学的研究指出，多数人平时常吃下的食物不超过30种。问题是味觉和这有没有关系，有的话是什么关系呢？

全世界无论什么文化，婴儿都天生有爱糖不爱苦的口味偏好。不过这些天生的倾向也受经验的塑造。我们很早就对风味有所了解，甚至在出生前就开始了。法国曾开展过一项引人瞩目的研究，描述孕妇在生产前两周内吃下的食物如何塑造了孩子出生后的偏好。研究中，孕妇吃下茴芹风味的糖果和曲奇。在婴儿出生后才三个小时，研究者给他们闻茴芹味，结果母亲吃过茴芹的孩子就做出了吃奶的动作，而母亲没吃茴芹的孩子则拉长了脸。这个"母亲最了解"的规律也延续到了母乳喂养阶段。无论大蒜、薄荷，还是胡萝卜、奶酪，各种风味都会通过母乳明明白白地传递下去，并引导孩子对他们熟悉的风味做出亲近的反应。不过母乳不是婴儿的唯一指引，婴儿还能从喝配方奶的经验中学会偏好。有趣的是，用配方牛奶喂养的婴儿，和用豆奶或水解蛋白奶 * 喂养的婴儿，两者的偏好是有差别的。和牛奶相比，后两种的风味更加多元，包含了一些苦味和某种偏咸香的味道。结果就是，后一类婴儿相比用配方牛奶喂养的同龄人，往往更容易改口吃咸味食品，等他们长成儿童时也更乐意喝酸苹果汁、吃可怕的西兰花。

---

* 有些婴儿难以消化复合蛋白，大人有时就会喂他们这种奶喝。

婴儿一旦断奶开始吃固体食物，就立刻会在食物不合口味时表示反对。坚定地拒吃蔬菜是常有的事：各式蔬菜被抛下婴儿椅，疲惫的父母被逼到绝望的边缘。不过，父母的坚持仍是孩子养成良好进食习惯的关键，尤其在孩子可塑性最强的阶段，也就是 4 个月到 2 岁之间。大量研究都支持一个观点，即反复接触不喜欢的东西终会击穿孩子的决绝。人们也曾用各种蔬菜和水果来测试倔强儿童的毅力，结果一再发现，父母只要狠心坚持，短短几天就能扭转孩子的态度：孩子或许仍不能对他们的绿色仇敌笑脸相迎，但也渐渐开始与喂养人妥协。再加上一点运气，孩子就可能最终患上某种食物版斯德哥尔摩综合征，由被动忍受变成主动喜欢。这或许是一场意志力的战斗，是亲子间的第一次代际冲突，如果你身处战场，一定要勇于坚持：研究还指出，早年确立的进食习惯往往能延续到童年晚期乃至更久。

　　和其他动物不同，人类要经过极漫长的发育才能获得独立，在这段时间里，儿童吃的食物主要由父母提供。于是，父母辈的风味偏好就会强行传给被动接受的孩子，文化倾向也由此牢固确立。之所以丹麦人在全世界最爱奶酪、每人每年吃掉惊人的 28 千克，而中国人只吃掉区区 100 克，或许就有这方面的原因。这也能解释为什么某些地区的人喜欢奇奇怪怪的食物：南亚人之于榴莲，瑞典人之于腌鲱鱼，或是印度人之于酸角。这还能使我们洞察，为什么食品厂家要根据所售国家的不同而定制产品。比如，奇巧（KitKat）是全世界销量最好的巧克力威化之一，它在日本出售包括抹茶在内的各种风味，而在爱吃果仁糖的欧洲大陆，它又掺了榛果。就算是同一种食物，在世界的不同角落也可能得到不同的解读：在西方，我们认为香草是甜的，因为它常与甜食和布丁一起出现；而在东南亚，香草味主要添加在咸味菜肴里，人们根本不觉得它甜。

　　这些文化差异超越了对某些食物的简单偏好，并以惊人的方式训练了我们的脑。2000 年，费城莫内尔化学感觉中心（Monell Chemical Senses Center）的帕梅拉·道尔顿（Pamela Dalton）和同事开展了一项有趣的实验，指出人的风味体验会受预期的引导。道尔顿要美国的志愿者嗅苯甲醛，那气味比较像扁桃仁和樱桃——从西方人的角度，这进而又使人联想到甜食。不过这项实验中的苯甲醛浓度很低，只有隐隐一丝气味。与此同时，志愿者也会尝到一滴液体，那或者是纯水，或是水中加了微量糖精，又或是水里加了同样微量的味精。当志愿者的嘴里只有纯水或"咸滋滋"的味精水时，他们对苯甲醛的反应相当平淡。但只要舌尖有了一丝甜味，苯甲醛的气味立刻鲜明起来。这其实就是他们的脑在两条相关信息间建立了联系，由此产生了一个清晰的知觉。更有趣的是，研究者用日本被试重复实验时，浮现出的却是另一种模式：这时，带出苯甲醛气味的变成了味精水。这体现的很可能是，在日本，一般都认为扁桃仁是咸的而非甜的。我们知道，脑内某些神经元会对气息和味道的特定关联做出反应，而这些风味关联是我们在人生阅历中形成的，可见文化对人的风味知觉的塑造是多么重要。

虽然文化上的偏好与倾向构成了人的味觉基础，但在一生中，我们仍会不断了解新的风味。到成年时，我们或许已经开始欣赏较为浓郁的风味，比如味重的奶酪或红酒，人也变得更加乐于探索。不过到中年以后，我们又会再度保守。有几项对跨国移民的研究显示，如果人在大约40岁后迁居至另一个文化，他多半会坚守原来熟悉的那一套。每当我们尝试新的食物，口腔中即刻产生的味觉，背后都有消化过程中来自全身的代谢反馈，这个反馈会塑造我们的反应。当我们吃下喝下的东西味道很好但身体无法适应时，身体就会发出最强烈的信号。比如我几年前有一次稍微多喝了几杯龙舌兰酒，从此便无法再接近这种饮料——我的脑知道了摄入太多龙舌兰酒的后果，对它一点也喜欢不起来了。而对于喜欢的东西，我们也是这么了解的，但过程更加微妙。一种食物的风味信息和相关代谢后果的信息在脑中整合，由此激活中脑边缘通路等奖赏网络，并在我们吃下喜欢的东西时引发一阵幸福感：具体方式就是分泌多巴胺，再通过这种神经递质来影响人的行为。就食物而言，这意味着脑会仲裁我们的偏好，并调控我们再次寻觅某种食物的可能性。

为味蕾创造完美体验是一个平衡的问题。拿糖来说，我们对甜食的喜爱有一个度。在食物里加一点糖我们会更爱吃，可一旦超过某个度，那股子齁甜味也叫人反感。虽然具体情况因人而异，但人大体都喜欢糖含量 10% 左右的溶液，这个数值有时称为"享乐平衡点"（hedonic breakpoint）。盐也有一个平衡点，大概是 0.5%。大多数时候，我们的平衡点都相当稳定，但味觉环境也会使它变化。比方说，我们乐意承受酸奶中的酸味，但要是同等的酸味在牛奶中出现，我们多半就会把它倒进水槽。由于所有食物几乎都混合着不同的风味，并会引导身体做出矛盾的反应，我们有时会把好的和坏的一起吃下。咖啡或啤酒的苦味要和我们加入其中的营养成分（如糖或奶）一起品尝，外加咖啡因或酒精这种令人迷醉的化学物质。某种程度上，我们愿意接受一种味道中比较讨厌的元素，是因为我们喜欢的元素可以抵消它们。当几种元素我们都喜欢时，中间也会有相互作用。脂肪和盐常在现代饮食里并存，尤其在快餐中；而现在有一些证据显示，脂肪会抑制人对盐的知觉，这自然也意味着，要品出同样的味道，你得多加点盐。

不同味道的这种相互作用，已经成了人类感觉研究领域的一宗热门课题。人的味觉，特别是它如何将复杂的化学物质转化成饥饿的脑中的风味感觉，可是一门显学。千百万年的演化赋予了我们味觉装备，它以味蕾的形式寻找着特别有奖赏性的食物。糖、脂、盐激动着我们的舌头，因为在人类历史中的多数时候，它们都很稀有。如今它们已经变得廉价易得，但脑还把它们奉为罕见的贵客。人吃进大量含有这些物质的食物时，脑就会分泌内啡肽并形成连接，将进食的快乐与特定食物挂钩，怂恿我们一遍遍吃个不停。食品厂家很早就明白，掌控了这套强大的内在机制，会有巨大的商机。

他们从这里入手，以手术般的精确瞄准了脑内的快乐系统。他们精心设计各种风味，尤其是糖、盐、脂的最佳配比，终于找到了美国心理物理学家及市场研究者霍华德·莫斯科维茨（Howard Moskowitz）所说的"极乐点"（bliss point），使风味感觉登峰造极。虽说天然食品中往往也含有这些元素，但它们没有像快餐那样经过调校，不会使我们一吃进嘴里就立刻上钩。正是这种即时性使得全世界的汉堡店和类似场所的收银台前始终排着长队。

在罗尔德·达尔（Roald Dahl）的杰作《查理和巧克力工厂》中，神秘人威利·旺卡一心想调出最奇妙、强烈的体验和风味，像是"美味嗖嗖棉花糖夹心巧克力"或"绝妙棒"*，但这并不是真实的快餐厂商想要的东西。研究告诉他们，产品的滋味不能太浓也不能太淡，要恰好激起我们的兴趣，又不能复杂得让人受不了。在这方面，快餐能制造出即时而短暂的迷醉感觉。

快餐的另一件关键武器是"口感"，也就是我们吃下它们时嘴里的感觉。比如，理想的炸薯条应该外酥里嫩——这

---

* "美味嗖嗖棉花糖夹心巧克力"（Whipple-Scrumptious Fudgemallow Delight）出自小说改编的 2005 年电影《查理和巧克力工厂》，"绝妙棒"（Scrumdiddlyumptious Bar）出自小说改编的 1971 年电影《欢乐糖果屋》。——译注

种质地对比能给人最大的享受；乳化食品能在我们的口腔中散播喜悦，激起每一颗味蕾；吃巧克力使人那么快乐，是因为它 36℃ 上下的熔点比我们的体温稍低一点，吃到嘴里会渐渐熔化。同样的道理，快餐的质地也不能太硬太韧。这背后的心理原理是，一种食物如果吃进嘴里快速分解，不用多费咀嚼，脑就会认为它能量较低，从而驱使我们吃个不停。通过精心迎合人的这些倾向，快餐业发现了某种跳闸开关。结果当然就是大批回头客以及西方世界的肥胖危机。

我们爱吃快餐的天性还造成了另一重潜藏危害。感觉系统往往会很快适应环境，就食物而言，这意味着如果食谱中富含糖、盐或脂肪，你的味觉也会随之变化。先是你的味觉受体变得不再灵敏，然后编码这些受体的基因也会下调，就是说你的饮食中盐分越高，你对咸味就越不敏感。于是你加进更多的盐，因为原本的食物已经太寡淡了，这个过程就这么循环往复。但这只是暂时的变化，完全可以逆转，只要对饮食中的某个关键风味加以限制，你就会重新变得对它敏感。有一项研究用双胞胎排除遗传差异的干扰，它显示，当我们吃久了低脂饮食，编码脂肪味受体的基因会变得更活跃。这可说是我们的味觉在更勤奋地搜寻关键营养物质。对于糖和盐，我们也有类似的反应。但有一种味道，我们的知觉对它却相当不同，那就是苦。当我们吃下大量植物制成的食品时，其实也吃进了大量苦味的植物化学物；这时，身体非但不会减少苦味受体，反而生产出更多，这再次证明，对于有潜在威胁的植物化学物质，味觉担当着守门员的重任。

虽然我们想当然地认为滋味和气息是决定味觉的主要因素，但是万一它们和其他感觉起了冲突，事情也会出岔子。将近 2000 年前，古罗马美食家阿比修斯（Apicius）就发现我们吃饭时最先用的是眼睛，而且这远不只是 Instagram 当红博主搞的精美摆盘那么简单。首先，色泽浓烈的食物能使我们相应地尝到强烈的风味。其次，当视觉和味觉的搭配符合预期时，我们的风味知觉会增强。按食客的说法，红色草莓奶昔要比染成绿色的同一种奶昔好吃、甜美得多，虽然两者除色素外的其他成分完全相同。而当视觉与味觉不相匹配时，就会出现怪事。在大多数时候，眼睛看见什么，舌头就尝到什么。如果有人喝到一杯青柠风味但染成红色的饮料，他就往往会说是尝到了樱桃味。

对这种感觉异常的最著名展示是在 2001 年，当时波尔多大学的博士生弗雷德里克·布罗谢（Frédéric Brochet）在白葡萄酒中加入红色食品色素，靠这个戏耍了一大群葡萄酒专家。他的实验包含两个品酒环节。在第一个环节，他给骗局受害人一杯红葡萄酒、一杯白葡萄酒，要他们描述两者的口感、味道。受害人欣然从命，用诸如"樱桃味""覆盆子味""浓郁"这类词语形容了红葡萄酒，而将"花香""清冽""柠檬味"留给了白葡萄酒。几天后，布罗谢又把专家们请了回来，这一次给他们的两杯都是白葡萄酒，只是一杯染成了红色。布罗谢请他们再形容一番这两杯酒，结果他们绝大多数都用类似上次形容真红酒的词形容了这杯假红酒。虽然这班专家肯定为自己的失误而尴尬，但布罗谢的用意并非让他们难堪，而是要探究人类知觉的基础。这个故事的后续，是他后来离开学术界，改行干别的去了——干了什么？酿酒。

视觉线索在调动人对食物的预期、影响我们的知觉方面，力量十分强大。比如一块巧克力，在我们把它吃进嘴之前，脑已经根据它的形状产生了预设。圆形巧克力使人联想到光滑，并由此产生它的风味肯定更甜、更醇厚也不太苦的预设。相反，有角的形状会引起复杂甚至粗糙的印象。这是所谓"跨模态联想"（cross-modal association）的一种形式：我们先用一种感官评估某物的性质，再分析这种性质会令其他感官产生何种感觉。方形的餐盘一直没能流行起来，或许也是因为这个。我们知道，信念会影响我们对东西的享用。比如，可口可乐盛在印有可口可乐商标的杯子里，会使人觉得更加可口；相信某种葡萄酒价格昂贵，也会使人更爱喝它。既然如此，我们又该如何将视觉线索与先入之见剥离开？

几年前，一种新的用餐法在全球的餐厅中发展起来，其主旨是将左右味觉的画面从进食体验中剥离，让食客的心思更集中在风味上。先是1997年名为"黑暗滋味"（Le Gout du Noir）的餐厅在巴黎开张，很快全欧洲和北美都有了跟风的企业。顾客要么在一间全黑的餐馆里吃饭，要么蒙上眼罩用餐。这有效果吗？或许并不意外：效果众说纷纭。有人表示自己的风味知觉真的变强了，也有人认为这不过是噱头而已。后来有一家德国实验室开展了对照测试，结论才变得更清晰：在黑暗中进食的结果，是客人觉得食物稍微变难吃了一点，而且对于自己在吃什么也不太确定了。另一个意外的结果是，蒙住眼睛的客人食量比平时大大减少，自己却认为吃下了许多。总而言之，虽然这样一番体验在新奇性方面可圈可点，但视觉对于进食的乐趣确有重要贡献。

而说到品尝葡萄酒，就连我们的耳朵也有份参与。品酒时的环境变化，特别是光照和背景音乐的变化，都会深深影响品酒者对口中之酒的评价：高音较多的热闹音乐往往会增加对酸度的知觉，较为沉稳的音乐则会突出果味。换言之，音乐参与奠定了我们对酒味的预期。有了这些预设的引导，味觉就只好跟上。在这样的跨模态交互方面有一位世界级权威，他就是牛津大学的查尔斯·斯彭斯（Charles Spence）。2014 年，斯彭斯在伦敦的一个餐饮节上举办了一个活动，目的是探索音乐和打光会如何影响人的品酒乐趣。他把志愿者请进一个没有窗户的房间，用黑色玻璃杯盛着里奥哈葡萄酒（rioja）递给他们。随后，他要志愿者们评鉴葡萄酒的风味，而此时房间里的音乐和打光不断变化。你或许认为葡萄酒的味道会一成不变，但事实并非如此：声光环境一变，酒味立刻跟着变。比如，红色光照会使酒味尝起来更甜，绿光和蓝光则会引出一丝辛辣，或者使果味更加浓郁。

赫斯顿·布鲁门索尔（Heston Blumenthal）是美食家兼明

星大厨，此人以两点闻名，一是古怪的创新饭菜，二是对感觉细节的关注。他的名菜"海洋之声"（Sounds of the Sea）用食物的形式重现了一片海滩，以美味的食材仿造了海藻和沙子。上菜时，客人还会领到一只 iPod，里面播放着海边的各种声音。虽然有些人会马上对这一套嗤之以鼻，但它背后却是斯彭斯的研究结论，即在海洋声景的衬托下，人能更好地享用食物。这个故事最出人意料的发展，或许是布鲁门索尔发明了他后来最著名的一道菜：鸡蛋培根冰激凌。这项烹饪实验的初期结果并不乐观，很大一个原因是鸡蛋和培根互相掺进了对方的风味。但是据斯彭斯的说法，布鲁门索尔接着走出了关键的一步：往食材中加入了一片脆脆的煎面包。面包的脆，像变戏法似的隔开了培根和鸡蛋的风味，这道菜自此成名。

虽然中小学里教的是各种感觉彼此完全独立，但其实感觉间的对话十分频繁。味觉可说是把这一点推到了极致，它虽然只是"风味知觉"的同义词，却促成了我们生活经历中最不寻常的感觉合作。

第五章

皮肤感觉

触觉比语言或情绪的接触强烈十倍，我们所做的一切几乎都受它的影响。其他哪种感觉都无法像触觉那样将人唤起。我们忘了，对于我们这个物种，触觉不单是根本，也是关窍所在。

——《触觉》，阿什利·蒙塔古（Ashley Montagu）

8周大的人类胚胎大概只有一颗芸豆大。它的脸上已经有了五官的影子，开始看得出是一个人了。它还有很长的路要走，但它纤细的身体里已布满神经网络，第一种主要的感觉也开始形成：它开始触摸。6周后，胚胎长到了一只柠檬那么大。细长的四肢平时收拢在身边，但两只小手和小脚偶尔也会伸出来探索环境。微型手指会握住脐带，抚摸子宫壁。胚胎还会摸索自己的身体，偶尔吮吸拇指。双胞胎在同一个狭小的密闭空间中孕育，因此还有别的东西可以探索：即使在这么早的阶段，他们也已经开始触摸对方。再过一个月，他们会越发被对方吸引，把几乎1/3的时间都用来摸这位同胞，在对方身上花的力气比给自己多得多。

　　双胞胎还没出生就花这么多时间和精力触摸彼此，可见触觉对于我们的生命何等重要。分娩之后，初生的婴儿一头扎进了一整个全新的触觉宇宙，这种好奇探索的作风依旧延续。当她摆弄物品、感受其形状和质地时，她脑中的神经元之间会形成新的连接。不过这不单单关乎触觉。当婴儿伸手去够周围的物品，她也是在以触摸为引导，发展和整合其他感觉，尤其是视觉。她在伸手去抓身边地板上一块鲜艳的彩色积木时，也在校准自己的视力，为在三维世界中活动找找感觉，同时培养在日后生活中不可或缺的空间意识。人人都是这样把触觉当作探路的感觉，在摸索中度过最初的日子。

婴儿探索世界时用的是"辨别性触觉"，会主动认识所接触对象的形状和质地，这是触觉最实用的一面。但过去20年间，我们开始认识到，这种感觉还有另外一面，称为"情绪性触觉"。我们一向知道拥抱和爱抚很重要，但从不清楚这两种触摸还有不同的神经构造。辨别性触觉能迅速接入脑部，沿一种叫"A类纤维"的快速神经传导。相比之下，情绪性触觉就比较闲散，它速度会慢50倍，并沿C类触觉纤维传导，那可是我们神经系统中的"乡道"。

这两种触觉信号传入脑中，得到的待遇也不相同，形成的脉冲激活的神经网络也不同。这样就形成了一个双层触觉布局：一层是快速反应系统，替我们收集关于世界的信息；一层是较为缓慢的次级网络，在我们受到触摸时启动。辨别性触觉固然重要，但我们长久以来一直低估了身体对情绪性触觉的投入，其实根据一些人的估算，人体专门用于情绪性触觉的神经纤维约是辨别性触觉的3倍。

情绪性触觉为我们的社会倾向奠定了基础。触摸和接受触摸，这从触觉自子宫中出现的那一刻起，就在深深影响我们。我们用碰拳、握手或拥抱与人问候，用轻拍后背以示鼓励，或是用搂抱表达安慰，用温柔的亲吻表明对伴侣的爱。身体做出这些时，脑也会有反应，它催促内啡肽、催产素或肾上腺素分泌，由此调集情绪、启动行为。身心之间的这种基本联系使触觉成了人类社会交往的核心，它的直接与亲密奠定了人际关系的基础。

早在我们演化出口语前很久，触摸已经是人类的一种主要交流方式，并且至今依然重要。有一系列的实验探究了我们单凭触摸能够多么精准地传达感情：被试要短暂地触摸一名蒙住眼睛的陌生人，并在触摸中表现特定情绪，接着再由该陌生人判断传递过来的是什么。结果显示，陌生人对这些信息的解读十分准确，特别是对愤怒、恐惧、爱、同情和感激等情绪——这些都是人类社会交往中的情感指针。我们或许认为触觉没有一套独特的词汇，但其实我们对触觉已习以为常，都在本能地说它的语言了。我们对触觉肯定是低估的，特别是和视觉听觉相比；但这种感觉有古老的演化根源，我们与他人的亲善，还有与环境相关联的能力，都是靠触觉打下的基础。

即使在最卑微的动物身上，触觉也会显示出重要作用。线虫是生物学中的一类模式生物，也就是说它是科学上的一类典型分子、一根标杆，受到深入的科学研究，为的是解开一个个生命之谜。线虫这种动物很简单，它的身体接近透明，只有大约 1000 个细胞，不像你我有约 40 万亿个那么多。在全世界的实验室里，这些只有铁屑大小的生物表现乏味，好听点可以说"行为库相当有限"（limited behavioural repertoire）。但就算对于这种最不起眼的动物，由触摸带来的刺激也不可或缺。如果一条线虫在生长过程中无法同别的线虫做身体接触，它就会长得更慢，也学不会应对危险。有些耐心的科学家致力于探索感觉的深层起源，他们想验证线虫的这种缺陷能否用人工方法修复，结果发现用探针对孤独的线虫轻柔拍打，就能帮它们重回正常发育之路。

再举个更日常的例子：对大鼠的研究显示，母亲的爱和关怀对幼崽的健康发育十分重要。那些沐浴关爱的大鼠幼崽，特别是有母亲时常理毛抚摸的那些，都发育成了适应良好的成年鼠，而受到冷落的幼鼠则变得焦虑紧张，它们追逐自己的尾巴，容易暴饮暴食，也难以和其他大鼠交流，再后来也果然成了不太懂关爱的父母，使这一缺陷代代相传。但问题是，这一切难道都只是触碰的缺失造成的？和线虫的情况一样，这个问题也需要一点直接的人类干预来回答。研究者用温暖潮湿的油画笔粗略地模仿母鼠的舌头，小心翼翼地拂拭受冷落的新生幼崽，这看起来虽只是无足轻重的干预，却足以改善不称职的母鼠造成的最恶劣影响。

和我们亲缘最近的两种类人猿是黑猩猩和倭黑猩猩，它们每天都要花五个小时细心地抚摸彼此，为彼此梳毛、挠痒。你可能认为这体现了它们的细致严谨，一定要将跳蚤和其他吸血小虫都抓出来才罢休。但这么想你就错了。它们这么做也不是为了外表光鲜。虽说这样细致的梳理肯定有助于这些灵长类保持身体卫生、外表整洁，但梳毛最重要的功能还是维系社会纽带。互相抚摸能刺激释放催产素，它有时被称作"爱的激素"，能增进社交。梳毛就是类人猿社会的黏合剂。

这种社交触摸对人类同样重要，但和动物近亲相比，我们给予它的关注实在不够。即便我们已经知道触摸的好处，许多人仍对它太过羞怯，往好了说也是太过犹豫。新冠疫情加重了隔绝，令人与人的触碰竟都显得不合时宜，用莎士比亚的话说，"这种习俗破坏了倒比遵守它还体面些"＊。但我们可以在历史上找到一些例子，证明触摸有多么重要，而如果我们永久失去了生活的这一方面，又会是怎样的灾难。

　　13世纪时，神圣罗马帝国有一位皇帝腓特烈二世，此人求知若渴，到了肆无忌惮的地步。在治理帝国的不同区域时，腓特烈被一个问题所困扰，就是亚当和夏娃到底说的是什么语言。在他看来，那肯定是希伯来语、希腊语、阿拉伯语或拉丁语中的一种。为进一步缩短候选名单，他觉得不妨硬一硬心肠。他下令将一群婴儿从母亲身边带走，在严密控制下养大。他尤其强调这些婴儿要养在寂静的环境中，这样他们一旦开口就只能说与生俱来的语言。于是他雇了保姆，却不许她们和照护对象说话。更骇人的是，他还禁止保姆在最最基本的身体接触之外和婴儿有任何互动。实验确实有了令人惊讶的发现，但和最初的问题毫无关系。虽然婴儿们有饭吃有澡洗，但缺乏亲昵的身体接触却是一场惨剧。因为完全失去了人际交往，这些孩子接连患病、死去。

　　这个算不上神圣的帝国皇帝所做的实验，直到现代还有

＊　出自《哈姆雷特》第一幕第四场。——编注

人响应，罗马尼亚独裁者齐奥塞斯库于 1989 年倒台后，就曝光了类似的可怕疏忽事件。齐奥塞斯库的生育政策，特别是禁止一切避孕手段并对无孩人士征税，导致生育率极大增加，接着便是大量儿童涌入公立孤儿院。对许多孤儿而言，这些孤儿院的环境简直惨无人道。他们常常遭到痛打，为的是强迫他们闭嘴、听话。也许更坏的是，他们还遭受冷落。那虽然不会留下可见的淤青，但是得不到关爱和刺激，却可能造成更深的伤痕。

齐奥塞斯库被推翻后，有医护人员及人道工作者来这些孤儿院查看，他们说，两三岁的孩子就关在与牢房无异的斗室里，一见他们就隔着栏杆伸出手来。许多孩子从没体验过任何形式的温柔，显得非常渴望，但被抱起时，他们又很抗拒，可一旦被放下又要再抱。人与人的拥抱这么基本的交流，对于他们竟显得高深莫测。即使从这地狱般的环境中解放之后，许多孩子仍很难与别人结成纽带。孤儿院的经历已经塑造了他们的脑结构，里面根本没有作为生命基石的情绪连接。在后来的岁月中，这些罗马尼亚孤儿的情况大有改善，如今他们大多人到中年，但当年的冷落留下的伤痕可能永远不会痊愈。

在齐奥塞斯库的恐怖孤儿院为世人所知前大约 10 年，另有一场别样的危机在哥伦比亚酝酿。在波哥大的圣胡安德迪奥斯医院（San Juan de Dios Hospital），儿科医生们正艰难应付着大量刚分娩出来的早产儿。全世界有 1/8 的婴儿是早产，即出生早于预产期至少 3 周。体重偏低、发育不全，加上要努力维持正常体温，早产儿于是陷入畸高的风险。医学干预帮助很大，尤其能用上保温箱的话；但在波哥大，埃德加·雷伊（Edgar Rey）和埃克托尔·马丁内斯（Hector Martinez）两位医生却遇到了保温箱不足的问题。

据传说，雷伊偶然读到了一篇文章，写的是小袋鼠出生后弱不禁风，只有一颗葡萄大小，要待在母亲的育儿袋里变大变壮之后才能出来面对世界。雷伊很快联想到了人类早产儿，由此触动灵感，发明了后来所谓的"袋鼠式护理"。雷伊和马丁内斯设计了一个简单而高效的方案，以此解决保温箱短缺的问题：他们将婴儿紧紧包裹在母亲胸前，彼此皮肉相贴。这样紧密接触的直接好处是让新生儿保持温暖，但袋鼠式护理的优点又远不止保温这么简单。

我们今天知道，母婴间的直接接触能给新生儿带来一系列好处：他们能因此改善睡眠模式，更早开始喝母乳，体重增长也更迅速，不出所料哭得也少了。依偎在妈妈怀里 * 这么简单的事，就能使一种关键的应激激素——皮质醇——浓度下降。同样，母亲也能获得完全相同的益处。

婴儿不必整天和父母捆在一起才能获益。每天只是专门花几分钟来爱抚，也能达到很好的效果。迈阿密大学的蒂凡妮·菲尔德（Tiffany Field）有一项研究表明，早产儿在出

---

* 有充分证据表明父亲也能参与这一行为，只是这方面的研究不如母婴课题深入。

生头几天接受触摸治疗，和未接受此治疗的早产儿相比，体重能增加近 50%。此外，触摸的力量还能改善早产儿最令人担忧的问题之一：降生太早，可能打乱他们的脑部发育。影像研究指出，接受触摸疗法的婴儿，有几个关键脑区会更活跃，且效果能延续到其生命最初那岌岌可危的几天之外。长到 10 岁时，曾经在皮肤接触中获益的儿童会更善于应对压力，睡眠更好，并表现出各种认知能力的改善。

只要一有机会，婴儿自然地就会让父母明白，少许触摸都会有好处。有一项研究对比了两组婴儿的行为，其中一组有成年人对他们柔声说话和微笑，另一组享受同等待遇，但额外还在腿脚上受到轻抚。结果相当清晰：加上抚摸后，婴儿笑得更多，咿咿呀呀更多，哭得也少多了。可见，虽然对宝宝扮鬼脸和唠叨人人都会，但发挥奇效的却是触摸。这与成人间最常见的互动方式大为不同。虽然许多人会不假思索地拥抱或者依偎，但我们在这方面也向来迟钝，直到最近才明白触摸的深刻意义。

我们刚才区分了两类触摸，现在还必须指出，皮肤也有两种类型。我们的大部分身体覆盖的是所谓"有毛（hairy）皮肤"。澄清一点：我不是说各位读者都长着丛林野兽似的毛皮——所谓"有毛皮肤"，只是带有毛囊的皮肤，上面的毛发往往很难看清。我们的双腿、双臂、躯干和头部都覆盖着这种皮肤，只有少数地方比如手掌、脚底、乳头和生殖器的部分区域是另一个类型，叫"光滑（无毛，glabrous）皮肤"。

这两类皮肤对我们的触觉各自发挥着独特作用。光滑皮肤上布满高度敏感的感受器，这就是我们会主动用手掌的触摸去探索环境、会觉得性爱那么有趣的原因。相比之下，有毛皮肤很少用来主动摸索物体，它的主要功能是让我们知道有东西碰到了我们，甚至能令我们感到一些微不足道的东西，比如一阵轻风拂过，吹动我们脸上的细微毛发，也激起毛囊中的神经末梢。

别看有毛皮肤在辨别性触觉方面价值偏低，它却会在被触摸时做出强烈反应。爱人在我们颈部或背上的轻抚可不是无关紧要的体验，我们的身体早为它做好了准备。有毛皮肤上的感受器对动态刺激特别敏感，也就是说它们会被动作激活。研究者曾用装了油画笔的机器人抚摸一系列志愿者，结果发现有一种恰到好处的抚摸速度能带出最大的快乐。太快或是太慢，我们都不会觉得有什么快感，而如果抚摸达到每秒 3 至 5 厘米的速度*，即便它出于一部机器，也会令我们绝大多数人欣喜万分。这时我们会心跳放慢，血压降低，全身都松弛下来，同时脑也分泌出几种天然的止痛药和鸦片类物质，使我们觉得温暖而迷糊。

这个效应还可以拓展到更长的时间尺度上。我们当中那些享受亲密身体接触的人，不仅感到更幸福，往往也更健

---

* 有的研究算出的是每秒 1 至 10 厘米，可见其中存在很大误差。

康，并拥有更强大的免疫系统。触觉互动包含各种形式，有充满爱意的拥抱，也有和某个看着手机走出电梯的人撞到一起。除了意外触碰，作为快速建立纽带的手段，触摸是无与伦比的。与陌生人短暂触碰，就能使我们对对方产生意外的亲近感。我们早就知道，如果被别人摸手臂，我们就更可能答应对方的要求。但如果你对此很抗拒，你也不是孤例：约有1/4的人不喜欢被触碰。但对其他人而言，数据是很明确的。无论哪种场合，是在街上被人拦下做调查也好，走进商店时有店员上来打招呼也罢，短暂的身体触碰都好比一把钥匙，能打开我们温暖亲切的那一面。

有人在一些法餐厅里做过一个简单实验，证明食客被侍者在前臂上短暂触碰，会更容易表示用餐愉快，给的小费也多，而没得到这种亲切体验的客人会没这么愉快大方。话虽如此，那些我们放松时感到愉快的触摸，在我们心情不好时却会轻易激怒我们——想要多拿小费的侍者，在自作主张献上抚摸之前，最好先察言观色一番。

这个现象也存在于体育界。在排球或是双人网球赛中，队员们在每一分结束时都会大肆触碰彼此。有时是庆祝胜利的击掌，有时是克制的拥抱，就看这一回合是赢是输。他们甚至可能彼此撞胸，或做出其他热烈的自由接触。对于我这么一个保守的英国观众而言，这些未免略嫌做作，但科学告诉我们并非如此。2008年，加州大学伯克利分校的迈克尔·克劳斯（Michael Kraus）和同事仔细计算了在全美职业男篮联赛

（NBA）赛季初期的某一场比赛中，队友之间总共触碰多少次。在排除其他干扰变量（如球队竞技水平）后，他们考察了赛中的触碰频率能多大程度预测个人和球队在赛季中的胜率。结果，两者竟然是强相关的：触碰越多，胜率越高。

为什么会这样？因为触碰应该说是建立人际关系的一种不可或缺的催化剂。它使我们对别人感到亲近，更愿意与他们共事。同时它也能抚平压力，缓解我们对表现好坏的潜在焦虑。脑中的岛叶在感觉加工和情绪塑造方面发挥着关键作用，当我们触碰或被触碰时，岛叶就会激活。触碰手法如果得当，能从正面塑造人的情绪，加强纽带并建立信任。

几年前有过一项著名研究：已婚妇女自愿以科学的名义接受电击，并让研究者考察她们的反应。电击时，旁边可能有人握住她们的手——有时是丈夫，有时是一名不认识的男性研究者——也可能身边没人；同时有成像仪器连接她们的脑，以观察她们如何应对电击前的恐惧和电击后的不适。结果显示，握手能显著降低这些妇女的焦虑水平，尤其握的是丈夫的手时。不仅如此，夫妻关系的质量也很关键：他们彼此越是亲密，握手的功效就越强。可见触碰未必会不加区分地带来好处——还要看是谁的触碰。

后来海法大学的帕维尔·戈德斯坦（Pavel Goldstein）也和同事采用了这个研究范式，但这一次他们给伴侣双方都连上脑电图，以确定脑的激活模式。他们的理论认为，你与某人越亲近、越能感同身受，就越能对她的疼痛产生共鸣。这虽然很难测量，但想法很妙：当你和某人心意相通，你们脑中的激活模式往往会吻合。这种现象叫"脑间耦合"（brain-to-brain coupling），有人说它就是人与人之间同情和理解的基础。果然，在实验中给某位被试施加疼痛刺激时，其伴侣的脑活动也随之变化，变得和该被试的脑活动一致。不仅如此，伴侣间脑活动的耦合越紧密，受痛的被试从握伴侣的手这个简单动作中获得的镇痛效果越佳。

触觉在人类生活中的核心地位也体现在我们的用词之中。我们谈自己的感受或自我剖析时，会说"扪心自问"（in touch with one's feeling）。联络某人时，我们就和那人"有了接触"（get in touch）。被人惹恼时，我们会说那人"折磨"（grate on）我们，或说他很"磨人"（abrasive）。我们说一个敏感的人"面皮薄"（thin-skinned），而一个不擅社交的人是"生硬"（callous）或"不懂接触"（tactless），两个比喻都和皮肤或触摸有关。还有一些说法，比如用"感觉糙"（feeling rough）表示不舒服，用"缺乏实质"（lacking substance）表示对某人或某事所起的作用不满意。我们或许会把一个热心慷慨的人形容成"软"心肠或"热"心肠，而那些不懂将心比心的人则是心肠"硬"或心肠"冷"。我们的语言有这么大一部分采用了和触觉有关的概念，由此也引出一个问题：人类语言是否反映了触觉有某种塑造思维的深刻能力？

2010 年，麻省理工学院的乔舒亚·阿克曼（Joshua Ackerman）领导一组研究人员探究了触觉体验是否会影响人的判断这一问题。他们设计了一系列巧妙的场景，每个场景操纵触觉体验的一个方面，好看看它们是否影响人的观点。第一个场景中，他们要求毫无戒心的志愿者对一位求职者的简历做出判断。其中的玄机在于，有的简历夹在一块沉重的写字板上，有的夹在轻薄的写字板上。妙的是，从沉重写字板上读到简历的志愿者，会觉得求职者总体更加优秀稳重。不过他们并不觉得这个求职者就因此更讨人喜欢，这一切都与我们对"沉稳"（weighty）一词的使用相一致：我们用它来比喻严肃、郑重。

接着，研究者又要志愿者读了一段文字，写的是两个虚构人物的会面，然后要他们描述对这次会面的感想。不过这一次，志愿者要先完成一项任务，紧接着再参加阅读测试。他们先领到了一幅拼图，有的包在粗糙的砂纸里，有的包在光滑的纸里。果然，拼图包装纸的质地影响了他们之后对会面的描述。在领到粗糙包装的志愿者看来，虚构人物间的关系就像砂纸一样不顺、难搞。

阿克曼和同事还用相似的方法研究了接触坚硬或柔软的材料是否影响人们阅读另一段交往时的看法。这次也一样，被试拿着坚硬而不易弯曲的物品，就会认为虚构角色死板严厉，而抚弄柔软物品的被试就不太会这么想。最后一个实验场景是让志愿者为一辆轿车竞价。他们的第一次报价已被驳回，需再次报价。志愿者被分到了两种测试条件里：第一种，这些潜在的轿车买家坐在硬椅子上出价，第二种是椅子上铺了软垫。结果，坐软椅垫的体验使竞价者的行为变得更灵活了：当两组人追加报价时，坐舒服软椅子的志愿者报出的价格，比坐硬椅子的志愿者平均高出约40%。

总而言之，这些结果都显示我们会下意识地受触觉体验的影响。同样，我们手握一杯温暖饮品时，面对社交场合上遇到的人，会比手握冷饮时更多一份亲切。换句话说，我们在日常生活中使用的那些软硬冷热的比喻，可说是直接生发自我们的想法和行为。摸到粗糙的东西，我们的态度也会随之粗糙；摸到不易弯折的东西，我们的判断也跟着硬化；以此类推。这很好地展示了感觉对看法的塑造。

负责触觉的是我们身上面积最大、功能最多的器官：皮肤。它覆盖我们全身，总面积约有2平方米，重量也超乎你想象，约占全部体重的1/6。皮肤是我们和外部世界的边界，保护着我们免受病原体大军的入侵。它将我们的血肉、脏器与外界隔离，使体内的宝贵液体不致散逸。但皮肤绝不仅是一层遮蔽或屏障，它还是一个硕大的感觉器官。它的一层层组织中嵌着一套套种类繁多的传感器，每一套各司其职。它们使人感觉到皮肤上的压力，还有振动、瘙痒和酥麻。触觉其实分许多类型，但在四种触觉感受器的相互作用下，却油然生出了一个统一的触知觉。

触觉中最敏感的几个方面来自皮肤表面正下方的一种

椭圆形感受器，叫"梅克尔细胞"。当我们用手指拂过一样物体或将它握在手中，就是这些细胞产生了我们的大部分触觉，并对我们触摸的一切给予细致的反馈。它们极为敏感，只要皮肤上有不到 1 微米（人类发丝直径的百分之一）的变形或说凹陷，它们都能探测到。这种敏感部分是因为梅克尔细胞比其他感受器都更接近皮肤表面。它们虽然在全身上下都有分布，但更集中于我们赖以产生细微触觉的部位。比如在手指尖，每平方毫米的皮肤上就集合了 100 个这样的微型感受器。它们也是一种"慢适应"细胞，就是能对我们触摸的对象产生持续更新的情报。比方说，当你的手指拂过键盘，是"梅克尔小盘"（Merkel discs）使你能感受到每颗键的边缘。

因为这种慢适应性质，梅克尔细胞能不间断地点评我们触碰的一切。而在皮肤下面更深一些的位置，还有"迈斯纳小体"负责产生有些人所说的"轻触觉"。它们的一项关键工作是探测皮肤上的运动，但它们是"快适应"的，只在有变化时才提醒我们。你要是持续感受到身下那把椅子或者背上的衣服料子，肯定无法集中精神；而迈斯纳小体采取的是"有事再说"的策略，只记录触觉的变化，既向我们报告信息，又不会用连绵不绝的信息对我们持续轰炸。和梅克尔细胞一样，迈斯纳小体也集中在我们最常用于触碰的部位，它们的一个关键作用是让我们能精准控制自己的抓握。当一只玻璃杯握得太松、开始从指尖滑落时，我们就会本能地加大握力（除非我们当天已经拿过几只玻璃杯，反应有些慢了）。

梅克尔细胞和迈斯纳小体一同为我们的触觉赋予了细致的敏感性，使我们通过触摸对世界有了精细的感知。这两种感受器的感受野都很小，这意味着它们能就皮肤接触到的世界绘出一幅清晰的高分辨率图画。不过触觉离不开团队协作，除了上述两者，还有一种感受器也发挥着重要功能：帕奇尼小体。这是一种块状的多层传感器，深埋于皮肤内部，响应的是深层压力和高频振动。当手指拂过一块表面，我们会以振动的形式收集它的纹理、质地、粗糙度等——有点像唱机的唱针读取黑胶唱片上的微小隆起。

这种触觉叫"动态触觉"，能产生大量信息。与它相比，另一种触觉"静态触觉"的信息就少多了。这就是我们在用触碰探索某物时，往往会用手指拂过它表面的原因。不过最近，加州大学圣选戈分校的科迪·卡朋特（Cody Carpenter）和同事开展了一项精彩实验，指出这两种触觉都比我们之前认为的要灵敏。卡朋特的研究要求未受过培训的志愿者尝试用触摸分辨不同的材料，结果证明我们在这方面十分拿手，即使不同材料的唯一区别只在表面涂层，而这种涂层仅有一个分子的厚度，志愿者仍能摸出差别。当他们获准用手指拂过物体表面时，分辨力尤其灵敏，但即使只能用指尖敲击表面，他们仍能说出其中的不同。

"触觉四重奏"中还有最后一位乐手：鲁菲尼神经末梢。它的重要性不逊于前三位，却可能最不为人所知。鲁菲尼末梢的主要工作是向脑报告我们的姿态（posture），依据的是对我们皮肤伸展程度的监测。我们伸手去取架子上的一只玻璃杯时，就是这种感受器在留意手臂的延展，当我们握拢手指、拿起玻璃杯时，也是这些感受器在向我们提供对抓握必不可少的手感。在全身上下，是鲁菲尼末梢在产生身体正在做什么的感觉，这也是我们协调各种活动的关键。

虽然每种感受器各有所长，但触觉中最关键的乃是四种感受器的协同。就以触觉皇冠上的宝石——人的双手为例。许多人或许都有一个误解，认为我们用双手摆弄物品时的精度是理所当然的。但其实这种精度是我们早年在操练中改善而成的，你只要看过儿童尝试洗纸牌的样子就明白了。到十一二岁时，我们已经练就了惊人的运动技巧，能够灵活、精细地操控物品了。直到今天，触觉的精度（有时也叫"触觉智能"）仍是机器人学领域的一大难关。我们建造的计算机能够每秒计算 1000 万亿次，模拟宇宙的诞生，用文字与我们交流并使我们难以分辨那是人还是机器。可抛开人工智能的这些卓越进展，有些事情仍是一只机械手绝难做到的，比如顺利地拿起一杯茶而不使茶水溅出，打一只蛋，或用筷子夹起小块食物——而这些事人类做起来不假思索。

人的双手是自然界中无与伦比的精密仪器。并且，我们操弄物品的巧妙手段，还为人类演化中极重要的一步奠定了基础：工具的发明。虽然也有其他动物会使用工具，但没有哪种对工具的依赖如此之深。成像研究显示，人使用工具时，会激活脑中一个名为"前缘上回"的区域，它似乎关涉人在工具使用问题上建立因果联系的能力。虽然脑在这方面本领非凡，但让我们能灵巧使用工具的还是触觉。我们能将持握并运用工具的感觉转译给脑，触觉感受器在其中发挥着不可或缺的作用。无论是切面包用的刀，还是写字时握的笔，仿佛都成了我们手的延伸。正是这种非凡的连接，给予了我们完成日常所需的各种精细任务的能力。

我们所说的"触觉"，是综合了皮肤内部多种感受器的活动而产生的。脑在其中的工作是整合各类信息输入，将它们转化成单一连贯的触觉观点。考虑到感受器的数量之庞大，这真是一项了不起的成就。不过脑也会走走捷径，你可以自己尝试下面的几个简单实验，看看它是怎么偷懒的。取三枚厚实的硬币，将其中两枚放进冰箱冷冻 15 分钟左右。接着将三枚硬币排成一列，将冰冻过的两枚置于两端。将食指和无名指分别放到两枚冷硬币上，享受一两秒钟的冰凉，再将中指放到中间那枚硬币上。虽然中指绝不该感到冷，但多数人的中指还是会像其他两根手指一样传来一股冰感。

其中的原理，是脑填补了你在知觉上的空当，它根据概率，生造出了一种最有可能成立的感受。脑的演化并不是要应对这种冰箱冻硬币的花样；在它看来，最可能成立的解释就是三根手指都摸到了冷东西。但脑也不是好骗的。中指在摸到中间那枚硬币并得到一些触觉刺激之前，并没有特别的温度感觉。当中指接触硬币后，脑觉察到有信息从那里输入，才给出冷的错觉。而如果是用另一只手的中指摸硬币，就不会产生这种体验。脑会根据相邻手指的输入推测感受，但它并不蠢，不会对更远的身体部位照搬这个操作。

类似的还有所谓"皮肤兔错觉"（cutaneous rabbit illusion）。将手臂向前举起并转开视线。让别人在你的前臂内侧接近手腕的位置连续快速敲打，然后在手臂靠上的位置，如手肘附近做同样的敲打。这时多数人会觉得，这些敲打在沿手臂上升，仿佛一只小兔子一路跳过来。体会这个的时候，你可以再试一下"tau 错觉"：在这个把戏里，你先让人敲打自己的上臂，再敲打前臂，这样重复两轮，第一轮两次敲打的间隔要尽可能短，第二轮间隔拉长到一秒左右；当两次敲打的间隔只有一瞬，你会觉得被敲打的两点间的距离比时间间隔有一两秒钟时要短。在这两种错觉中，脑都受了一系列偏见的误导，而这些偏见本就存在于脑用来理解世界的框架之中。正常情况下，如果有两个相似并相继的感觉，二者的时间间隔应该和它们在身体上的距离密切相关，于是脑就会参照这条过去的经验，用前者来估算后者；这时再在时间间隔上动个手脚，就会改变我们对距离的知觉。

再来看一个花招：将你的食指和中指交叉，直到形成一个 V 字（这对手指正常的人比较容易，我那几根天生的香肠手指就难了）。然后取一颗玻璃球或其他小东西，放到这个 V 字中间夹住。现在你其实是在用两根手指的外侧触碰这个物体，这在一般情况下不会发生。脑为这种不合常理的情形所迷惑，于是会产生手指在触摸两个物体而非一个的感觉。按理说是会产生这种错觉的；但我没有，或许是因为我的手指长得太怪，但很可能还有更好的解释：做这个实验时，我的眼神始终盯着那两根手指，因此触觉和视觉之间产生了感觉冲突。而这种时候，胜出的往往是视觉。

这也是美国心理学家詹姆斯·吉布森（James Gibson）在20世纪30年代描述的现象。他在实验中给了被试一把尺子，要被试闭上眼睛，凭触感描述它。这把尺子没有什么特别，因此被试只说它是木制的、直的之类。到这里一切正常。实验里的把戏，是吉布森的志愿者还戴着一副护目镜，装的是能把直线拗成曲线的镜片。当他要被试睁开眼再摸一遍尺子，被试的触觉信息就被视觉带偏了：这时的尺子，无论样子还是触感，都变成了弯的。被试也知道尺子其实是直的，可他们就是无法将触感与视觉输入剥离开来。

整合不同感官的信息甚至同一感官中不同感受器的信息，对于脑始终是极为繁重的任务。人脑会运用一些基本规则，简化从感觉到知觉的转化过程，这就意味着它可能失误，上述错觉就是利用了这种失误。不过，其中最重要的意味，或许是这些把戏证明了，脑在表征从感官得来的信号时，并不是消极被动的。触觉不仅在皮肤里，它也存在于心中。

在基本的触碰之外，皮肤收集的信息还包括割、掐、温度，甚至像辣椒素这样的化学物质。这些信息都可以为皮肤中的感受器探测到。因此，它们有时会和触觉一起形成一个更宽泛的感觉模态，我们称之为"躯体感觉"（somatosense）。

簇拥在梅克尔小盘、迈斯纳小体和类似感受器之间的，还有许多神经卷须，做着和这些触觉感受器非常不同的工作，它们就是所谓的"游离神经末梢"。说它们游离，是因为它们和触觉感受器不同，末端并没有某种了不起的微小结构。比如帕奇尼小体就像洋葱，有复杂而精细的分层；而梅克尔小盘，听名字就知道像什么。和它们相比，游离神经末梢只是不起眼地分叉、变细，很像植物的根。这些根系伸到触觉感受器无法到达的皮肤表面附近，其工作就是在那里等着坏消息到来，而坏消息的形式就是令人不快的刺激。

游离神经末梢的作用是充当伤害感受器（nociceptor），探测和传达可能被我们感受为疼痛的信号。话虽如此，"伤害感受"（源自拉丁语 nocere/"伤害"）却并非"疼痛"的同义词。其一，我们能在身体并未受伤的情况下，体会到情绪上的疼痛。其二，即使身体受伤，伤害感受和疼痛仍有不同。从本质上说，伤害感受是一种手段，身体通过它感觉到有害刺激，并将这些刺激编为神经信息；而疼痛是脑对这些信息做出的反应，是一种主观体验。伤害感受是身体防御系统中一个不可或缺的部分，保护着我们免受伤害。要理解两者的不同，可以想象自己毫无防备地一脚踩下结果被一只无意间掉落的图钉伏击的场面。如果你恰好踩到图钉上，一条信息就会从受伤的脚掌疾速飞往中枢神经系统，引发运动反射，使你猛地向上抽腿，远离那只图钉。这是一种反射，而非有意识的体验，虽然我们大多数人以为自己是因为疼才向上抬腿，但其实在抬脚的那短短几毫秒内，我们或许根本还没感到疼——疼痛要稍晚一点才来。这样的反射说明，在将伤害降到最低方面，我们有比靠痛觉来避开图钉好得多的办法。

人脑约有 850 亿个神经元，它本身无法感觉疼痛，而所有的疼痛又都在脑中产生。你或许要说，不对，那头疼又是怎么回事？头疼其实是由脑袋周围肌肉中的神经以及脑内和脑周围的血管引起的，不是脑本身。因此，脑虽然会带给我们疼痛体验，它本身却是一个不会痛的器官。与此同时，我们的精神状态也对痛感有巨大的影响。根据遗传、健康甚至态度的不同，每个人对疼痛的感觉都有差异。值得注意的是，即便同一个人受同一种伤，每次感到的疼痛程度也可能不同。这是因为疼痛不完全是一种身体体验，其中还夹杂了心理，因此某一天的心情也会影响我们对疼痛的知觉。

影响疼痛的还有我们在既往人生中受过的伤。我小时候，有一次蹦蹦跳跳回家，脑子里幻想出了被一只邪恶怪物追逐的画面，那怪物脚步飞快，有好几只脑袋，专爱抓衣衫破旧的小孩吃。我着急忙慌地跑完最后 100 米，一到家门口就转动门把冲了进去——但其实我没有转动门把。门上了锁，我撞穿了门上的玻璃，划伤了膝盖。这是我头一次身负重伤，也是头一次体会深入皮肉的疼痛。我至今仍清楚记得那突如其来的痛感；现在我每次弄伤膝盖，都感觉当年的伤势还有一丝残留。好在我已经成年，不会再追着踢飞的足球或别的什么狂奔，因此也不太受伤了。不过那感觉，那所谓的"疼痛记忆"，依然挥之不去。

一生中积累下的疼痛记忆，对我们预期将来的疼痛以及疼痛出现时的焦虑和体验颇有作用。在遭遇截肢的人身上，我们可以看见疼痛记忆的一个惊人面向。虽然那条截肢已经不在，但许多人仍说自己能感受到它，常常还觉得疼。这似乎是因为脑在截肢前就已经将坏肢上的疼痛体验储存起来，形成了疼痛记忆。截肢以后，脑就留下了一个难以纠正的感觉错配。如果在截肢前先用局部麻醉有效地抑制疼痛，似乎就能限制这些疼痛记忆的形成，从而减少后续的幻肢痛。

我自己就有一段特别的疼痛记忆，起因是不幸遭遇了一只愤怒的昆虫。我刚工作时教过一门野外考察课，带领生物系的本科生去约克郡的马勒姆山丘（Malham Cove）研究在当地艰难求生的坚强生物。动物要在这个美丽而荒凉的地方生存，就必须扛得住我看来连绵不绝的雨水和刺骨的寒风。一天，我要去高地沼泽用抄网寻找躲藏在寒冷池塘中的粗犷怪兽。我努力网到了几只样本，当天的明星是一只大龙虱的幼虫。这种动物是技艺高超的猎手，身子只有你拇指那么长，但从不知何为恐惧。它有一对可怕的颚，从脑袋两侧呈弧形伸出，逐渐收成细尖。有了这对武器，它会毫不犹豫地对付体型远大于自己的动物。那天的幼虫被我们抓住后放进了一只透明水箱，它心情很糟，正准备向路遇的任何东西撒气。

我正对着它端详，一个学生从我后面过来问道："如果我把手指伸过去它会怎样？"

我一时有些摸不着头脑，最后回了一句在我看来理所当然的话："它会咬你。"

"疼吗？"他追问。当天的最蠢问题奖就颁给他了。

"还用说？"

不知怎么回事，他接着真把手伸进了水箱，手指放到那条虫眼前引诱了几下，幼虫见状立刻缠到了手指上。随着一声惊叫和几滴鲜血，那只欠手疾速抽了回来。可惜虫缠在他手指上不肯下来，我只得干预。我小心翼翼地撬开幼虫的颚，生怕弄伤它。这虫见猎物被抢，不甘吃亏，转头咬上了我。

像许多突然受伤的情形一样，疼痛是分两波来的：先是被咬时倏地一下尖锐刺痛，使我跳了起来。我扯下这条强悍的虫子放回水箱，这时尖锐的痛感已经换成了一种更深的钝痛。人受伤后往往会有这么两波不同的疼痛。第一波刺痛由伤害感受器发动，沿速度极快的 A 类神经纤维，将身体受伤的关键信息送入脑中。第二波就像情绪性触觉，沿速度较慢的 C 类触觉纤维传入，并对受伤的程度展开描述。这后一种信号会逗留一段时间，引发一连串行为的、生理的反应，包括被咬的一刻我对那个学生掩藏不住的鄙夷之情。

我狠狠搓揉伤口，人受了这种伤一般都是这个反应——自人类这个物种诞生以来，我们大概一直在用这个法子缓解眼前的疼痛。我们感到疼痛，是因为受伤部位的伤害感受器向脑发送了疼痛信号。而揉搓或按压受伤部位，则是向脑发送与疼痛无关的其他触觉信息，这时脑会面对多样的丰富刺激，要考虑的东西陡然增多，不再只有那个不适的刺痛，疼痛信号于是不再占据感觉舞台的中央唱独角戏，而是成了众多声音中的一个。虽然疼痛并没有变戏法似的消失，但至少在神经输入的大杂烩中，它暂时减轻了。

能引人疼痛的事物多种多样。其中一些像是咬人的幼虫，造成的是机械损伤。我们的伤害感受器会接受三类有害刺激，这是其中的一类。另外两类是热损伤和化学损伤。机械刺激包罗广泛，从失手掉落一本书砸到脚趾，到切菜时因手法生疏切到拇指，不一而足。而皮肤中的热伤害感受器，每当皮肤温度偏离 20—43℃ 的狭窄范围时就会做出反应。

我们偏离这个范围越远，热伤害感受器发出的不悦信号就越多。比如，爬进一只 55℃ 的浴缸是一种强烈的体验，不到 1 秒钟就会感到疼；45℃ 的浴缸仍会使人不适，但要在里面泡 7 秒左右才会体验到不舒服。热和冷的感觉是由两种不同感受器产生的。其中冷感受器有一个好记的名字叫 TRPM8，它们不单会在低于 20℃ 时受到刺激，接触到薄荷醇时也会兴奋，所以人们才常说薄荷糖吃着"凉凉的"。大多数人要等皮肤降到 15℃ 左右才开始疼痛。同样，能触发以 TRPV1 为主的热感受器的，不仅有高温，也有辣椒。

皮肤中的化学伤害感受器会对有害物质做出响应，其中也包括人体自身在组织损伤之后分泌的物质。当你割伤或擦伤自己，伤处的细胞便分泌花生四烯酸之类的化学物质，它们进而会刺激伤害感受器，使伤口对疼痛特别敏感。这听起来好像有些残酷：人体竟会这样设计对付我们，使伤处感觉更疼。但其实这是一种激起行为变化的关键手段。我们在护理伤口时额外当心，能帮助伤口免于进一步受损并有时间愈合。不过疼痛毕竟不舒服，为对抗这种自然反应，我们发明了布洛芬之类的止痛药，其原理是阻断身体用来发送疼痛和损伤信号的化学通路。

此外，我们也会碰到外来的有害化学物质，包括昆虫的叮咬，或是我们有意放进嘴里的食物，比如辣椒、芥末或山葵。一般来说，这些物质都是植物生产出来用以抵御植食动物觅食的，多数时候也确实卓有成效。然而植物没有算到，有一种动物竟会采集各种植物成分，将少量的它们做进一道复杂的菜肴里。因此，虽然没几个人会大口吃下苏格兰帽椒或是英式芥末，但在食物中加一撮这个、少许那个，却能用这些强力成分引出一股宜人的酥麻感。

除了接受他人的爱抚和对伤口多加小心，身体还有应对创伤的独特本领。比如许多人爱吃辛辣菜肴，喜欢辣椒的活性成分辣椒素像火烧灌木般滚过舌头的感觉。辣味这么好吃，部分是因为辣椒素会刺激口腔中的伤害感受器，后者能认出它是一种有害化学物质，于是引发痛觉。对此，脑的反应是先分泌内啡肽，再分泌多巴胺，它们使人感到一阵陶醉，多少也会抑制痛觉。

　　与此同时，我们也早就知道，形势紧急时，肾上腺素会短暂赋予我们承受最惨伤情的能力。2019 年 4 月，内布拉斯加州农民柯特·凯泽（Kurt Kaiser）不慎滑倒，一条腿卡进了运行中的谷粒螺旋运送机，机器的金属刀片将谷粒和他的腿一道卷了进去。眼看着自己的腿被切碎，机器无法关停，周围也没人可以求助，凯泽知道麻烦大了。他接着想起自己随身带了一把折叠小刀，意识到还有一个脱身之法——他必须切断自己的腿。他下定决心开始行动，在膝盖下方切割起来，最后腿断了，他也逃脱了机器的魔爪。在粗糙的地面上，他手脚并用爬到附近一座建筑，这才终于能向人求救。

　　像这样的故事常常登上新闻，它们都有一个共性，就是受害者并不太描述疼痛。这部分是因为我前面说过的内啡肽，但更重要的作用应该说还是肾上腺素发挥的。人在身处险境时会迅速分泌这种激素，将身体调节到求生模式。肾上腺素不能止，但它能为我们争取一小段时间，使我们将注意完全集中于眼前的威胁。它让我们能无视疼，一心脱困。一旦体内肾上腺素的浓度开始降低，对疼痛的知觉就会回潮。

　　皮肤之所以如此敏感，是因为其中有一大群感受器，且每个感受器都连着一大片神经网络。真皮中编织着几十万条神经纤维，每条都是一根电导线，能将我们与外界每次接触的信息传入脑中。不过，也不是每一块皮肤都同样敏感。有些部位，比如后背，只有几条骨干神经，而另一些部位如嘴唇和手指，其中的神经纤维数却比最昂贵的亚麻布还多。这种疏密分别也体现在我们脑中，特别是脑的体感皮层，它专门服务手、脸和生殖器等部位，将自己的大块"地产"分配给它们，而身体的其他部位就只能领到稀少的神经资源。

发现全身各部位该如何在脑中描绘，是过去一百年中神经病学的一大进步，背后的功臣是一位神经病学探索者和制图者，怀尔德·潘菲尔德（Wilder Penfield）。不同于那些穿越大陆描绘未知土地的先驱，潘菲尔德绘图的领域是人脑。

潘菲尔德小时候在情感和经济上都很困顿，这对那个时代的杰出科学家而言颇不寻常。他父亲是华盛顿州的一名家庭医生，性子孤僻，更喜欢花时间在野外狩猎而不是照顾病人，结果自然是行医生涯难以为继。为摆脱困境，母亲带着 8 岁的怀尔德去威斯康辛州投奔外祖父母，一家人经历的这段潦倒看来也对怀尔德的性格塑造起了重要作用。

怀尔德后来入读普林斯顿大学，头两年浑浑噩噩，自选的哲学专业并没有给他多少启发。直到大二学年末，他的人生才迎来变化。虽然一想到父亲他就发誓要远离医学，但在听过大生物学家埃德温·康克林（Edwin Conklin）讲课后，他心中燃起了热情。潘菲尔德找到了自己的天职。

1913 年，22 岁的潘菲尔德本科毕业，但得知自己落选了知名的罗德奖学金，这将令他无缘修读医学。他没有气馁，再次申请，终于成功。然而那还是学术界的古典时期，想进牛津大学,他还必须参加希腊语入学考试。他一头扎进学习,想从头掌握一门他一无所知的语言,但又一次没能合格。

还剩下一线希望:他获准补考。备考那阵,潘菲尔德每天清晨都跑去哈佛大学的病理实验室,学一小时古希腊语,四周停满等待解剖的尸体。他的努力终于有了回报:拿到奖学金的他离开美国前往牛津,去接受查尔斯·谢灵顿(Charles Sherrington)爵士的指导,谢灵顿后来因对神经系统的研究获得了诺贝尔奖。是他让潘菲尔德明白,"神经系统是一方未经勘探的沃土——在这个未获开发的国度,人类的心灵之谜或有阐明的一天"。

潘菲尔德在人类对脑的理解方面贡献巨大,但他最有名的成就还是对这一器官的测绘。在给病人开刀时,他会详细记下他对病人脑部的刺激对应病人身上的哪些部位。就这样,他渐渐绘出了一幅映射图,其中注明了各脑区所服务的身体部位。这个分区的设想并不新鲜,但是潘菲尔德使它落了地。他早期一个最突出的结论,是脑给身体各部位的待遇并不相同。用潘菲尔德的数据可以建起一个模型,显示如果用人体各部位对应的脑区面积来重构它们,人体会长成什么样。如此构造出的就是"皮层小人儿"(cortical homunculus):一个丑陋狰狞的怪物,硕大的脑袋上长着一只猥琐的巨口,还有两只巨大的巴掌。潘菲尔德本人并不喜欢这个形象,据传他曾经说:"如果可以,我会杀了这鬼东西。"但是作为对感觉的描绘,它一眼就能看懂,这方面的优势登峰造极。该

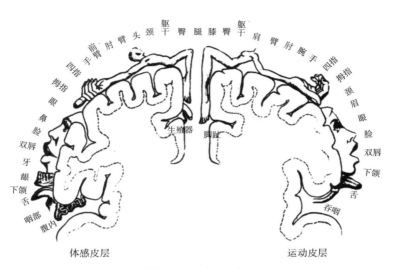

躯 臀 腿 膝 臀 躯
头 颈 干 干
臂 肘 臂 肩 臂 肘 腕 手
前 四指
手臂 拇指
四指 颈
拇指 眉
眼 眼
鼻 脸
脸 双唇
双唇 下颌
牙 舌
龈 吞咽
下颌 舌
咽部
腹内

生殖器 脚趾

体感皮层　　　　　　　　　运动皮层

潘菲尔德的皮层小人儿

模型清楚显示了我们如何用触觉感受世界，而我们那布满大量神经末梢的双手和双唇，面对周围的物理世界时又是多么精细的度量工具。

尽管他不喜欢自己创造的这个小人儿，但说到与感觉有关的脑部工作原理，潘菲尔德的图至今仍可说是最容易理解的呈现。他于 1976 年逝世，身后留下了非凡的学术遗产。除了对大脑皮层代表区域的探索，他在癫痫和脑损伤治疗领域的贡献，还有他的脑部可视化研究，都是了不起的成就。他始终将谦逊放在首位，总是费心与周围的同事分享功劳，在描述发现时他总说"我们"而不是"我"。他的自传《群策群力》(*No Man Alone*) 在他身后于 1977 年出版，其中也体现了这位伟人向来看重的团队精神。

潘菲尔德的研究焦点是对脑的考察，为的是理解身体各部位如何为脑所表征；但我们要想充分理解触觉，还得考察分布于全身的触觉感受器。这任务可不简单：确定视网膜或内耳中汇集了多少感觉受器是一回事，而要厘清皮肤这样庞大的器官可完全是另一回事。不过研究者还是花了细致功夫，梳理出了身体不同部位触觉神经的疏密。靠近皮肤的触觉神经纤维细小，有的直径还不到 1 微米。即使将 400 条它们捆绑在一起，也没有人的一根头发粗。这是最为精细的神经线路，也是我们割伤自己时往往也看不见神经的原因。别看这些纤维如此渺小，它们却能将信息从皮肤中的触觉感受器传送给脑。一个部位的神经数量越多，它们连接的感受器就越多，那块皮肤也就越敏感。

谢菲尔德大学主动触觉实验室（Active Touch Laboratory）的茱莉亚·科尔尼亚尼和汉内斯·扎尔（Giulia Corniani and Hannes Saal）最近做出一番估测，认为服务于人体每平方厘米皮肤的感觉神经纤维在 15 条左右，而全身神经纤维总数约为 23 万条。但就像怀尔德·潘菲尔德在脑部研究中发现的那样，这些纤维并不是均匀分布的。比如在手指尖上，每平方厘米就挤进了 240 条纤维；再看躯干，同样的面积只有区区 9 条。论感觉的丰富，人全身上下没有一处能与双手相比（我知道你想到了什么，答案是不，连那些地方也不如手敏感）。就神经的丰富性而言，紧跟在双手之后的是面部，尤其是嘴唇一带，那里每平方厘米约有 84 条纤维。

　　每块皮肤的神经纤维数与表征它的脑区的大小非常相称，但两者的关系还远不是完全吻合。奇妙的是，尽管双手和面部已经满布了一丛丛神经纤维，但脑仍然觉得不够。它将来自这些区域的信息进一步放大，加以额外关注——它对这些部位宠得不行，就像老师钟爱得意弟子。

　　话虽如此，脑的青睐也是会变的，这至少部分地取决于一个部位的使用频率。我们的某些部位在触觉任务中用得越勤，脑就越是会重新组织以升级它的相应区域。弦乐手左手的五指就练得格外灵巧，因为左手要负责在演奏中控制和修饰音符。检查小提琴家的脑，会发现其中表征这些手指的区域要明显大于非音乐家，并且他们演奏的时间越长，这种差异就越显著。类似的规律还出现在经常使用触摸屏尤其是常用手机的人身上。手机用得越多，脑就越会提升对某几根手指特别是拇指的关注。伴着 iPhone 之类的产品长大的一代，已经将脑塑造得适应他们的世界了。

　　人在这方面虽然有一定可塑性，但仍有一些部位是专门用于触觉的，这一点并没有变。手指尖上的神经纤维簇拥缠结，服务着一支密集的触觉感受器大军。这意味着我们用指尖分辨细节的能力远强于别处，因为上面每块特别小的皮肤都有一个感受器单独报告它的情况。而身上的其他部位神经纤维较为分散，每个感受器要负责很大一片区域，触觉分辨率也因此低了许多。这方面的一个常见测量方法是所谓的

"两点辨别觉测试"（two-point discrimination test），原理很简单：准备两根木制牙签或某种科学上更可靠的尖锐物品，用它们在一名被试身上同时轻刺。两根签以较远的间隔刺中皮肤时，被试能轻易分辨自己被刺中的是两处；而随着它们越来越近，你会越发难分辨自己是被刺中了两处还是一处。在像后背和大腿这样的部位，如果两点的间隔小于 4 厘米，多数人就难以分辨自己被刺中了几处。在脸颊或鼻子上，这个间隔会缩小到不足 1 厘米。而在手指尖上，即使两点间的距离只有 2 毫米，许多人仍能分清自己被刺的是两处。

　　负责伤害感受的游离神经末梢是皮肤中最常见的感受器，数量远超使我们对外部世界产生触知觉的那些。常有人说，对触摸最敏感的身体部位也对疼痛最为敏感，这话有些道理。手心和手指内侧能产生极为复杂细致的触觉，它们相应地也对疼痛十分敏感。想必这就是为什么在从前学校可以体罚的年代，以施虐为乐的教师碰到不听话的孩子常会抽他们的手心。这种触觉和疼痛的紧密关系也存在于脚心，这里同样是拷打者喜欢的部位；面部也是。

　　总的来说，我们的光滑皮肤上都布满了神经纤维，因而对触摸和伤害感受也极为敏锐。身体的其他部位就没这么明显了。最敏锐的触觉往往集中在最常用来触摸的部位；在手臂上离手掌越近，皮肤上分布的神经就越多。与之不同，伤害感受器则是越接近躯干越密集：触觉是沿手臂越往下越敏锐，痛觉则刚好相反。我们还不清楚到底为什么会这样，不过原因可能很简单：伤害感受器的分布原理和防弹衣一致，主要是为了保护身体最关键的部位。

有人估计我们的皮肤内编织着近 25 万条微小的神经纤维，但这个数目也不是对每个人都适用。在人生早期，神经纤维的数量会随年龄增长，在十几二十来岁达到峰值。此后就是我们熟悉的感觉滑坡。之后每过十年，我们就丧失约 8% 的神经纤维，到 80 岁时，总数就降了约一半。更糟的是，损失在我们的双手、面部和双脚上最为明显，而这些正是在年轻时赋予我们缤纷感觉的部位。与此同时，迈斯纳小体和梅克尔细胞也以惊人的速度从指尖消失，意味着我们的触觉会随着年龄增长而不再敏锐。有一则知识或许能给人些许安慰：我们仍可以利用脑部的杰出适应性来训练自己的触觉，但年龄到底会在人与人之间造成相当的差异。而我们还将看到，这并不是唯一的差异。

感觉有一个极不寻常的特点，就是我们感知世界的能力因人而异。比如我们向来知道，盲人的嗅觉和听觉都格外敏锐；还有大量证据支持一个观点，即他们的触觉也比常人快速而精准。盲人之所以拥有超灵敏的触觉，部分是因为脑的可塑性：它能增加从其他感官输入的信息，以适应视力的缺失。天生的盲人往往比后来失明的人拥有更强的触觉能力。盲人负责感觉的脑区会重新配置，为视觉以外的感官提供更多支持，而在掌控知觉外援方面的这种进步，也注入了触觉之中。比如那些能读盲文的人，他们常用来识读盲文的那只手，往往有更敏感的指尖。正如海伦·凯勒所说："触摸为盲人带来了许多甜美的确定感，这些都是幸运的明眼同胞无缘享受的，因为他们的触觉未经开垦。"

　　和其他感觉一样，女性通常拥有更为复杂的触觉分辨能力，但这似乎并不是因为她们对自己的感觉精细度做了任何调校。这种性别差异的原理很简单：平均而言，男性的体格要比女性大些，因此手也较大。如果任选两个年纪相同的成人比较其触觉灵敏度，结果多半是手掌较小的那个表现更好。这是因为，触觉的灵敏度几乎直接取决于神经末梢的密集度。我们每个人的神经末梢数目大致相同，而皮肤面积却有大小差异，所以体格更小的人神经末梢更密集，并能因此获得触觉更加灵敏的优势。对此还有一个更加简洁还押了头韵的说法，那就是瑞安·彼得斯（Ryan Peters）和同事在 2009 年一篇论文的标题：《微小手指分辨精致细节》（"diminutive digits discern delicate details"）。

　　这里说的是触摸。那么在疼痛方面，是否也男女有别？关于这个课题，当然许多人都有话说，它也很容易降格成一场男女孰强孰弱的愚蠢讨论。研究者必须以一种客观的方式来考察它，就两性的疼痛阈值收集数据。许多人已经做了这方面的对比，结果发表在一些名称直白的期刊上，如《疼痛》（Pain）、《疼痛杂志》（The Journal of Pain）等。它们描述了多年以来，志愿者们（多半都有一点受虐脾性）是如何在科学的名义下排着队经受各种打击的：他们有的遭钝器击伤，有的受锐器戳刺，有的身上通电，有的被冰冻、火烧，还有的要在柔嫩的皮肤上抹辣椒汁。最终的结论清晰且一致：女性显著地更可能表露出对疼痛的敏感。

这个结论契合其他一众研究，它们或者说女性更可能服止痛药，或说女性更容易患偏头痛和慢性疼痛，又或者说女性比男性更可能和医生探讨自己的疼痛问题。那么这是否说明女人天生更加娇嫩柔弱？不，绝对不是，下面说说理由。前面已经说过，疼痛是一种主观体验，疼痛研究须得依赖人对疼痛程度的描述，最轻的是"耸一耸肩"，最重的是"疼得尖叫"。这样的研究不能说无效，但的确较难做出公允的对比。我们都在社会中生活，是社会的产物，而在现今，男性表达疼痛仍不如女性那样容易为社会所接受。

另外疼痛体验还受激素的影响。在发育早期接触睾酮会调整各条伤害感受器通路，最终使男性变得对疼痛较为迟钝。女性的耐痛性受雌激素、孕酮等性激素的增益就少得多了。是有证据显示，当血液中雌激素浓度较高、孕酮浓度较低，比如排卵前夕的时候，女性的痛觉敏感性会下降；而在月经周期的其他阶段，情况就复杂多了。因而同样一个刺激，在不同的日子可能产生不同的痛觉体验。只有一点是肯定的：在疼痛面前，女性蒙受的激素保护要小得多。这不是说女性更加柔弱，只是说疼痛对于她们是另一种体验。

对于红头发的人，情况还要更复杂。这些人之所以长出红色头发和苍白皮肤，是因为他们体内的黑色素比较欠缺。*
而产生黑色素的生化通路也意外地影响着疼痛阈值，令红头
发的人更能耐受疼痛。奇怪的是，他们还会对某些麻醉剂不
太敏感，于是在牙医那里，当大多数人口腔麻木、安然坐在
躺椅上时，红发病人或许接受了同样剂量的麻药却仍被钻头
折磨得苦恼不堪。

　　除了性别差异和发色体现的差异外，人与人之间在疼痛
体验上还有许多别的不同。比如我们知道，那些患有焦虑和
抑郁的人祸不单行，还会对疼痛更加敏感。吸烟者和超重人
士的疼痛阈值也比较低。另一方面，运动员和经常剧烈运动
的人不光健康水平更高，也更能耐受疼痛。说到底，任意两
人的疼痛体验都不相同，当我们想要指摘别人不能忍痛时，
最好记住这一点。

　　有时，疼痛会因为别人的触摸而缓解。1987 年 4 月，
当戴安娜王妃访问英国第一间艾滋病专门病房时，整个国家
对这种疾病还是草木皆兵的态度。虽然科学家在几年前即已
确定艾滋病不会通过平常的接触传播，但公众还是被一惊一
乍的小报标题和误导性的报道弄得恐慌不已，相关文章发出
声嘶力竭的恐怖警告，说艾滋病是"男同瘟疫"。疾病带来
极大的病耻感，当电视摄像机跟着王妃进入病房，患者纷纷

----

* 　确切地说是欠缺"真黑素"（eumelanin），但红发的人另有一种"褐黑素"
　（pheomelanin）。

躲避。最后有一个病人站出来自愿跟王妃见面,他是 32 岁的男性患者,病程已到晚期,在后来刊出的照片中,他背对镜头接待了王妃。然而使传媒和公众浮想联翩的,却是王妃与该男子握手时没戴手套。今天看来,关注这个细节似乎是少见多怪,但在当年,这却被视作一个勇敢甚至激进的举动。许多战斗在医疗一线的人都形容这是公众对艾滋病看法的一个转折点,这充满人情味的一握,帮患者摆脱了冷遇。

现在,30 多年过去,我们又遭遇了另一种新流行病,这一次触摸同样发挥了关键作用。新冠疫情中的社交隔离使我们无法在亲密的家人之外尽情拥抱他人,但其实数年来,社交触摸已经在渐渐淡出我们的生活。部分原因据说是大家生怕惹上行为不当的嫌疑:医生们受到警告说别再拥抱病人;小学老师也不太敢触摸学生,怕别人误会他们图谋不轨。与此同时,年轻一代和屏幕互动得越来越多,彼此直接交流得越来越少,把世界关在了外头。

这些屏幕本身当然是触摸技术的绝好体现,但那是一种消极、单向的体验。将来会不会有那么一天,我们能远程触摸所爱之人?这个近在咫尺的前景数十年来一直吸引着研究者的目光。这个方向上的一件早期产品是 20 世纪 80 年代中期的一套了不起的电传掰手腕系统(Telephonic Arm-Wrestling System)。它的初衷是让一对坚决渴望一较高下的对手相隔万里也能彼此挑战。比赛时,两位力士各配一根杠杆,作为远方对手胳膊的替代。他们施在杠杆上的力将化为信息,沿电话线传送过去，然后在对手的杠杆上回译成臂力。令人吃惊的是，该产品在当年并不畅销。但今天科技又有了发展，我们或许已经摸到了某种交互触觉体验的边。

随着 5G 面世，超高速通信成为可能，所谓的"触觉互联网"（Tactile Internet）也由科幻进入了现实。人类的触觉很快将突破各种界限，我们终将能以灵敏的触觉遥控物体。不单如此，我们还会远程体验到物体的触感。触觉互联网孕育着形形色色的可能，比如网上购物会有新的感觉界面，使人能直接感受商品的质地；又比如医生可以检查不在眼前的病人；甚至我们还有可能运用这项技术向所爱之人传达抚摸。它的缺点在于，这样的抚摸虽然由人发动，传递它的却是一块硬件，比如一只仿生手。这当然聊胜于无，但和真实的感受仍旧隔了一层。

从古至今，触觉都是我们连接他人最亲密的途径，但人的触摸会亲密到什么程度，多少还要看我们成长于怎样的文化之中。20 世纪 60 年代，加拿大心理学家悉尼·茹拉尔（Sidney Jourard）考察了全世界咖啡厅里的人是如何互动的。茹拉尔一边观察，一边记下人们在交谈中彼此触摸的次数。他的结果揭示了人与人之间的一些重要差异：伦敦市民最为保守，完全不触摸彼此；美国人稍热情些，平均每小时摸两下左右；而在法国和波多黎各，人们的手简直不从别人身上拿开，每小时的触摸次数分别是 110 下和 180 下。

50 年后，又有一项研究重复了这一课题，结果发现在当今美国，人们的彼此触摸变成了每小时 9 下。有趣的是，差异也存在于城乡之间，城市居民彼此抚摸的频率要高于其乡村亲戚。即便如此，一小时 9 次仍不算多，再考虑到新冠危机造成的社交接触锐减，无怪乎许多人表示遭遇了慢性触觉剥夺。近来还有人发明了"触摸饥渴"（touch starvation）这一说法，用以描述生活中触摸的丧失令人感到孤独无依进而引发心理创伤的过程。

丧失了触摸，我们就可能丧失社会生活中撑起我们的一根关键支柱。接受触摸能增进免疫系统，促进血清素和催产素的分泌，使人感觉平和舒泰。触摸是我们拥有的最简单却最深刻的事物之一，它是对社交孤立之痛最有效的抚慰，也是人际关系的基石。

皮肤既把我们和他人分开，又担当着核心人际交流手段的界面。我们可以用眼罩或耳塞蒙蔽其他感觉，但触觉始终在那里，向我们报告着外界的全部特征和质地。它比其他任何感觉模态都更能令我们感到自身的独特，意识到自己与众不同的个体身份。触觉是人最深刻的一种感觉，忽视了它可会大事不妙。

第六章

别忽略其他感觉

魔法其实不过是运用了人的全部感觉。是人类自己把这些感觉切断的。

——《炼金术士》（*Alchemyst*），
迈克尔·司各特（Michael Scott）

终于写到这儿了。视听嗅味触，这五大感觉每个人都能直观地理解。也许到这里就该画一条线不往下写了。但这种划分虽然好在清晰，却略去了许多我们用来指引生活的其他感觉。比方说，这种划分置我们的平衡感于何地？它该算作一种准感觉，还是更低一档，根本不算感觉？它毕竟也有一套感受器系统的支撑。我们的时间感又怎么说？我们是怎么算出从开始煮鸡蛋过去了多久？这倒是没什么感觉装置，只是脑的一种机能。

还有许多候选能在这所感觉俱乐部中占得一席之地。而当你知道，有权威人士将触觉这样的感觉进一步细分成了许多不同的感觉时，这幅图景就越发复杂了。所以，要问人类总共有多少种感觉，答案可能只有基本的五种，也可能有五十种甚至更多。

如果再要追问"生物总共有多少种感觉"，数字还会愈加增多。有些感觉我们没有，却在动物中演化出来，使我们对之前甚少了解的一些难题有了一番洞见。探索这些陌生的感觉，以及人类虽然拥有却未充分运用的感觉，能令我们的视野大大拓宽，不再为五种感觉的正统观念所桎梏。

有人形容动物拥有"超强感觉"，这方面的例子许多都和自然灾害有关。2004 年 12 月 26 日早晨，在印度尼西亚锡默卢岛和苏门答腊岛之间，位于两个大陆板块之间的一条断层倏然爆裂。其中释放出巨大能量，据有人估测，威力比夷平广岛的原子弹还强 2 万多倍。地震还激起了一场著名海啸，给整片印度洋区域都造成重创。海啸轰鸣着席卷了亚齐省（Aceh），海浪冲到 30 米，相当于九、十层楼那么高。在整个印度洋环线，沿岸的市镇都被无情的巨浪和残骸摧毁，约 25 万人因此丧生。

　　惨剧过后的几周到几个月内，人们常反复提起一个问题：为什么海啸之前没有预警？虽然亚齐省居民很难有时间撤离，但对于更远的地方，假如当初能拉响警报，遇难者或许可以幸免。毕竟地震发生后一个半小时，海啸才在泰国登陆，两小时后才击中斯里兰卡。若非毫无防备，死亡人数本可以低很多。当时的印度洋还没有任何预警系统，如今，这一地区虽然部署了新技术，但在海上侦测海啸仍是个出了名的难题：这场史上最致命的海啸在深水区酝酿时，不过是浪花一卷，当它翻滚着涌向毫无戒备的人群，高度还不足一米。

　　2018 年，又一次破坏极强的海啸袭击了印度尼西亚的苏拉威西岛，震后联合国发布了一份报告，敦促各方不要过度依赖技术。这一警示有两个依据，一是预警系统在记录海上的海啸规模时不甚精确，二是将信息传至大片风险地带困难重重。就我们现在的知识而言，海啸风险的概率和程度是由许多变量共同决定的，这也使精确预报成为一道极大的难题。不过，还有一个简单的法子值得考虑，它至少可以作为我们现有方法的补充。

早在海啸来袭之前，动物似乎就能察觉到危险。在过去的一场场灾难中，都有目击者描述受惊的奶牛或山羊在巨浪到来前很久就冲上高地的情形，鸟类也会成群结队飞离沿海的树木。动物仿佛常常能对人意识不到的某种刺激做出反应，这刺激会出现在洪水到来之前，至少领先若干分钟。当地人若能充分关注动物的行为，或许就能及时警觉，跟着动物逃到安全地带。

一个典型的例子是锡默卢岛，它在 2004 年地震时离震中不远，但岛上的约 8 万人中只有 7 人死于海啸，一个重要原因就是岛民及时留意了岛上动物的行为。动物能感觉到地震时的轻微震颤，或许还能接收一些别的信号，比如震前由地震扰动造成的次声波。海啸也会发出次声波，警告那些能感知到它们的动物，致命的大潮就要来了。

关于动物在自然灾害来临之前的古怪行为，历史上散落着许多记载。1975 年冬，就在中国北方的海城发生地震前的几天，猫和家畜开始表现得不同往常。最令人不解的是蛇也从冬眠的地下钻出，最后冻死了几千条。更近的年代，在意大利的圣鲁菲诺湖（Lake San Ruffino），有一大群蟾蜍本来年年要聚到一起，以诞下蝌蚪的古老方式庆贺春天到来，然而在某一年春天，它们却在繁殖途中集体弃水而去。五天后，一场大地震撕裂了整个地区。或许是蟾蜍对大地震动的敏感提前警示了它们，但预警的也可能是震前的其他变化，如构造活动中岩石的摩擦与分裂造成的气体释放或电能释放。在其他的时空，也曾有老鼠白天涌上街头，鸟类在一天中的错误时间鸣唱，马匹发足狂奔，大猫衔着小猫逃跑等。在有些文化，尤其是常常遇到这类灾难的地区文化当中，动物的这类表现已经被编入民间传说，让传统知识保护当地人民。

技术能否在此基础上有所建树，利用某些动物面临危险时对细微信号的敏感做些发明？在德国的康斯坦茨，马克斯普朗克动物行为研究所的所长马丁·维克尔斯基（Martin Wikelski）认为可以做到。在他的科研生涯中，他开发了一套周详备至的系统，能追踪全球不同物种的运动。其中的每一只动物身上都有一块最先进的追踪器将详尽的信息发送出来，包括它们的速度、加速度、活动、方位等，由国际空间站的精密天线收集后传回地球。该项目名为"伊卡洛斯"（Icarus），主要目标之一是研究动物的长途迁徙，并考察动物如何与周边生态环境、与彼此互动，最终实现有针对性的动物保护。不过，这些空前丰富和优质的信息也可以用来捕捉动物行为，建立一套自然灾害早期预警系统，马丁给这项研究起名叫"利用自然开展灾害预警调解"（Disaster Alert Mediation using Nature，DAMN）。

数年前，马丁曾和几名同事前往西西里，去面对岛上那座长年困扰居民的埃特纳火山。这座火山的侧坡郁郁葱葱，营养丰富的火山土中长出了大量植被，山羊在这里心满意足地吃草。马丁他们打算采集山羊对当地的"知识",于是给其中几只安上了电子追踪器,远程监测它们的行为。他们没等太久,因为埃特纳火山几周后就喷发了。事后马丁追查了山羊在喷发前的行为,发现它们提前约六小时出现了明确反应,变得异常活跃。

不过从科学上讲,"异常活跃"还算不得什么有效的度量。因此下一步还要建立精准的行为参数,以证明山羊确实感应到了埃特纳火山即将喷发。如果能做到这一点,接着就可以让这套"羊力预警系统"自动运行,每当山羊行为的某些方面超出某一阈值,就自动触发警报。在之后的两年里,这些无畏的山羊成功探测了近 30 次火山扰动,其中 7 次构成显著威胁。这本身已经很了不起,但更精彩的还在后头。埃特纳火山的周围分布着一圈监测站,靠机器的传感器预测火山活动,然而论表现还是山羊表现更好,它们抢在这些科技小发明之前很久就能感应到埃特纳的扰动。不仅如此,山羊还能预感到将要发生的喷发可能是什么强度,而这一点众所周知是很难靠科学仪器做到的。马丁将最先进的技术和动物在演化中形成的"超级感觉"焊接到一起,将 21 世纪的严谨视角代入了历史悠久的文化习俗,这有望为一个困扰全球的难题给出一个物美价廉的解决方案。

马丁不是第一个尝试利用动物感觉敏感性的人。水蛭一类的动物向来能感知气压的变化,在维多利亚时代,就有一位名字应景的发明家乔治·好天气（George Merryweather）妥善利用了它们的这种能力。他发明了一部预测装置叫"风暴预言机"（Tempest Prognosticator），试着用它预测暴风雨天气。这台预言机的外观像一部微型旋转木马，不过围成一圈的不是木马，而是一只只小瓶子，每只里都住着一条水蛭。在自然生境中，这些动物会躲在潮湿的庇护所内等待潮湿天气，一到下雨它们就起兴致，有雷暴时更兴奋难抑。在好天气先生的这部装置里，低压锋面会撩拨得水蛭沿玻璃瓶壁向上攀爬。这个动作又会打破机关的平衡，晃响一只铃铛，警示附近的人。这是个巧妙的主意，发明家先生也向海岸警卫队卖力推销了它，但并未成功。不过他总算是有幸在 1851 年的伦敦世博会上看见了它的展出。

除了水蛭，还有许多动物也对天气变化敏感。在法国部分地区，农民们一度在玻璃罐里养青蛙，正是要利用这种两栖动物在下雨前会发出一串呱呱叫声的天性。许多植物同样擅长预测天气：三叶草会在阵雨前小心地收拢叶片保护自己，万寿菊、向日葵和琉璃繁缕也会收起花瓣，许是为了保持花粉干燥。我们早就知道，人类也会在气压低时感觉不适，尤其是偏头痛、风湿病和慢性疼痛，似乎都会赶巧似的随气压降低而加剧。其中的原因我们还不清楚，或许是低气压使身体分泌应激激素，加剧神经活动，由此使人对疼痛更为敏感。至于这在严格意义上能否算一种"感觉"，仍是一个问题，部分是因为人体内应该说没有专门针对气压的感受器。尽管如此，我们知道至少在小鼠身上，气压变化会激起内耳的神经活动，或许人体也有类似机制。

暴风雨不仅伴随着气压波动，还会产生电气干扰。蜜蜂对此就很警觉，雷暴来临前它们会全速撤回巢内。对电场的觉察，即所谓的"电感受"（electroreception），也构成了蜜蜂觅食策略的一个环节。和其他昆虫一样，蜜蜂扇动翅膀时，体内会积累一小股静电，等它们降到一朵花上，这个电荷就会转移到植株上停留一段时间，再通过茎秆缓缓导入土壤。其他四处采蜜的蜜蜂能探测到先前的觅食者留下的电活动，它们有时会明智地避开一株带电荷的植物，因为先前的访客多半已将花蜜采走大半。

严格来说，蜜蜂对电的觉察还算不上电感受，因为它们仍是通过触觉感知电力；但许多别的动物的确有专门分辨电场的传感器。在这方面，鲨鱼是出名的好手，它们在水中巡游时会留意周围电荷的脉冲和嗡鸣。一条小鱼可以躲到鲨鱼看不见的地方，但绝对无法阻止自身发出电压微弱的神经能量进而向鲨鱼暴露位置。类似地，在哺乳动物中，海豚和卵生的单孔目也能瞄准活猎物散发的电场。在澳大利亚的溪流和死水潭中，奇妙的鸭嘴兽就是狩猎的高手。这些地方有时候水体浑浊，但这对鸭嘴兽而言并非障碍，它们的鸭嘴上布满感受器，能在浊如肉汁的水里找到可口的无脊椎猎物。

电感受是我们没有的感觉，但我们对电磁场也并非毫无觉察。我们对它们究竟敏感到什么程度，这个问题已经引出了形形色色的阴谋论。最近有人宣称，5G网络的铺设与新冠的出现有关。实际当然是无关的，没有任何可信的科学证据支持这一说法。不过，关于电磁场对人体的影响，倒是有一些比较合理的关切，这个课题也已经成为科学中研究最深入的领域之一。20世纪伊始，电线、室内照明和家用电器就以一直在电场的形式将辐射能带到我们身边。这里头有风险吗？对此我们已经投入了许多关注，也测试了无线设备和手机之类的东西。如今科学家已经有了相当清晰的共识：即使其中有任何风险，那也微乎其微，尤其较之暴露于阳光之下、持续酗酒或不良饮食等日常危害，更是可以忽略不计。

不过，这也不代表我们可以对此漫不经心。你是决定把自己裹进锡箔、戴上性质可疑的护身符、在身边摆满水晶，还是就这么继续生活，都纯粹是你的个人选择。但电磁场的威胁似乎因为一个情况而大增：我们和它们的接触多多少少并非自愿，而且我们还感觉不到它们。不过，有一种电磁场却是动物（有人说人也在内）能感觉到的，它覆盖整个地球，过去千百年中一直被我们用来确定方位，它就是地磁场。

2013年，捷克的一组研究者发表了一项收集详尽且相当罕见的犬类如厕研究。他们总共观察了近2000只如厕的猎犬、斗牛犬和拉布拉多犬，然后向一头雾水的公众发布了结果。两年后，我来到布拉格的一间礼堂，听研究组负责人希内克·布尔达（Hynek Burda）——一个看起来比圣诞老人还像圣诞老人的男子——讲他们在论文发表后获奖的故事。虽说有人认可总是好的，但得到搞笑诺贝尔奖又实在有点讽刺。这个奖由《不可思议研究年鉴》（Annals of Improbable Research）颁发，"专门奖励先令人发笑、后使人沉思的成果"。

布尔达并没有因此不快。他欣然接受了科学界的这个怪奖，并在一个多钟头的时间里，从科学较为奇怪的一面挑了几则逸事以飨听众。这项犬类研究的焦点是"磁感"（magnetoception），即动物对地磁场的反应。布尔达和同事发现了一桩怪事：狗在排便之前，会先将身体对准一根南北轴线，是头向南屁股朝北还是反过来不重要，总之一定要对准这南北一线。除了犬类，还有别的动物会依照体内的罗盘行事。布尔达描述了牛和鹿在吃草的时候，也把身体对准这条南北轴线，还有狐狸在捕猎时也喜欢朝北飞扑。和大部分行为数据一样，这些动物的方向数据也充满噪声：并非每一只内急的狗或每一头嚼草的牛，都会像罗盘指针那样对得分毫不差。但这个规律绝非随机，也不能用风或天气来解释。最能证明这一点的因素，或许是动物在电塔附近的表现：电塔会干扰地磁场，动物在方向上的守序性也就消失了。

从细菌到蝙蝠，许多生物都能探查地球的南北两极。上面提到的动物对地磁的反应似乎比较奇怪，而另一些物种，如鳗鱼、鸽子和鲸，它们对地磁的知觉就是体内导航系统的一个精密部件了。那么动物究竟为何能感知方向？对候鸟的一项突破性研究显示，在禽类的视网膜中有一种名为"隐花色素-4"的蛋白，使它们能看见地球的磁场。无疑，这是一种视觉体验：首先是因为它们在全无光线的环境中显然无法导航；其次是当隐花色素启动时，激活的是和普通视觉相同的脑区。不过地磁场在禽类眼中到底是何模样，我们只能猜想：它们可能将其感知为额外的对比度或亮度，由此看见真北的方向。有了这个非比寻常的视觉插件，在长途飞行中导航就如儿戏一样简单。

隐花色素并非鸟类独有。这是一种古老的蛋白，在生命演化树上处处可见。实际上，它最早是从十字花科的拟南芥 * 中分离出来的；也出现在大量动物物种体内，从昆虫到我们人类都有。对大多数物种而言，它的主要功能是通过对蓝光的检测设置体内时钟。然而在有的物种体内，它分化出了别的功能：与其他蛋白联手组成生物罗盘。可是，光有隐花色素还不足以使动物分毫不差地辨明方向。长途迁徙的候鸟有对磁场特别敏感的隐花色素罗盘；鸡和信鸽也有必要的隐花色素，但这些色素就不如其他鸟儿的那样敏感。而鸽子认路的本领又是这样广为人知，它们是否还有什么别的机制来追踪磁场呢？

铁是鸽子体内的一种关键元素，当然在多数别的动物体内也是如此。铁在血红蛋白（它在血液中负责运输氧气）中有不可或缺的作用。铁还构成磁铁矿这种矿物，它在鸟的喙、

---

* 原文为 cress，泛指十字花科多种常用于制作沙拉的种类，如豆瓣菜、独行菜、山芥等（不包括生菜等菊科植物）。——编注

蜜蜂的脑和鱼的鼻子中均有分布；其实几乎所有具备惊人导航能力的动物，脑袋里都有它。磁铁矿极为敏感，总能与地球磁场对齐——虽然它施加的力很小，只有一块冰箱磁贴的1/200左右。有趣的是，人脑的前部也富集了磁铁矿，这是否说明我们也有磁感的本领？

40年前，曼彻斯特大学的罗宾·贝克（Robin Baker）报告了几项实验，表明我们真的可以感到地球磁场的牵引。他让一群学生蒙眼坐上大巴，载着他们开到四下无人的荒野，然后要他们指出家的方向。和布尔达的那些动物对准磁线的实验一样，贝克的数据也有一些噪声，但仍有90%的志愿者指出了十分接近正确的方向。将所有猜测汇总考虑，平均误差不到5度，即低于2%。然而，当被试扯下蒙眼布重新猜测时，他们的定向能力却消失了。之前那么精准，似乎是因为他们被迫依赖了某种古老的磁感，而一旦强势的视觉加入进来，其他感觉就只有靠边站了。此外，有的被试除了蒙眼还在头上佩戴了磁铁，用以混淆他们体内的罗盘，这部分被试在猜测家的方向时就错得离谱。

这番对额外感觉的"证明"先是引起了一阵兴奋，但随后贝克的发现就引来了质疑。好几个研究组想要重复他的结果，都未能成功。另一些人则指出，虽然人类的颅内是有磁铁矿，但我们没有任何传感器来识别它如何对地球磁场做出反应。贝克的结果纯属巧合；人类没有磁感，完毕。这次经历使贝克抬不起头来，最终还逼他放弃了研究，这可悲而又充分地体现了科研有时候可以多么充满火药味和对抗气氛。

此后又出现过几条诱人的线索，显示贝克的观点或许并非全无道理。比如有人指出，像蝙蝠之类的哺乳动物的确会用磁铁矿辅助导航。另一方面，针对人脑的成像研究也得出了精彩的证据。2019 年，加州理工大学的康妮·王（Connie Wang）领导一群学者考察了人类志愿者对所处磁场变化的反应。志愿者戴上测量脑活动的电极，再像虎皮鹦鹉似的坐进一只超大笼子里——那不是普通的笼子，而是一只法拉第笼，其中的磁场由实验者操控。实验的结果很明确：每次重置磁场，许多志愿者的脑部便会亮起反应。除了显示人脑的确能感知磁场外，这个实验还揭示了两件事：第一，志愿者对周围的变化没有一个表现出知情的样子；第二，人与人之间脑的区别显著，有人对磁场变化高度敏感，也有人几乎察觉不出变化。也许，我们当中那些方向感过人的成员，的确在潜意识深处得到了这种神秘感觉的辅助。

亚里士多德对五感的指派，根据的是我们和这些初级感觉模态间的直观联系。我们对"视听嗅味触"有明确的意识，还可以轻松地积极引导这些感觉，从被动地体验感觉上升到主动参与它们。例如，我们能耳有所闻，也能侧耳倾听；能眼有所见，也能注目凝视。而在五大感觉之外就未必是这么回事了。就算有证据显示人能探测到电磁场，我们却不见得能意识到它们。从这个角度看，磁感就显出了感觉（sensation）

和知觉（perception）的差别。我们和那些能辨别地球两极并做出反应的动物似乎有一些共同的感觉硬件，但我们不像它们那样会对此有所识别。你可以说这是演化造成的，因为演化对生物往往吝啬，只会挑那些能带来生存优势的性状赋予它们。很明显，对一只鸟、一头海龟或任何需要迁徙的动物而言，找到远方的某个地点都是大有用处的本领。对于它们，这可能造成生死之别。而相比它们，我虽然也很乐意更高效地认路，但一年一度的迁徙从来不是人类生活的一个环节。因此，一块内置生物罗盘也并非人类成功的先决条件。

虽然人类的磁感仍是感觉上的一片灰色地带，还有两种感觉模态我们肯定拥有，但又常在对感觉的讨论中遭到忽略。平衡觉（equilibrioception）的重要性似乎赶不上视觉、听觉或嗅觉，但其实它奠定了有效生活的基础。我们或许大多时候意识不到它的存在，可它一出差错我们就会知道。2016年美国总统大选期间，希拉里·克林顿在一场纪念"9·11"事件的活动中踉跄倒地。她短暂失去平衡的一幕被政敌抓住不放，说这显示了她身体的脆弱，还象征了她精神的错乱失衡。不到两个月后希拉里在票选中失利，这段插曲作用关键。

保持平衡需要各种感觉的团队协作，比如要结合眼睛输入的信息，皮肤和肌肉中的传感器，再加上前庭系统。最后这一样是内耳中由注满液体的弯管构成的精巧三件套（见第 104 页图）。当我们运动时，这些弯管中的液体来回晃荡，冲刷纤细的"感觉毛"，后者检测到运动后会将这一信息传入脑中。这些纤毛还有承载它们的细胞，都和隔壁耳蜗中的纤毛及毛细胞大致相同，可见我们的听觉和平衡觉在解剖上是多么接近。它们都来自远古的鱼类祖先，在那些鱼类身上这是同一种感觉。因为我们有三根半圆的弯管，每根的方向都不同于另外两根，这使得我们能在三个空间维度上识别运动。但即便如此，人的解剖结构中还有更精微的妙招：我们有一对耳石器，里面填满了名为"耳石"的微型石子，其目的是让我们知道自己正以何种方式运动。耳石的滚动向脑报告我们的垂直加速（即是否在坠落）——半规管则记录我们的水平加速。可以想象，每当我们坐过山车，或在飞机上遭遇乱流时，这两种结构都饱受操练。

一系列螺旋、环绕和囊巧妙又精简地构成了前庭系统，它使我们能敏锐地感受自己的每个动作，虽然这整套系统不过一块方糖大小，其内部盛有液体的骨管直径也才1毫米左右。想到我们的平衡与协调竟都来自这样细微的结构，就不由使人惊叹。人能直立行走并在日常活动中维持体态，全靠有这套前庭系统。我们在跟跄之后稳住身体的正位反射（righting reflex）也来自脑中某些快如闪电的计算，所基于的信息来自眼睛和内耳的输入。

而这套系统对人最有价值的裨益，是提供了所谓的"前庭眼反射"（VOR）。这是我们平时注意不到的一种反射，但没有了它，生活的乐趣将大打折扣。想了解到底会打怎样的折扣，不妨回想你上次观看业余电影人的自制影片。那经历可能不怎么舒服：镜头抖个不停，拍出的画面完全不同于我们对视觉环境的正常知觉。但说来有趣的是，这样的糟糕电影，或许反倒是对我们眼前世界更真实的反映。而我们平日里之所以能享受顺畅的视觉，即便在时时要快速摇晃头部的慢跑或跳舞等活动中也是如此，是因为有 VOR 替我们稳住了视野。VOR 是人能做出的最快反射之一，不到 1/100 秒就能完成，我们的眼睛会自行快转，抵消头部的每一下运动，由此产生我们习以为常的平滑视觉体验。

如果前庭系统出错，人就会如坠噩梦，连最基本的动作都再难做出。比如新英格兰有一位医生约翰·克劳福德（John Crawford），因为疑似得了结核病而长期服用抗菌的链霉素。这种药物虽然成功抵御了结核，却也产生了破坏前庭功能的负面效果。经过几周链霉素治疗之后，他描述眼前的医院房间似乎整个转了起来，搞得他晕眩难当。就连阅读这样简单的动作，他也非得把脑袋卡在床头的金属栏杆之间才能办到，因为任何轻微的动荡，即使只来自心脏的搏动，也会引得字在书页上乱跳，令他作呕。他形容当他努力在一条走廊上行走时，脚下的地面都摇晃起来，仿佛变成了风暴中的船只甲板。他停用抗生素后马上开始恢复，但即便如此仍必须用极端手段保持身体平衡，尤其是在无法用视觉调节运动的夜里。他回忆道，一次他从一场夜晚酒会离开走入夜色，一路只能跪地爬行；出于自尊，他一口咬定是鸡尾酒效力太强，决不承认是用药的缘故。

对于大多数人，眼睛和身体的输入与前庭系统报告给我们的信息是相谐的。可是一旦这套系统的各成员发出彼此矛盾的信息，比如我们坐在汽车里阅读或者在海面翻腾时登船，就会感到很不舒服。这是为什么？毕竟人类原本就是经常运动的动物，我们的平衡感已经演化得足以应付生活中的常规运动。然而，现代交通却给人脑带来了不常规的新体验。身处车船中的我们仿佛薛定谔的乘客——既在运动，又没在运动——这时问题就来了。坐车时，肌肉中的传感器告诉脑部我们是相对静止的，而前庭系统却检测到了运动和加速，我们的眼睛则报告我们时而静止时而疾行——取决于我们看的是车内还是车外。总之就是一团纷乱。这些互不匹配的消息给脑出了难题：在我们漫长的演化史上，大部分时间都没有汽车这东西，因此也缺少恰当的参照系。于是脑的疑点就落在最常造成这类感觉失调的一个原因上：中毒。脑还知道，排除毒素有一个简单的应急方法，于是指挥你呕吐起来。

当然，有时候，我们失去平衡确实是因为中了毒，虽然程度轻微。小脑是脑部核桃大小的一块，靠近脊柱顶部，负责汇总我们保持平衡与协调所需的各路信息，作用十分关键。它也是最早受人钟爱的神经毒素——酒精——在脑内所影响的区域之一，这就是我们在多喝了一两三杯后会跟跄跌倒的原因。遇到这种情形，脑会再度启动首选计划：催吐。

虽然我们只将平衡觉发配到感觉的第二梯队，但它对我们的生活品质至关重要。病人在接受脑手术之后，最主要的一项恢复指标就是看他保持平衡、维持体态的能力。这与平衡的协作性有很大关系，其中包含了从许多来源输入的信息，也牵涉脑的许多区域。婴儿需要那么长的时间整合各路信息后才能独自站立，这也是原因之一。掌握平衡所需的时间远超过其他感觉。

平均来说，儿童要到 1 岁才能发育出站立所需的精细运动控制，而且即便此时我们仍说他们是在"蹒跚学步"，因为他们还是很容易绊倒。随着人的衰老，前庭系统也会磨损。脱落的碎片会在半规管中堆积，耳石器中珍贵的耳石也可能减少。所以年长者越来越容易头晕目眩，这又会造成跌倒，使人受伤并衰弱。好在前庭系统多少能补救这些问题。你如果已经不用蹒跚学步，又尚未年届七旬，或许不会太把平衡觉当回事——有些东西，你失去了才会珍惜。

即使将平衡觉提到和视听嗅味触这五感并列的位置，也还远没把感觉说清。这几种感觉同属一类，有时被统称为"外感受性（exteroceptive）感觉"——它们向我们报告的是外界的情况。此外另有一类"内感受性（interoceptive）感觉"，报告的是体内发生的事。夹在两者之间还有一样怪东西，叫"本体感觉"（proprioception）或"动觉"（kinaesthesia）。它根据遍布关节和肌肉的传感器矩阵，让人明白身体各部位相对于其他部位的关系。在许多人看来，正常人自然应该随时知道自己的手在什么位置，不然就怪了。这个看法有它的道理：毕竟手就长在胳膊末端，看一眼就知道。但你要是觉得我在小题大做，不妨再闭上眼睛用手摸摸鼻子：你基本能丝毫不乱地完成这个动作，而这就得感谢本体感觉。

由本体感觉赋予的对身体的觉察极为重要。我们可以在塞雷娜·威廉姆斯（Serena Williams）的一次完美扣球中看到这一点：她的躯体和四肢完全同步，挥出制胜的一球。她自己可能不知道，正是本体感觉使她有了如此精彩的表现。即便像我这样的凡人，也多亏了这种感觉才能完成自己吃饭或是在街上行走这样的"简单"动作。

有时，我们要参考一些极端事例才能充分理解自身的感觉，比如伊恩·沃特曼（Ian Waterman）的经历就体现了本体感觉的重要。1971年，19岁的伊恩在泽西岛从事屠宰，突然患上了一种极罕见的疾病。他的几个医生都困惑不解：起初只当他是肠胃炎，后来他竟然脖子以下都瘫痪了，种种症状又都找不到确切原因。他的肌肉并未损坏，是他协调运动的能力丧失了。医生后来发现，他体内坏掉了一整套神经，原因看来是一次极端的自身免疫应答。

伊恩不想余生都困在轮椅上，于是顽强地努力去恢复一部分之前的生活。他要做的是在意识和肌肉之间牵起一条新的连线。他发现，通过运用其他感觉，他渐渐可以弥补本体感觉的缺失。进展很缓慢：他用了四个月才重新学会穿袜子，一年后才能独立站立。我们日常活动所需的连贯性和组织性，他再也不能等闲视之，相反，他必须看着自己的双手吃饭，看着自己的腿脚行走——他要始终用视线盯住四肢，才能协调它们的运动。

这个办法虽然够用，但并不完美。直到今天，只要没了光线，伊恩仍会陷入无助。他第一次发现这点是出院后不久。一天晚上他母亲家的厨房忽然停电，伊恩刚刚用视觉建立起的心身联系倏地断了，他瘫倒在地。其实所有感觉都是如此：只要我们走运，它们始终不曾缺损，我们就不太会想到自己对它们的依赖有多深。伊恩的康复是一条漫漫长路，却也给人以鼓舞和启发。虽然他还是要用其他感觉弥补本体感觉的缺失，但他毕竟解决了找回生活品质的难题。

总之，本体感觉识别的是身体各部位与其他部位及与外界的关系。还有一系列其他感觉，识别的是体内更深处发生的事。我最近到大堡礁去做野外考察，潜水的时候在几米深的海下发现一只洞穴，并和趴在里面的一只巨型龙虾对上了眼。我很难说在这次邂逅中谁才是更惊奇的那个，一个重要原因是龙虾的脸上表情有限。但是看它的体型，我又在水下多逗留了片刻。对视一阵后，我脑子的吸气需求很快变得急迫难忍。虽然回海面很近，但情况之紧急仍不容小觑：当时的我只觉得最要紧的就是深深吸一口空气。我的脑如此坚持，吵着要我上去，多半不是因为它真的缺氧了，而是因为感到了有毒的二氧化碳正在堆积，得赶紧重建平衡才行。

这样的冲动在意识中很快升到议程头条，巨型龙虾的短暂魅力且一边去，先把全副精神用来呼吸。当然，我们的内部状态还会在许多别的情境下宣示自身。不久前我正在一场酒会上和别人聊得起劲，膀胱壁中的牵张感受器却开始报告摄入太多液体的后果。时间一点点过去，起初的一点背景噪声变得越发尖锐，逼得我最后只得抛下同伴往厕所走去。

不过大多数时候，人的行为所受的引导是较为隐蔽的。比如，我们虽然觉得伸手去拿一杯水喝是完全自主的决定，但这一冲动至少有部分是因为我们在潜意识中敏锐地感到了血液渗透压的轻微变化。这样的每一种情形，根本原因都是心身之间的不断对话。无论是心脏的跳动，血液中化学成分的变化，还是胃、肠或膀胱的牵张，每一样都始终受脑的监督。脑在这方面的知觉称为"内感受"，它会以各种方式驱动我们的行为，以轧平身体的生理账本。

我们常常将脑看作人体的总指挥，控制、协调着身体其他部位。但只看对身体状态的知觉发生在脑内，其间的沟通很大程度是双向的。更何况，考虑到从各器官伸向脑部的神经纤维是反方向的四倍，我们甚至有可能得出身体在支配心灵的结论。这一点的最好体现，是当内急时去上厕所或者潜水时上浮吸气的生理需求变得无比迫切之时。然而我们也不必死抱着这种等级观念，把心灵和身体看作不同且独立的两个部门，更好的说法，是心灵和身体都是同一整体的组成部分；它们之间的密切联系，意味着我们脑中的每一个想法，都多少会受身体其他部位的塑造，而这又深深影响了我们的情绪、决策和自我感。

我们已经认识到身体状况对心灵过程有多大的制约作用:最近人们对内感受的课题兴趣激增,就体现了这一认识。有几项很有意思的研究考察了人对自身的熟悉程度,即有人称为"内感受敏感性"的东西。对这种敏感性有一项简单测试,围绕的是我们对自己心跳的熟知。测试中,参与者或者在静默中数一阵自己的心跳,或者听着一个固定节拍,判断它是否和自己的心率同步。两种情况下,参与者的评估都基于对自身心率的意识。他们不能把手指搭在手腕上感受脉搏,那样算作弊。从使用这种方法的研究中得出的结论表明,人与人在这方面的差异大得惊人。约有 1/3 的人对自己的脉搏非常熟悉,能毫不费力地描述自己的心脏活动。而其他人对这项任务就多少有些困难了。

从这个发现中可以得出一些有趣且重要的结论。详细地说,感知并理解来自身体的信息的能力,似乎决定了我们会如何应对压力,又如何与自身的情绪互动。这一领域的先锋,神经科学家安东尼奥·达马西奥(Antonio Damasio)描述了我们的有意识知觉如何从无意识的生理反应中诞生出来。我们处在压力环境下,肌肉会紧张,心跳会加速。我们的情绪和行为反应,都基于脑对这些变化的觉察。我们越清楚自己的身体状态,就越能解读自己的感受并做出恰当的反应。

当这种心身对话遭到破坏,问题就会出现。例如,许多抑郁患者似乎都不太善于判断身体感觉,因此无法跟上这个过程。人的内感受觉知（awareness）似乎和心理紧密交织，身体信号与心灵的脱节预示着肥胖、物质滥用甚至自杀。

焦虑患者对体内过程的认识稍好一些，但可能错误地分析这些过程。尤其是心率之类的活动，焦虑的人可能对它们的轻微波动过于在意，结果变得愈加恐慌。这些例子或许都可以结合内感受这块自我感的基石做出更好的理解。这块基石一旦碎裂，会造成严重后果，对此我们能做些什么？

我们听许多人说过，锻炼不仅强健身体，也有益心灵。一个有趣的观点认为，这些益处是因为锻炼能提高人的内感受能力，由此强化脑和身体的联系。几乎任何一种锻炼都有这个效果，比如力量训练就对抗击焦虑特别有用。把身体练壮了看来还能增强内感受，使我们对躯体的信号更敏感，进而提高情绪的复原力和幸福感。

不过，有些益处你不必走进健身房也能收获。诸如冥想和正念一类的技术同样能显著增加心身协调性。萨塞克斯大学的丽莎·夸特（Lisa Quadt）和同事最近开展了一项研究，考察训练人们提高内感受力，尤其是觉察心率的能力会有什么效用。作为对照，另有一组被试参加不注重身体觉知的训练。结果很有说服力：接受内感受训练的人不单在这方面能力变强，而且各种焦虑症状也比对照组有显著下降。这类研究最激动人心的地方，不仅是显示身体锻炼和理疗能有效缓解焦虑之类的情况，还在于我们开始理解这些变化发生的机理。此类研究如今还很初步，但一想到将来或许能开发出针对精神疾病的新疗法来，就格外使人鼓舞。

内感受眼下虽然已是热门研究课题，但要与我们所谓的"主要感觉"并列，还有很长的路要走。不过现在已经有越来越多的人明白：在我们对外向型感觉的理解之外，还需加入对身体内部状态的领悟。人对世界的知觉全要仰赖这两方面的结合才能完整。试想你一早走进一间面包房，周围洋溢着刚刚烤好的油酥面食和现磨咖啡的香气。这感觉真是美妙，但你之所以觉得美妙，原因之一大概是你还饿着。那一阵阵飘散的香气如此诱人，多半是因为你体内的传感器发现你血糖低了、胃也空了。如果是早上饱餐一顿后再走进同一间面包房，你的鼻子或许就淡定多了。我们那几大外部感官能产生多少体验，是由我们对身体状态的知觉设置的，而这种知觉又取决于内感受。更科学一点的说法是，内感受决定了外界刺激的显著程度。它决定了哪些刺激是我们应当关注的，进而塑造我们对这些刺激的反应。

内感受和外感受的结合使我们能将自己感知为单一个统一的整体，这也是我们谈及"自我感"时的核心内容。这方面一个有用的例子是"橡胶手错觉"：让一名被试坐在桌边，左臂伸至面前，略偏向一侧，左手手心朝下，静置于桌面。这时实验者取出一块挡板，挡在被试面前，使他看不见自己的左臂。接着实验者再取出一截造型逼真的假臂，像被试自己的胳膊一样平放在桌上。这时，被试看见的是一件或许不怎么令人信服的复制品摆在眼前，他肯定在想自己怎么参与了这样一件荒唐事。当他注视这条假臂时，实验者用两支小画笔同时轻抚这件橡胶复制品和被试藏在挡板后的真手。几分钟后，实验者要被试闭上眼睛，将右手放到桌子底下，直到他觉得右手在左手正下方为止。

别看这个实验简单，结果却不寻常。有八成的被试自称，他们虽然"明知"这是个花招，却仍然产生了那条橡胶臂就属于自己的不安印象。在得到移动右手去和左手重叠的指令后，许多人将右手放到了那只假手而非自己的左手下方。在这里，视觉、触觉和本体感觉的输入出现了感觉混淆，使脑错误认领了那条假臂。最近有人重复了这个实验，这一次把人与人在内感受觉知方面的差异也考虑了进去。结果显示，

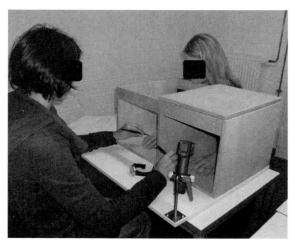

橡胶手错觉实验设计一则，https://doi.org/10.3389/fnhum.2015.00357

对自己身体十分熟悉的人，不太容易受这个错觉误导。我们已经明白了内感受的重要作用，知道它能塑造人对自己的知觉并建立稳健的精神卫生状态，这是感觉科学领域近年来最重要的突破之一。

我们对世界的感觉认识远超出五大感觉之外。我们平日里或许会错误地低估本体感觉、平衡觉之类较受轻视的感觉，但只要其中哪一种遭到破坏，我们就再不会小觑它们。与此同时，内感受无疑也会对我们的知觉加以上色、扭曲。当我们初陷爱河或者刚刚克服人生的重大障碍时，感觉的刺激会无比鲜活；而当我们消沉忧郁，同样的刺激又会变得暗淡甚至恼人。另一方面，放下主观体验的透镜，去其他动物的感觉体验中寻求启发，或许会使我们对周围世界产生更深的感悟。

"我们有多少种感觉"这个问题有许多答案。它们肯定多于五个，或许连五十个都不止。要我说，干巴巴地给感觉计数并不能带给我们多少教益。关键是要明白，感觉的最终结局是知觉，它是感觉体验的综合，是一块由分离的感觉连缀焊接而成的合金。

第七章

知觉的织体

脑是知觉的堡垒。

——老普林尼

本书开头，我写了在一个美丽的春日早晨，我要去带领一群新生领略感官生物学的奇妙。我沿着非常固定的路线进入教室，大步走上讲台，冲全班学生微微一笑，心里惦记着不要绊个趔趄或出什么类似的岔子，被他们传上 Instagram 笑话一番，除此之外，我想的就都是接下来要说什么、怎么说了，尤其是我该怎么带他们一起攀上感官生物学的顶峰，那个名为"知觉"的单一主观体验。

在实际教学中，我也会像写这本书一样，一上来先分别考察人的每种感觉——先将各种感觉分开，逐一思考它们的作用原理，这很符合逻辑。不过完成这一步后，我知道我必须面对知觉这头"房间里的大象"了——那真是乱糟糟的一头大象啊。我们从外部环境和身体内部获得的感觉都是生理过程，而从这些感觉中生出的知觉则是心理过程。感觉内容抵达心灵时会经过组织、过滤和解读，也会受偏见和嗜好的左右。因此，我们对有意识的知觉体验并不能做出像感觉那样干净利落的解释。每一次知觉都那么独特、复杂和模糊，它们有时甚至超出了科学范畴，落到了艺术和哲学的交界。但我不会从这头乱糟糟的大象身边逃走，而是希望直面它的凌乱，至少把它收拾到，嗯，能见人的程度……

各种感官汇聚在一起，使我们感知到环境中的种种刺激。从演化的角度看，拥有广泛的敏感性是非常可贵的，它能使我们觉察形形色色的信号，而这些信号又往往通过同一介质传播，至少一开始是这样：例如，我们也许在看见火光前先闻到烟味，或是在夜间听到有脚步声走近。[*] 我们有多条信道可用，每条信道都扫描一个独特的感觉频段，使我们对环境的认识具备了必要的广度。除了能够分散风险，拥有这些感觉模态还为我们创造了丰富的多感觉生命体验。还有最重要的，拥有多种感觉的关键益处，是能因此获得一个连贯的视角，从而更好地理解世界。

虽然我们的每种主要感觉都在其独特的范围内运作，但它们又都会响应其他感觉，而人的知觉就是所有这些感觉的聚合。说来也怪，通过观察某种感觉从这一混合中的短暂抽离，我们反而能看清不同感觉间的相互依赖。比如将一个人的眼睛蒙住就切断了他的视觉，这会增加他对其他感觉的依赖；而当他的脑重新适应这些感觉，它们似乎还会变得更敏锐。听觉或触觉遭到阻断，会使人产生从环境中孤立的疏离之感。嗅觉也对我们和世界的情绪联系起重要作用，失去这种感觉的人，有时会形容自己仿佛和周遭的一切都隔绝了。

不过，我们有时也会在某些情境中对有的感觉做过分的强调。当我们碰见一个朋友并开始与他对话，其间最主要的感觉是声音的往来，是说和听的交互。但交流绝不会是单一种感觉模态的专属领域；那些最强大的信息，一定会尽可能

---

[*] "同一介质"或指空气。——编注

广泛地利用我们的所有感觉信道。我对这个简单的事实理解最深的时候，也是我这一生中最悲伤的一段日子，当时我被迫思考了如何才能和我爱的人交流的问题。

我对我的妈妈亏欠太多。她待人热络，善于将心比心，人也有趣得紧。然而生活常常艰辛，我记得在童年的大部分时光里，她都要艰难地量入为出。等我长大了开始自食其力，我最热切的希望就是找到法子弥补几分我对她的亏欠，我要多赚点钱，为她买几件当初的情境不允许她买的奢侈品。但我的计划终究没能实施，她在五十四五岁时身心开始衰退，最终诊断出了早发型阿尔茨海默病。

一开始，她的思维失误似乎还没多大害处。每当她想不起来一个词怎么说，她只是自责几句，说自己成了一只"笨蝙蝠"。然而在这背后，病程却在加快脚步。她生动的个性开始褪去，就像她最喜欢的林地蓝铃*会在春夏交替、树冠遮天时褪去花瓣的颜色。她的衰退之路上有几个糟糕的节点。先是她的记忆失误变得越发频繁和显著。她对现实的理解也开始破碎。接着她的语言也愈加含混，要理解别人或被人理解变得越来越难。我俩都有的幽默从她身上消失了。维系我们的珍贵纽带也一段段地磨损，直到最后彻底断开，她似乎漂去了我再也够不到的地方。但即便如此，我对她与我的隔阂依然有些懵懂，直到有一天她再也记不得我是谁。

我知道，我认识的那个妈妈已经丢了，许再多的愿也

---

* 蓝铃花的别称。它在英国随处可见，亦是古老森林的指征。——编注

找不回来。虽然我的探望仍能为她送去一些欢乐，但情形在我看来已是无望。我每次去看她时总刻意怀着乐观向上的心情，但我俏皮的开场白始终没能激发出我希望的反应。我于是在沉默的沮丧中和她坐在一起，努力思索能帮到她的方法。我这么做是受已故的 A.A·吉尔（Gill）一篇文章的启发，文中描写了他的父亲如何滑入失智的深渊，这又多么令他苦恼。吉尔没有在绝望的徒劳和痛苦的悲伤中与父亲做单向"对话"，而是买一桶父亲最爱吃的冰激凌，带两把勺子，两人亲亲热热地坐着一块吃。

我倒没有像他这样完全倚仗一种感觉，而是尽量兼用其他感觉刺激来为母亲的生活恢复一点快乐的火花。话当然还是对她说的，但我也拓宽了思路。我仿照吉尔的做法，买了她最爱的冰激凌——她向来喜欢甜食。我抚摸她的头发，带去她喜欢的旧香水给她闻，还播放她十几岁时就听过的乐曲。我给她看老照片，带给她一件软软的开襟毛衫，还送花给她，让她的多种感官都得到享受。

这些办法并不都能奏效，但是偶然间，有那么短暂的一瞬，她的脸上确实会因为恢复了一些感情而绽出灿烂的笑容。取得这一成功后，我会在去看妈妈之前做一些积极的事，不再沉溺于她失去了什么、我们又失去了什么的苦苦思索中无法自拔。这是我第一次如此宽泛地思考自己对感觉的看法，它也改变了我对人和世界、和彼此之间的联系的观点。

我的一个观点变化和我所受的教育有关，我还在受训成为生物学家的时候，学的都是将各种感觉视作各自不同的独立对象。这种观点部分来源于这样的情况：每种感觉都只关注一种不同的刺激，每种感觉也都有专门的入脑通路。然而，这些信号的归宿终究是整合到一起，形成知觉体验。因此，知觉产生的场所，不在观察者的眼睛里、听众的耳朵里或是触摸者的指尖，而是在脑中。

我 17 岁那年第一次见到了人脑。我整个求学期间，总是听到生物课的密室中藏着腌渍器官教具的传闻。那间密室让人既神往又害怕，普通学生是绝进不去的，这越发加大了它的吸引力。这个生物课的阿拉丁山洞是一名退休教师的专属地盘，他就是比克罗夫特（Beecroft）先生，学生们对他既害怕又好奇，一是因为他作风严厉，二是因为他的鼻毛之发达凌乱是我平生仅见。没想到我高三那年的一个周五，他竟把我们班招去参观了那间密室。生物课上的大部分同学肯定都和我是一个心情：我们仿佛成了一群查理·巴克特，获准去参观威利·旺卡的巧克力工厂。

走进那间密室，只见一排排福尔马林罐子摆放在黑色木头架子上，整齐如军用品。悬浮于这些注满液体的玻璃棺中的是一溜样品，全都被漂成了死气沉沉的米黄色。比克罗夫特先生取下最大的罐子之一，放到工作台上。"这是人脑。"他边说边指向里面那螺纹状的一团。接着他用熟练而夸张的手法取出人脑，把这脑子放到我们面前的桌子上，发出微弱但令人揪心的一声"啪嗒"。"这曾经是一个人。使他成为一个人的一切，都在这儿。"

望着这个脑子，想到这软趴趴的一团大胖核桃似的组织竟蕴含着人的全部体验（简直不可能啊），真是不一般的经历。你可以卸下一台电脑的后盖，看着里面缠结的线路，感叹它如迷宫一般的精细复杂，而人脑比电脑不知要复杂多少，第一眼看去却又那样简单，简直像一坨懒洋洋的塑了形的果冻。人脑在能力和外表之间的这种落差似乎打动了我们许多人，比克罗夫特先生也看穿了这群观众的心思。"看上去不怎么样对吧？但这可是宇宙间最不可思议的东西。"他指了指脑子上的一点，"这一块支配讲话，后面那块支配语言理解。"他一边指出一块又一块，一边解说着人脑的分区特性，每个专门的区域都负责一个独立功能。

这种将人脑看作模块化实体的观点，任何一个学过生物学的人都很熟悉，但它并不完全准确。打个比方：试想你正在看一场足球赛，如果你是球迷，你就能看出每一个球员都踢什么位置，他们在各自的位置上都是一位大师。但有时候，前锋也会被叫去防守；战况十万火急时，守门员都可能冲出去争夺角球，以求扳平比分。更宽泛地说，各球员之间是相互依赖的关系，不然整支球队就一无是处。把一支足球队想成一丛自主单元，往好了说也是简化过头了。人脑同样如此。我们固然可以划分出专司其职的神经区域，但人脑运行得如此出色，原因之一是它的灵活性，它是允许不同的区域相互作用、彼此协作的。

这一点在人脑的各感觉部门中体现得最为清楚。人的每个主要（primary）感觉模态在脑中都有对应的专门区域，称为"初级（primary）皮层"。比如从眼睛发出的神经信号，就传送到初级视皮层，来自耳朵的信号则由初级听皮层接收，其余的感觉以此类推。这些皮层每一块都相互隔离，部分是因为这个，人们才一度认为它们每一块的运作都独立自足，只加工自己那个感官收集的信息。根据这个观点，各种感觉的整合是到了稍晚的阶段，在更高一级的脑中发生的。

而我们现在知道，感觉的融合要比这早得多，并且各感觉皮层之间也不是毫无来往，而是有着大量的交流。这种交流的结果，是每种感官都深刻影响着其他感官形成的知觉。这些交流在我们每个人身上都司空见惯，但在有一群人身上却达到了超常的程度。

多年前，我经人介绍认识了一个同上一门研究生课程的同学。她听到我的名字后沉思了片刻说道："阿什利，阿什利……吃起来是卷心菜的味道。"尽管这听起来有点像在骂人，但我很快意识到这位萨马拉属于一个罕见人群，她患有一种名为"联觉"的特殊疾病*，总有某种反常的感觉间相互作用给她的日常体验平添许多色彩：她的某种感官受到刺激

---

* 各种评估得出的联觉者比例不同，有的认为 2000 人中才有 1 个，也有人认为这个比例高达 1/25。

时，会给另一种完全不同的感官激起额外的反应，相当于弹出了一枚知觉的流弹。萨马拉不光能尝到名字的味道，每次听音乐时还能产生颜色印象。和几乎所有联觉者一样，这种无比丰富的多感觉体验对她也只是家常便饭，以至于她在数年前听说并非人人都像她这样感知环境时竟吃了一惊。

对于大多数联觉者，感觉的层叠与融合是他们人生中的积极面，能够增强他们的感觉并赋予其纹理。比如音乐家和美术家可以在大众喜爱的题材上获得额外的视角，帮他们创作艺术。爵士乐作曲家兼乐队指挥艾灵顿公爵（Duke Ellington）听到乐队其他成员奏出的音符时会看见各种颜色，因此能根据脑海中的某块声音调色盘混合出音乐的色调。其实，有好些音乐家拥有曲调-颜色联觉，从弗朗茨·李斯特到比利·乔（Billy Joel），从史蒂维·旺达（Stevie Wonder）到比莉·艾利什（Billie Eilish）。这种能力在富有创意的人中尤为普遍，但也不是所有人都把这看作好事。当少年梵高向他的钢琴老师描述自己听见音符就能产生多种颜色印象时，那位老师觉得他疯了，不肯再教下去。

梵高将有些音符描述成普鲁士蓝、深绿或是鲜艳的镉绿色；我们大多数人虽然没有如此清晰的意象，但也往往会将本无关联的图像和声音配对。比如，儿童在两岁之前就懂得将响亮的声音和较大的物体相关联。另一个不那么明显的例子，是我们始终将较高的音调而非低音与明亮鲜艳的色彩相联系。这些联想植根很深，连和我们血缘最近的动物黑猩猩也会做同样的联想。到底为什么会这样还不清楚，最有可能的是我们会将两种刺激中的某些特征联系到一起。响亮的声音和庞大的物体能够配对，或许是因为它们在我们的知觉中有相似的强度；高频声音配鲜亮的颜色，或许也是类似的原因。但果真如此，又很难解释我们为什么会将高频声音和小而尖锐的物体联系起来。开拓人类知觉研究的学者，耶鲁大学的劳伦斯·马克斯（Lawrence Marks）做过一项研究，其中被试自发将高频声音匹配了一个倒转的 V，而将低沉的声音和倒 U 相匹配。

马克斯的实验呼应的是心理学家沃尔夫冈·科勒（Wolfgang Köhler）更早的发现，科勒曾指出另一种将声音和图形相匹配的联想。科勒设计了两种抽象形状，一种有着平滑的滴斑状轮廓，另一种外形参差，像一颗不规则的星星。然后他要求被试将两个名称和这两个图形配对。他最初的研究是在西班牙的特内里费岛（Tenerife）做的，让被试挑选的名称是 Takete 和 Baluba。后来他又为说英语的被试做了一版实验，候选名称改为 Kiki 和 Bouba。自首次开展实验后的几十年间，绝大多数被试都给长着尖刺的星星形状配了听觉尖锐的 Takete 或 Kiki 两个名称，而将平滑的滴斑称作 Baluba 或 Bouba。这个命名规律符合约 98% 被试的选择，可见我们指称视觉形象，选词绝非随机。人脑似乎很习惯将形状和言词的抽象特质结合到一起，用发音圆润的词匹配相应的形状，而给参差不齐的形状选一个同样发音尖锐的名字。在上面的例子中，无论是用物的形状匹配词的发音，还是从乐曲的音高联通到颜色的明暗，人脑都在归并两种不同却又似乎对应的感觉属性。或许我们这些非联觉者也可以借此体会，一种感官产生的知觉是如何渗透并影响其他感官的。

在有些情况下，即使非联觉者也能深刻体验到不同感觉的彼此融合。一种情况是拜瑞士化学家阿尔伯特·霍夫曼（Albert Hofmann）的一项发明所赐。1936 年，霍夫曼在研究一种名为"麦角"（ergot）的谷物真菌。至少从人类开始种植并食用黑麦和小麦之类的作物起，污染的谷物就一直在诱发癫痫和生动的幻觉；如果将感染了麦角的作物磨成面粉，烤成食物，人吃了甚至会生坏疽。不过除了像这样制造恐怖外，研究者认为麦角中还存在研制新药的希望。霍夫曼的目标是做出一种能用作呼吸兴奋剂的药物，他虽然煞费苦心从麦角中分离出了活性成分，但这番努力却没有产出什么成果。

霍夫曼放弃了这个项目，把它扔进了脑海的某个角落。直到几年后的一天，他忽然心血来潮，决定再做一遍当年的实验。但这一次，他不慎通过皮肤吸收了痕量的提纯物质，接着就产生了大概是世界上的第一例迷幻药体验。这次经历使他壮起胆子，又特意多给自己注射了点某种化合物。这种化合物他在最初的研究中标记为 LSD（麦角酸二乙酰胺），后来又在日志中用优美的语言描述了这番体验。"万花筒一般的绚丽景象在我眼前涌出，它们交替呈现，色彩斑斓，呈环形或螺旋状开开合合，彩色的喷泉激射而出，重组、杂糅着，汩汩不绝。尤其突出的是，每一个声音知觉，比如门把转动或汽车路过的声音，都被转化成了视知觉。每一个声音中都产生了一幅生动变幻的画面，每幅画面都有它自己不变的形状和色彩。"霍夫曼是在经历幻觉，他将这一发现亲切地称作"问题儿童"，这"孩子"不知用什么手法，把他变成了一个被麻"嗨"了的联觉者，虽然只有那么短短一会儿。

联觉当然不是一种幻觉，而是真实的感官知觉。我们敢这么说，是因为脑成像研究决定性地证明了联觉者的证词。不过，由霍夫曼和其他千百万人用迷幻药增强的感觉，也确实提供了一些关于联觉的洞见。几十年来，联觉者一直遭受污名化，被说成是脑内连接紊乱导致了缺陷。但现在我们知道，这种说法和事实相去甚远：联觉者的心智官能没有任何问题。从更现代的神经学角度来看，联觉者和其他人的区别主要在于前者脑部的结构和兴奋性，他们各感觉皮层间的联系更为丰富，因而激活一种感觉，也会在其他感觉中激起强烈而生动的反应。有一种说服力很强的观点认为，在我们人生的最早阶段（其实是出生前），脑的各感觉区域是广泛相连的；随着发育的进行，这些连接被渐渐修剪干净，最后只剩下相邻脑区之间横跨着少许神经组织。这样的结果是不同感觉之间仍有联系，但彼此的交流已很有限。而在联觉者脑中，这种修剪可能节制得多，因此不同感觉皮层仍然联系密切。也因此，他们各感觉模态间的流通远强于普通人，因而使他们拥有了许多远比常人丰富的体验。

其实在较轻的程度上，我们所有人的脑中都存在这种感觉交叉。贾汗·贾道吉（Jahan Jadauji）和他在麦吉尔大学及宾夕法尼亚大学的同事做了一项研究，发现在实验中刺激非联觉者的视皮层（这里用的是电磁场），他们的嗅皮层也会有相应反应。考虑所有影响因素后，这一实验的结论是，被试的嗅觉可以人为激发，使他们更容易分辨不同气味。同样的感觉协作也在相反的方向上发生：我们在闻什么东西的味道时，除了嗅觉中心之外，视皮层也会被激活。比如你闻一只柠檬时，脑海中可能也跃出了这种水果的图像。因此，人脑或许并不像我们曾经认为的那样，给各种感觉区隔划界，而是会积极调动多模态，以获得对某一刺激的更广泛认识。

联觉可能出现在任意两条感觉通路的连接当中。其中最常见的一种形式叫"字素（grapheme）-颜色联觉"，就是将字母和数字体验为独特的颜色。比如字母 E 或许是粉色，数字 3 可能是明黄。有怀疑者对此不屑一顾，说人之所以能在黑白的数字和字母中看出缤纷的彩色，不过是因为许多人在幼年认字识数时使用了色彩鲜艳的符号，由此产生了联想罢了。然而有可信的证据表明事情并非如此。面对一张写满数字的纸，我们大多数人可能看不出什么特别，而一位联觉者却能轻松发现其中隐藏的图形。比方说，在这片纷乱的数字中，有四个 5 构成了一个方形的四角，或者有三个 8 位于一个三角形的三个顶点。非联觉者一般不会在一大团数字中发现这种图形，但一位真正的联觉者却能一眼看出。如果看图的同时，他们还佩戴了能显示脑内活动的装置，那我们就会发现，他们看到黑白的字母或数字时，视皮层上一个对颜色反应强烈的区域也会高度激活，并且他们在看字素时，这个区域激活得和他们直接从视网膜获得颜色信息时一样快。

　　因为联觉者具有将任何两种感觉混合的潜能，所以联觉的形式可能多达200种。比如，有人能在触摸物品时尝到味道，和别人握手就可能在他们口中触发绵延数小时之久的苦味。还有的联觉者是尝到味道的同时可能产生触觉：有这样一名联觉者形容含有肉桂的食物会使他感觉像用手穿过沙子。对于真正的联觉者，应该说有两件事是连贯一致的。首先是反应的一贯：那个吃肉桂时指尖似乎被传送到沙滩的人，每次吃到肉桂都有同样的体验。其次，被联觉诱导出的感觉，往往看不出和原本的那种知觉有何匹配之处：与人握手会引出苦味，实在没什么道理可言。联觉者的脑在这些例子中所做的，是将表面上无关的感觉知觉联系了起来。在一些人身上，这也是人类心灵的一个基本性状，它使这些人能将想法、概念关联起来，由此对世界产生别样的看法，并产生创意。说得再宽泛些，破解人脑如何及为何连接不同刺激以达成对世界的知觉，是理解人类生存、生活模式的关键。从这一点看，联觉或许能给我们一个视角，帮我们洞察人类心灵及其最不寻常的展现方式——意识——的演化。

　　多感觉的协作，可以弥补来自任一种感觉的信息零散或薄弱的情况。比如在一个语声喧闹的拥挤房间内，要仅凭声音跟上一场对话总是很难的。微微侧头、将一只耳朵对准说话人的方向是一个办法，但最有用的还是看着说话人的脸。对身处如此环境的人的研究显示，随着背景噪声的增加，听话人往往会花更多时间将目光集中在说话人的嘴上，而花更少时间做眼神交流，如此就能调动更多的视力去克服耳朵遇到的困难。无论视觉还是听觉，单凭哪一种都不能使听者完整理解对方的话语，而两者的配合却能"超加性"（superadditive）地，即一加一大于二地提升我们的理解力。

人脑有多少能力整合感觉输入，要看不同感觉信号间的匹配程度。在上述这样一场对话中，说话人的声音和面部动作如果吻合，听者就容易在脑中将两者融合成一个清晰的知觉；而两者越是在时间上不同步或在空间上分离，我们就越不容易获得一个连贯的知觉。比如一段录像的音轨和画面匹配不好，我们虽然还看得懂，但整个体验会很别扭、不舒服。不过，人脑还是留了点余地。其实类似的事情也发生在影院里，在那里音箱往往位于银幕侧面，但观众的脑并不会将声音和画面分开定位，而是将声音叠加到画面之上，造成声音确实来自演员的印象。这个例子再次证明，人脑会创造自己的主观现实，而不是简单地反映客观真相。

我们可以通过一种错觉了解人脑是如何匹配不同感觉的，这种错觉包含一道闪光，还有两个迅速的声音脉冲。一般情况下，这两个声音会使我们误以为闪光也有两道而非一道。该错觉出奇地逼真，是人脑会在这类事上捣鬼的又一个证据，但它最有趣的地方，或许是它的逼真程度还取决于两个声音脉冲在时间上靠得多近：它们要是相隔不超过 1/10 秒，脑就会产生有两道闪光的知觉，而如果间隔再长一些，错觉就不会出现。这说明人脑会用一个短短的时间窗口来判断不同的感觉流是否连通，并且奇妙的是，此时间窗口的长度至少部分地取决于名为"脑波"的活动节律，它以大约每秒十次的频率扫过脑灰质。

当我们的两种或更多种感觉联合在一起，脑波信息就会更为强烈。在对反应时间的测试中，当一道闪光和一声听得见的"哔"同时呈现，被试的反应一般会迅速得多。我自己在讲课时，总会努力记着一句我在从业初期就听到的忠告：讲课要用嘴，也要用身体。用手势配合嘴里的话，就能更有效地传达我的观点。面对着一班学生，我很容易看出他们是全神贯注还是已经滑入了僵死麻木的状态；要确保他们始终是前者，手势的作用相当重要。除了为我的授课内容助力，手势往往也能吸引注意。这种精神上的挟带能进一步调动感官，形成一种积极的反馈循环：多感官的线索引起我们的注意，进而又增强我们对一种刺激的关注。

如果在讲课时仔细观察学生的脸，会发现他们的专注程度有一个万无一失的指标：瞳孔的大小。当我们首次发现一个尤为突出的刺激时，瞳孔会扩大；而当我们专注于一项连续的艰难任务时，瞳孔往往会保持适中的大小。我所希望的，是学生们大口吃下我为他们准备的智力自助餐时，他们的瞳孔能够体现这一点。但问题在于，要想确切回答他们瞳孔的情况，进而判断他们的专注度，我就必须凑到他们跟前，而那样又会使他们紧张地把瞳孔扩张到纽扣那么大。不管怎么说，高度专注总会随着时间而动摇。这在课堂上不算大事，可要换作别的场合，走神可是能酿成灾祸的。注意的涣散似乎最常出现在瞳孔扩张或收缩的时候，而在扩张与收缩之间有一个理想境界，此时脑的唤起状态适中，注意最不易涣散。

注意力还能使我们的心思集中于一种感觉而轻慢其他。在暗夜中被意外声响惊动时，我们自会去竭力倾听。这时，脑会自动响应人的需求，将某些感觉加工区域的活动减少，同时提高听觉的增益。对受到变化刺激的志愿者开展的成像研究显示，当他们关注新的信息并将注意转换过去时，脑内电活动的模式和位置也会起变化。能够唤起感觉注意力，对于在像驾车这样的任务中建立必要程度的专注至关重要，但转移注意力要付出代价。切换脑的智力挡位会使我们的感觉加工变得稍慢一些。手机的铃声会暂时吸引人的关注，对道路的注意于是随之消散，此时车祸的可能性也就大大增加。而在开车的同时打电话，会使车祸风险增加四倍左右。

脑根据感觉对它提出的要求灵活分配资源，这一点在丧失了某种感觉的人身上表现得最为明显。例如，聋人会增强视力，盲人则会从敏锐的听觉中获益。在这些例子中，脑应该说都从某块使用不足的初级感觉皮层上征用了额外的加工空间。对这种"神经可塑性"现象的研究表明，当盲人阅读盲文或听见声响时，他们视皮层上的区域也会加进来支持相应的触觉或听觉活动。总之，人脑会根据可调配资源，明智地决策加工力的分配。脑的灵活性甚至表现在视力正常但被短期剥夺了视觉的人身上。比如某人被蒙上眼睛后，用不了多久他的其他感觉就会借用闲散的脑区，利用空置的算力来增强自己这种模态的知觉。

脑为创造一个稳健现实所做的工作，有赖于它快速化解冲突的能力，比如当它从不同的感官接收到相互矛盾的信息的时候。举一件多数人都有的经历：你乘汽车时遇到了堵车而左右还有别的车辆，或是你坐在火车上而火车已然到站。这时如果边上有一辆汽车开始缓缓移动，或是有另一列火车停到了你的火车边上，你就会感觉仿佛是自己在移动。你如果是自己开汽车，可能会感到紧张，好像快撞上后面的车子似的。这世界充满矛盾的感觉消息，都可能使脑子上当，然而大多数时候，人脑都能有效地化解这些矛盾，使我们很少发觉汇入意识的信息流中还包含这样那样的纠结。为此，人脑会对不同的信息流做交叉比对，以便对正在发生的事情得出一个可靠的知觉。在上述的自我运动错觉（self-motion illusion）中，视觉信息起初是非常可信的，但它就是无法与其他感觉刺激相协调。这时候，检测运动的前庭系统就会赶来救场：它会撤销视错觉，安抚脑子说我们根本没在移动。

大多数时候，为有效消除这些模棱两可之处，人脑会遵循一套简单的规则。其中一条，是给某些感觉输入赋予超出其他感觉的权重，并由此形成一套感觉层级——这又应了亚里士多德（还有谁呢）在2000多年前提出的观点。在他的层级中，视觉是首要的感觉，后面依次排着听觉、嗅觉、触觉和味觉。虽然视觉和听觉相对其他感觉的主导地位似乎不可动摇，但这和许多类似观点一样，也是有探讨余地的。

亚里士多德提出的感觉层级真的是事物的天然秩序吗？不久前，约克大学的阿西法·马吉德和同事着手验证了这一观点，他们探索了世界各地的多种文化，目的是确定其他民族是否会以不同的方式感觉事物。一种巧妙的验证方法是考察语言：说到底，一种语言中描述性词汇的广度，应该能反映每种感觉对语言使用者的相对重要性。果然，在英语和大多数西方语言中，与各种感觉模态相关的词语数量，和亚里士多德提出的顺序十分吻合：有大量词语描述视知觉，而关乎嗅觉的寥寥无几。不过，把网再撒得远些，情形就完全不同了：在波斯语、汉语广东话、老挝语和许多中南美洲土著语言的使用者中，最广泛的词汇是留给味觉的；在西非，最占优的是触觉词；研究涉及的澳洲原住民语言，则将嗅觉作为主导感觉。这个结果告诉我们，我们长久以来根据西方观点做出的假设并不准确，在感觉的先后次序上，并没有全人类通用的一套层级。我们的多感觉体验，其实受了文化的广泛塑造。

你可以在所谓的"麦格克效应"中看到感觉层级的证据，至少西方人是如此。1976年发表了一项标题很有意思的研究，叫《听见嘴唇，看到声音》（"Hearing Lips and Seeing Voices"），作者哈里·麦格克和约翰·麦克唐纳（Harry McGurk and John MacDonald）在研究婴儿对母亲声音的反应时，无意中发现了一个怪现象。二人发现，让某人在一段录像中发出音节 ga，再将音轨换成 ba，他们俩就都听到了 da。起初他们只当这是个诡异的错误，但很快就意识到，他们发现了人脑如何梳理相互矛盾的信息流的证据。我们在与某人交谈时，不仅听见对方的话，也通过观察他们的面孔加工言语信息。某人说 ba 时，其表情一般和说 ga 的时候不同。在上面的例子里，人脑感知到了一个矛盾：它在说话人嘴唇上看到的信息，和它听到的声音输入无法匹配。解决这一矛盾的方式，就是像亚里士多德的层级论那样，偏袒视觉；于是它就用从说话人脸上看到的干涉了它听到的。

自最初的研究发表以来，研究者又尝试了许多别的变化，包括请各种其他语言的使用者来做被试。结果发现，最初揭示的规律对欧洲各语言都成立，但日文和中文听者受到的干扰就小得多。这又一次说明，我们的脑组织世界、感知世界的方式其实相当灵活，受文化的强大影响。

大多数人最能体会"脑在刻意塑造我的体验"这个道理的时刻，就是在经历麦格克效应这类感觉之谜或者之前讲的橡胶手错觉之时。除它们以外，还有不少类似的多感觉体验也挑战了"我们体验到的就是客观现实"的自负想法。比如有一个错觉是用声音扭曲人的触知觉。实验中，被试戴一副耳机，然后在一只话筒前摩擦双手，这摩擦声会通过话筒和耳机传入他自己耳中。这时，实验者通过调节声音，就能大大改变被试手上的触感：将声音改得粗糙，被试会觉得自己的双手干得如同树皮；将声音改得平滑，被试又会误以为自己的双手变得柔软顺滑。被试虽然明知这只是一个花招，但这种触觉体验对于他们仍十分真实。

不同的感觉整合出来的知觉流，会塑造我们对其中每一种感觉的体验。大量精彩的研究考察了某一种感觉的变化会如何影响人对另一种感觉的认知。这些研究都要求被试报告他们基于某种感觉产生的体验，实验者则在一边操控他们执行任务时的背景。比如氛围中的气味，就会影响我们的触觉体验。在描述某种材料的触感时，被试如果闻到飘散的柠檬味，就会觉得它比较柔软，而闻到没这么好闻的气味就会觉得它比较坚硬。声音也会影响人的触知觉：一把电动牙刷配上刻意增大的嗡嗡声，感觉上就会比音量正常的另一把更粗硬，但其实两把牙刷完全相同；给被试吃两种软糖，它们成分全同，只是口感相异，被试就总说较软的那种味道好得多。视觉线索也同样影响着我们的味知觉，具体来说，色泽鲜艳的食物似乎滋味更浓烈，远超过色泽暗淡的食物。

情绪和心境还会进一步塑造人的感觉。焦虑时，我们不太能注意到咸味或苦味，因为负面情绪会降低我们对一些细微气味的感知。就连体态也会和其他感觉相互作用：部分是因为体态也会受我们的情绪状态影响，进而影响整个感觉观点；但体态也能更直接地改变人的视角。比如在一项开展于巴黎的有趣研究中，被试报告自己在身子斜倚时，埃菲尔铁塔看起来变小了。

与此同时，有赖于某种所谓的"运动反弹效应"（motion bounce effect），声音也能改变我们的所见。当两只圆盘在电脑屏幕上沿交叉轨迹移动，如果没有音效，它们似乎就会彼此交错，然后渐行渐远；可如果在它们相交时配上一个声响，画面似乎就一下子变成两只圆盘猛烈撞击并弹开，就像台球桌上的两只台球一样。除去那一声，上述过程的两个版本完全相同，而我们却对它们做出了截然不同的解读。根据我们看待这一场景时所用感觉的不同，我们会坚定地断言某一种解释为真，另一种为伪。在这个例子中，和所有前例一样，人脑在面对一系列相互矛盾的场景时，实际上会计算每种场景为真的可能性，并果断地根据其中一个塑造我们的知觉。它用到的算法，我们现在知道接近于贝叶斯统计，即根据先验的预期和假设来权衡不同事件的概率。这是一套复杂精密的方法，虽说不能完全排除因人的偏见而出错的概率，但也能将这种概率减到最小。因此在大多数时候，脑的判断都相当准确，但即便如此，它提供的也只是现实的一个版本罢了。

判断真伪这事可能很棘手，除人以外，吉丁虫也面临这一难题。雄性吉丁虫是浪漫的巡游者，在飞行中寻觅激情。

相比之下，雌性的生活就比较安定，它们不像雄虫那样会飞，而只在澳洲西部的乡野中游走，遇到花朵就停下来吃几口花蜜。当一名空中浪荡子看见一只雌性，它就会降下来上前"搭讪"两句。但随着地上垃圾的增多，雄虫的择偶标准会发生相当戏剧性的变化。

在这些垃圾里，有一种由棕色凸点玻璃制成的矮胖啤酒瓶（stubby）。谁也不知吉丁虫在打什么主意，但是显然，空中的雄虫看见这样一只酒瓶，看见这与雌虫相差无几的颜色时，会产生类似一见钟情的体验。虽然那些瓶子的体积远超它们的传统配偶，但眼前的大号情人只会令它们欲念更盛。于是，雄虫一见这类瓶子就俯冲下来，徒劳地尝试与之交配。

雄虫满脑子只有这份无回报的爱，乃至许多都在交配现场被蚂蚁大卸八块。但它们并不因此退缩，一名同志倒下，

欲与啤酒瓶交配的雄性澳洲吉丁虫。摄影：Darryl Gwynne

旋即就有另一位欲火中烧的追求者顶班，最终不免落得同一下场。雄吉丁虫对啤酒瓶的迷恋，显示了其知觉是多么容易出错，而这个错误又如何将它们心目中的现实扭转成了某种相当离奇的东西。对于吉丁虫，那些酒瓶就是所谓的"超常刺激"，是既有刺激的夸大版，会相应地产出一种夸张而强烈的反应。你可不要以为人毕竟是人，和虫子不一样，实际上我们也很容易受这类强化刺激的诱惑。比如垃圾食品产业，就在产品中大量加入盐和脂肪，使一些人欲罢不能。还有整容手术，尤其是对嘴唇、胸部和臀部的丰隆，也是利用人类原有的偏好放大性魅力。令人沉浸的网络游戏和定向广告则创造出了比现实更加光鲜曲折的"拟像"来吸引我们。我们的脑虽然比吉丁虫复杂精细得多，但是这样的错觉和刺激仍显出我们的知觉是何其易变，我们的现实又是何其虚妄。这不仅影响着我们对当下的体验，也一直写在我们的过去特别是记忆之中。

神经科学家怀尔德·潘菲尔德的研究引出了皮层小人儿，此外他在对人脑的探索中还有一系列发现。其中极不寻常的一个是在 20 世纪 30 年代做出的，当时他正在完善一项技术，后被称作"蒙特利尔术式"。他的目标是尝试治疗重症癫痫患者，为此患者只接受局麻，在清醒状态下躺平，让潘菲尔德以微弱电流刺激探查暴露的脑部。出人意料的是，当潘菲尔德触到几名患者的颞叶时，他们开始生动地描述过往的经历，其中许多是他们早就忘却了的。后来他触到同一个点位，那些经历又再度播放。

这些经历本是五花八门，而患者对它们的回忆竟详尽备至。一位母亲发现自己蓦地回到了产房，正在分娩孩子；另一个小男孩发现自己在园子里和几个朋友一起大笑；还有一个女孩回想起她听过的一支管弦乐队，还跟着重新浮到意识表面的曲调哼唱起来。潘菲尔德似乎找到了记忆在脑中的确切位置。不过对患者来说，这和单单在脑海中看见一段往事还有点不同。他们许多人都觉得仿佛是将当时的情形又重新经历了一次。在那一刻，当潘菲尔德的电极触到颞叶，他们的知觉从当下调开，转到了一件已经完结的事情上。

那么，因为精神疾病而经历幻觉的人又如何呢？比如我们听说，精神分裂患者会对现实做反常解读，但他们的体验对于他们自己仍是真实的，就像我们的体验之于我们一样。当一个人对现实的知觉大幅偏离常人的共识，我们就很容易把那看作一种反常、一种异端，认为这并不能告诉我们大多数人是如何体验世界的。在这一点上，我们可以反思一下目击者证词，千百年来那一直是法律程序的一块基石。

我们对于目击者证言的信任在一项研究中得到了体现，此项研究开展了两轮虚拟审判，它们在其他方面都完全相同，只除了一轮有目击证人，一轮没有。虽然两轮审判使用的是同一批证据，但因为其中一次有目击证人称能指认罪犯，使得陪审团做出有罪判决的概率增加了 3 倍，由 18%

升至 72%。但其实我们对目击证人报以此种无上信任并不合适。在美国，在因出现新证据而获平反的错误监禁中，有近 3/4 主要是基于不准确的目击者证言而定罪的。2012 年，李德尔·格兰特（Lydell Grant）被判定在得州一家俱乐部门外谋杀了一名男子，当时有六名独立的目击证人都指认他是凶手。后来，直到他被定罪九年之后的 2021 年，才有新证据为格兰特洗脱了罪名，揭露了真凶。当年的目击证人就和绝大多数案子中的目击证人一样，并不是一上来就想误导法庭，他们真的坚信自己的记忆没错。然而现实却与他们的记忆并不相符。

除了公开场合，我们多数人私下里也遇到过这样的情形。比如你和某位朋友讨论彼此都经历过的某件事，结果却发现朋友的记忆和你截然不同。你们经历的是同一件事，观点却有了分歧。但就算像这样明明白白地指出我们在知觉上的反复多变，多数人仍倾向于绝对信任自己的记忆。有一个说法是，你每次回忆一段往事，都是在回忆你上一次对它的回忆。于是，往事的细节就在每次回忆的背景中混杂、错位和遮蔽了。你和朋友的分歧始于你们各自知觉的特异性，并随着这些知觉在你们各自脑海的灌木林中就位而渐行渐远。

许多不同观点和知觉的共存是感觉最有意思的一个特征，也是学者们长期思索的一个课题。就拿乡间的一次清新漫步来说吧。这样的漫步虽说使人精神焕发，却也包含了遭遇某种小生物、被它吸一口血的可能。你也许没想过做一只蜱虫是什么感觉，但这却是德国生物学家雅各布·冯·于克斯屈尔（Jakob von Uexküll）选中的多种匪夷所思的世界观之一。

于克斯屈尔选择蜱虫，或许是看中了它的简单；这种动物的特性，只能用"极能耐受无聊"来形容。成年蜱虫耐心地守在蕨菜的复叶或被子植物的叶片边沿上，双臂抬起，就像一名尽情表演的夜总会歌手。若干小时、更可能是一连几天过去，不知疲倦的蜱虫始终维持这个姿势，四腿弯曲，准备有人路过就一把抱住。它看似无所事事，其实时刻在嗅闻空气，希望能捕捉到一阵丁酸——哺乳动物汗液的标志性成分。丁酸会提醒它们准备行动，随着目标动物继续接近，蜱虫会根据目标的身体热量和运动带起的空气振动来瞄准它。如果走运，蜱虫就能攀到受害者身上，找一块裸露的皮肤欣然钻入，直到整个脑袋都埋进去享用这顿鲜血自助餐。

虽说蜱虫不是什么振奋人心的动物——你不会看见孩子们兴奋地大瞪着眼睛，在动物园的蜱虫围栏边上推来挤去——但于克斯屈尔指出，蜱虫有着和我们迥然不同的知觉世界。漫步田园时，我们或许会欣赏景色，停下来闻闻花香，再听几声悦耳的鸟鸣。这些事物对蜱虫而言都是不存在的，它的感觉天地里只有闻到一阵汗味，追查其来源，幸运的话再摸索着找到一餐这几件事。蜱虫的"心相世界"（Umwelt）——于克斯屈尔发明的术语，用来描述一种独特的主观感觉世界——仅限于对数量微小的一些重要信号的理解。在我们看来，蜱虫的知觉体验好像有限得可怜，但对蜱虫而言，这或许已经丰富得没边了。

每个物种都有自己的心相世界。比如狗的四周就回旋着气味的化学涡流和声音的合唱，而这些我们多半一无所知。虽然人的心相世界和宠物狗有一些重叠，但我们和它们对环境的体验毕竟大不相同，这决定了人的知觉内容，也决定了人和世界的关系。

虽然于克斯屈尔的主要兴趣是用他的心相世界概念理解不同物种的差异，但其实同一物种内部也有着相当的不同。每一只动物个体都生存在它自己的感觉宇宙里，平行且独立于其他同类。这在我们人类这个物种中再正确不过了。我们醒着的每一个瞬间，都在被丰富的感官刺激注入生气。这些刺激被我们的感觉器官截留，并发送到脑中产生知觉的地方。任意两个人的感觉器官和脑都不完全相同，所以每个知觉都是相对的、主观的，每个人也都生活在自己的心相世界里。因此，你在内心对红颜色、面包的滋味或贝多芬的乐声如何表征，是我不知道也无法知道的；我只能理解我自己的知觉体验。有的哲学家将这种感觉内容，这种事物呈现给我们的面貌，刻画为"感受质"（qualia），这是我们特异的个体意识中的成分。并且，我也无法将我对红色、面包或贝多芬的感受质充分传达给别人。感受质缺乏客观描述，迫使我只能依赖比较式的、间接的、常常还同义反复的语言，于是其他人也不可能完全洞察我对相关事物的感觉。

这并没有阻止人们尝试描述自己的感受质。其中一些最著名也最有趣的例子来自葡萄酒专家，由于缺乏任何现成的语言框架让人理解自己，他们只好将感觉世界的其他部分硬拉来作比。他们会热情洋溢地将一种葡萄酒比作树篱上的水果、陈年干草和烘烤的橡木，而这些都是模糊的说法，本质上没什么意义。品酒专家们已经尽力，但我有时还是觉得，他们不如在一本比喻词典里随便挑一页。那么既然如此困难，又何必费劲去说呢？这是因为，我们的感觉体验是人生值得一过的原因，是有意识自我的基础；身为社会动物，我们也天生想把观点告诉别人，并对他人的观点发生兴趣。

不同人的感觉差异引出了不同的视角、观点和态度，也令社会变得丰富而多元。试想人人的知觉都毫无二致将会如何。那样我们会失掉个性，世界也将变得乏味无比。人与人的差异来自遗传架构，它组织起我们的感觉器官，也铸造了我们的脑。这种差异还来自我们的环境和个人体验，它们帮我们确定哪些刺激是突出的、值得注意，又该如何用既有的知识和看法来塑造传入的感觉信息。差异还源自文化，文化形塑了我们的期待和偏好。这些因素的无穷组合，意味着每个人都拥有独一无二的感觉。你的知觉不光和我不同，也和在世间活过的任何一个人都不同。

不过，就算你的知觉和我相异，我们之间仍有很多共同点。比如走进超市、面对各色商品时，我们都会惊叹有这么多东西可选；在网上买衣服或买书时或许也有同样的感觉。

然而这些场所虽然看似选择众多，其实相当有限。根据专做零售分析的英国公司"编辑"（Edited）的说法，我们买的衣服有超过 1/3 是黑色，再加上灰和白，这就覆盖我们所穿衣物的一半了。排名稍低一些的是藏青，也是个不怎么起眼的选项。固然还有大量别的色彩，但就衣着选择而言，它们都极为边缘。我们对食物的选择同样没有多少新意。可食用的植物有近 8 万种，我们栽培的却只有约 150 种，而实际吃下的范围更窄：其中的 30 种作物就占到了全球人类热量摄入的 95%——实际上，光是水稻、土豆、玉米和小麦这四种植物，就供应了我们超过一半的口粮。这一强烈的从众倾向受人类感觉的引导，在我们的几乎全部知觉中发挥着作用，最终也左右了我们的选择。这是体现人类社会性的又一个方面：我们总习惯于彼此看齐、彼此效仿。或许我们每个人都自有其个性，但又没有那么不同。

知觉产生于一张彼此依存的感觉之网，这些感觉共同构成了我们与外界之间的界面。虽然各种感觉判然有别（至少在生理和解剖结构上如此），可一旦抵达脑部，它们就会模糊彼此的界限，最终汇成同一个知觉。换句话说，感觉没有了彼此，什么都不是。如果硬要我们选择一种感觉保留，多数人会选视觉。但要是你生下来只有视觉，你也会很难理解这个世界。这是因为要在发育早期获得精准的知觉，视觉必须用其他感觉来校准，这样我们才能理解眼睛在告诉我们什么。婴儿在观看物体的同时还会抓握，这就是在用触觉线索为看到的东西赋予意义。同样，他们也会把看到的东西尝一尝、闻一闻、听一听。

在婴儿生命的头几个月里，这种随意、笨拙的摸索为他们各种感官的有力合作打下了基础，令他们终身受益。在他们脑内，各个独立的感觉会得到整理，彼此对齐并混合。但在这人生的早期，各种感官也在忙着组织婴儿的脑。神经连接正在搭建和加强，为的是形成一副理解外部世界的框架。久而久之，先在的经验、期待还有情绪，都会用来调节从感官输入的原始信息，结果就产生了一个人独特而主观的知觉。它不是对外界的精确反映，而只是表征人脑的最佳猜想，且该表征并不完美。尽管如此，当我们的感觉捆绑成知觉，它们仍会给人以最不可思议也最不寻常的体验，使人真真切切地感到"活着"。

后 记

　　回到讲堂，分配给我的时间已经快用完了。刚才的一段时间里，我在学生面前展示了一系列古怪而奇妙的素材。我向他们解释了"颜色"这东西并不存在，还描述了植物怎么"听见"爬近的毛虫。我告诉他们山羊能预知火山喷发，还说了 iPhone 会如何重组他们的脑子。从他们的表情看，我知道他们听进去了，这也不足为怪——这本就是生物学中最引人入胜的主题。不过我也再次特意指出，这不仅仅是生物学的课题。就像知觉是从许多不同感觉模态的汇聚中涌现出来的一样，对这一课题的深刻理解，也有赖于许多不同研究领域的综合，没有一门学科可以宣示独占感觉。生物学可以用来考察感觉的许多方面，比如学生们现在用眼睛注视我讲课，而眼睛的演化之旅始于数十亿年前，最初只是微生物的感光蛋白；他们听我讲课的耳朵，则是对压力敏感的古代鱼类的遗赠。生物学还能探究我们人类的感觉和其他动物感觉间的关系，以解释人类是怎么获得现在这个感觉世界观的。

　　可是，感觉对我们日常生活的重要意义，不是单靠生物学就能回答的。除了那些从外界收集资料的解剖结构之外，

后 记　　317

我们的态度、情绪和健康也对知觉发挥着重要作用。与此同时，感觉刺激如何支配我们的行为，使我们更加倾向某个意见、买某件商品甚至从疾病中康复，这些都是生物学插不上嘴的话题。我们必须在生物学之外参照心理学、哲学、经济学、工程和医药领域，才能充分领会并最终实现"感觉自我"的巨大潜能。

未来会有什么？未来的诱人前景之一，是我们能设计出先进的仿生传感器，借此掌握感觉的全部力量。比如，螳螂虾的眼睛就启发了医学成像技术和遥感技术的进展，使我们之前能做到的事又有了巨大提升。可能用不了多久，化学传感器就会成为智能手机的标准配置，能够用电子手段模拟我们的鼻子。虽然一想到 Siri 温柔地提醒我们体味有异，最好补上迟到的淋浴，会使人有些不自在，但再想到这能为一系列疾病的早期诊断提供机会，还是会令人兴奋异常。

不过，虽然技术的发展一往无前，但我们身边仍有许多问题有待解决。我们已经知道了感觉的基本原理，比如我们知道，光线中的光子会刺激视网膜上的细胞，空气分子会被鼻子中专门的感受器捕获，这些刺激经过转导过程，会变为脑能够理解的信号；但我们并不知道，这些信号为什么会得到那样的解读。人脑会从这些信号中创造出意义，它这种令人惊叹的能力至今是一个谜。

知觉是一把钥匙，能解开科学中最大也最迷人的那道谜题。像人类这样的生物系统，是怎么从周围这个纷乱的物理世界中分析出意义的？我们之外那个世界的客观现实，和我们对那个世界的主观体验，两者的关系我们能厘清吗？一旦解开了知觉这道难题，就能辟出一条道路，使我们理解一切现象中最宏大的那个：意识。

许多迷人的问题尚无答案，未来的岁月里我们一定会走上激动人心的发现之旅。我结束了讲课，学生们从阶梯教室鱼贯而出，起劲地聊着刚才学到的知识。我望着他们离开，只希望其中有谁能找到那些问题的解。

第一章　眼之所见

Alvergne, A. et al (2009). Father–offspring resemblance predicts paternal investment in humans. *Animal Behaviour, 78*(1), 61–69.

Beall, A. & Tracy, J. (2013). Women are more likely to wear red or pink at peak fertility. *Psychological Science, 24*(9), 1837–1841.

Caves, E. et al. (2018). Visual acuity and the evolution of signals. *Trends in ecology & evolution, 33*(5), 358–372.

Cloutier, J., et al. (2008). Are attractive people rewarding? Sex differences in the neural substrates of facial attractiveness. *Journal of cognitive neuroscience, 20*(6), 941–951.

Ebitz, R., & Moore, T. (2019). Both a gauge and a filter: Cognitive modulations of pupil size. *Frontiers in neurology, 9*, 1190.

Fider, N., & Komarova, N (2019). Differences in color categorization manifested by males and females: a quantitative World Color Survey study. *Palgrave Communications, 5*(1), 1–10.

Fink, B. et al. (2006). Facial symmetry and judgements of attractiveness, health and personality. *Personality and Individual differences, 41*(3), 491–499.

Gangestad, S. et al. (2005). Adaptations to ovulation: Implications for sexual and social behavior. *Current Directions in Psychological Science, 14*(6), 312–316.

Irish, J. E. (2018). Can Pink Really Pacify?

Jones, B. et al. (2015). Facial coloration tracks changes in women's estradiol. *Psychoneuroendocrinology, 56*, 29–34.

Kay, P., & Regier, T. (2007). Color naming universals: The case of Berinmo. *Cognition, 102*(2), 289–298.

Little, A. et al. (2011). Facial attractiveness: evolutionary based research. *Philosophical Transactions of the Royal Society B 366*(1571), 1638–1659.

LoBue, V., & DeLoache, J. (2011). Pretty in pink: The early development of gender-stereotyped colour preferences. *British Journal of Developmental Psychology*, 29(3), 656–667.

Maier, M. et al. (2009). Context specificity of implicit preferences: the case of human preference for red. *Emotion*, 9(5), 734.

Oakley, T. & Speiser, D. (2015). How complexity originates: the evolution of animal eyes. *Annual Review of Ecology, Evolution, and Systematics*, 46, 237–260.

Palmer, S. & Schloss, K (2010). An ecological valence theory of human color preference. *Proceedings of the National Academy of Sciences*, 107(19), 8877–8882.

Pardo, P. et al (2007). An example of sex-linked color vision differences. *Color Research & Application*, 32(6), 433–439.

Provencio, I. et al. (1998). Melanopsin: An opsin in melanophores, brain, and eye. *Proceedings of the National Academy of Sciences*, 95(1), 340–345.

Rodríguez-Carmona, M. et al (2008). Sex-related differences in chromatic sensitivity. *Visual Neuroscience*, 25(3), 433–440.

Ropars, G. et al (2012). A depolarizer as a possible precise sunstone for Viking navigation by polarized skylight. *Proceedings of the Royal Society A*, 468(2139), 671–684.

Scheib, J. et al (1999). Facial attractiveness, symmetry and cues of good genes. *Proceedings of the Royal Society of London B*, 266(1431), 1913–1917.

Shaqiri, A. et al (2018). Sex-related differences in vision are heterogeneous. *Scientific Reports*, 8(1), 1–10.

Shichida Y, Matsuyama T. (2009) Evolution of opsins and phototransduction. Philosophical Transactions of the Royal Society B, 364(1531):2881–95.

第二章　快 听

Altmann, J. (2001). Acoustic weapons – a prospective assessment. *Science & Global Security*, 9(3), 165–234.

Appel, H. & Cocroft, R. (2014). Plants respond to leaf vibrations caused by insect herbivore chewing. *Oecologia*, 175(4), 1257–1266.

Conard, N. et al. (2009). New flutes document the earliest musical tradition in southwestern Germany. *Nature*, 460(7256), 737–740.

Deniz, F. et al. (2019). The representation of semantic information across human cerebral cortex during listening versus reading is invariant to stimulus modality. *Journal of Neuroscience*, 39(39), 7722–7736.

Ellenbogen, M. et al. (2014). Intranasal oxytocin attenuates the human acoustic startle response independent of emotional modulation. *Psychophysiology*, *51*(11), 1169–1177.

Ferrari, G. et al. (2016). Ultrasonographic investigation of human fetus responses to maternal communicative and non-communicative stimuli. *Frontiers in psychology*, *7*, 354.

Fitch, W. (2017). Empirical approaches to the study of language evolution. *Psychonomic bulletin & review*, *24*(1), 3–33.

Gagliano, M. et al. (2017). Tuned in: plant roots use sound to locate water. *Oecologia*, *184*(1), 151–160.

Hamilton, L. et al. (2021). Parallel and distributed encoding of speech across human auditory cortex. *Cell*, *184*(18), 4626–4639.

Heesink, L. et al. (2017). Anger and aggression problems in veterans are associated with an increased acoustic startle reflex. *Biological Psychology*, *123*, 119–125.

Magrassi, L. et al. (2015). Sound representation in higher language areas during language generation. *Proceedings of the National Academy of Sciences*, *112*(6), 1868–1873.

McFadden, D. (1998). Sex differences in the auditory system. *Developmental Neuropsychology*, *14*(2–3), 261–298.

Mesgarani, N. et al. (2014). Phonetic feature encoding in human superior temporal gyrus. *Science*, *343*(6174), 1006–1010.

Pagel, M. (2017). What is human language, when did it evolve and why should we care?. *BMC Biology*, *15*(1), 1–6.

Sauter, D. et al. (2010). Cross-cultural recognition of basic emotions through nonverbal emotional vocalizations. *Proceedings of the National Academy of Sciences*, *107*(6), 2408–2412.

Schneider, D. & Mooney, R. (2018). How movement modulates hearing. *Annual Review of Neuroscience*, *41*, 553.

Shahin, A. et al. (2009). Neural mechanisms for illusory filling-in of degraded speech. *Neuroimage*, *44*(3), 1133–1143.

Vinnik, E. et al. (2011). Individual differences in sound-in-noise perception are related to the strength of short-latency neural responses to noise. *PloS One*, *6*(2), e17266.

Zatorre, R. & Salimpoor, V. (2013). From perception to pleasure: music and its neural substrates. *Proceedings of the National Academy of Sciences*, *110*, 10430–10437.

第三章　气味与嗅觉

Aqrabawi, A. & Kim, J. (2020). Olfactory memory representations are stored in the anterior olfactory nucleus. *Nature Communications*, *11*(1), 1–8.

Cameron, E. et al. (2016). The accuracy, consistency, and speed of odor and picture naming. *Chemosensory Perception*, *9*(2), 69–78.

Chu, S. & Downes, J. (2000). Odour-evoked autobiographical memories. *Chemical Senses*, *25*(1), 111–116.

Classen, C. (1992). The odor of the other: olfactory symbolism and cultural categories. *Ethos*, *20*(2), 133–166.

Classen, C. (1999). Other ways to wisdom: Learning through the senses across cultures. *International Review of Education*, *45*(3), 269–280.

Dahmani, L. et al. (2018). An intrinsic association between olfactory identification and spatial memory in humans. *Nature Communications*, *9*(1), 1–12.

de Groot, J. et al. (2020). Encoding fear intensity in human sweat. *Philosophical Transactions of the Royal Society B*, *375*(1800), 20190271.

de Wijk, R. & Zijlstra, S. (2012). Differential effects of exposure to ambient vanilla and citrus aromas on mood, arousal and food choice. *Flavour*, *1*(1), 1–7.

Derti, A. et al. (2010). Absence of evidence for MHC–dependent mate selection within HapMap populations. *PLoS Genetics*, *6*(4), e1000925.

Frumin, I. et al. (2014). Does a unique olfactory genome imply a unique olfactory world?. *Nature Neuroscience*, *17*(1), 6–8.

Hackländer, R. et al. (2019). An in-depth review of the methods, findings, and theories associated with odor-evoked autobiographical memory. *Psychonomic Bulletin & Review*, *26*(2), 401–429.

Havlicek, J., & Lenochova, P. (2006). The effect of meat consumption on body odor attractiveness. *Chemical Senses*, *31*(8), 747–752.

Havlíček, J. et al. (2017). Individual variation in body odor. In *Springer Handbook of Odor*.

Herz, R. (2009). Aromatherapy facts and fictions. *International Journal of Neuroscience*, *119*(2), 263–290.

Herz, R. & von Clef, J. (2001). The influence of verbal labeling on the perception of odors: evidence for olfactory illusions? *Perception*, *30*(3), 381–391.

Jacobs, L. (2012). From chemotaxis to the cognitive map. *Proceedings of the National Academy of Sciences*, *109*, 10693–10700.

Jacobs, L. et al. (2015). Olfactory orientation and navigation in
humans. *PLoS One, 10*(6), e0129387.

Kontaris, I. et al. (2020). Behavioral and neurobiological convergence of odor,
mood and emotion. *Frontiers in Behavioral Neuroscience, 14*, 35.

Laska, M. (2017). Human and animal olfactory capabilities compared.
In *Springer Handbook of Odor*.

Logan, D. (2014). Do you smell what I smell? Genetic variation in olfactory
perception. *Biochemical Society Transactions, 42*(4), 861–865.

Majid, A. (2021). Human olfaction at the intersection of language, culture,
and biology. *Trends in Cognitive Sciences, 25*(2), 111–123.

Majid, A., & Burenhult, N. (2014). Odors are expressible in language, as long
as you speak the right language. *Cognition, 130*(2), 266–270.

McGann, J. P. (2017). Poor human olfaction is a 19th-century
myth. *Science, 356*(6338), eaam7263.

Minhas, G. et al. (2018). Structural basis of malodour precursor transport in
the human axilla. *Elife, 7*, e34995.

O'Mahony, M. (1978). Smell illusions and suggestion: Reports of smells
contingent on tones played on television and radio. *Chemical
Senses, 3*(2), 183–189.

Perl, O. et al. (2020). Are humans constantly but subconsciously smelling
themselves?. *Philosophical Transactions of the Royal Society
B, 375*(1800), 20190372.

Porter, J. et al. (2007). Mechanisms of scent-tracking in humans. *Nature
neuroscience, 10*(1), 27–29.

Prokop-Prigge, K. et al. (2016). The effect of ethnicity on human axillary
odorant production. *Journal of Chemical Ecology, 42*(1), 33–39.

Reicher, S. et al. (2016). Core disgust is attenuated by ingroup
relations. *Proceedings of the National Academy of Sciences, 113*(10),
2631–2635.

Rimkute, J. et al. (2016). The effects of scent on consumer
behaviour. *International Journal of Consumer Studies, 40*(1), 24–34.

Roberts, S. et al. (2008). MHC-correlated odour preferences in humans
and the use of oral contraceptives. *Proceedings of the Royal Society B:
Biological Sciences, 275*(1652), 2715–2722.

Roberts, S. et al. (2020). Human olfactory communication. *Philosophical
Transactions of the Royal Society B, 375*(1800), 20190258.

Ross, A. et al. (2019). The skin microbiome of vertebrates. *Microbiome, 7*,
1–14.

Sarafoleanu, C. et al. (2009). The importance of the olfactory sense in the human behavior and evolution. *Journal of Medicine and Life*, 2(2), 196.

Shirasu, M., & Touhara, K. (2011). The scent of disease. *The Journal of Biochemistry*, *150*(3), 257–266.

Sorokowska, A. et al. (2012). Does personality smell?. *European Journal of Personality*, *26*(5), 496–503.

Sorokowska, A. et al. (2013). Olfaction and environment. *PloS One*, *8*(7), e69203.

Sorokowski, P. et al. (2019). Sex differences in human olfaction: a meta-analysis. *Frontiers in Psychology*, *10*, 242.

Spence, C. (2021). The scent of attraction and the smell of success: crossmodal influences on person perception. *Cognitive Research: Principles and Implications*, *6*(1), 1–33.

Stancak, A. et al. (2015). Unpleasant odors increase aversion to monetary losses. *Biological psychology*, *107*, 1–9.

Stevenson, R. & Repacholi, B. (2005). Does the source of an interpersonal odour affect disgust? *European Journal of Social Psychology*, *35*(3), 375–401.

Trimmer, C. et al. (2019). Genetic variation across the human olfactory receptor repertoire alters odor perception. *Proceedings of the National Academy of Sciences*, *116*(19), 9475–9480.

Übel, S. et al. (2017). Affective evaluation of one's own and others' body odor: the role of disgust proneness. *Perception*, *46*(12), 1427–1433.

Villemure, C. et al. (2003). Effects of odors on pain perception. *Pain*, *106*(1–2), 101–108.

Wedekind, C. et al. (1995). MHC-dependent mate preferences in humans. *Proceedings of the Royal Society of London B*, *260*(1359), 245–249.

Wyatt, T. (2020). Reproducible research into human chemical communication by cues and pheromones: learning from psychology's renaissance. *Philosophical Transactions of the Royal Society B*, *375*(1800), 20190262.

Zhang, S., & Manahan-Vaughan, D. (2015). Spatial olfactory learning contributes to place field formation in the hippocampus. *Cerebral Cortex*, *25*(2), 423–432.

第四章　说说味觉

Armitage, R. et al. (2021). Understanding sweet-liking phenotypes and their implications for obesity. *Physiology & Behavior*, *235*, 113398.

Asarian, L., & Geary, N. (2013). Sex differences in the physiology of eating. *American Journal of Physiology-Regulatory, Integrative and Comparative Physiology, 305*(11), R1215-R1267.

Bakke, A. et al. (2018). Mary Poppins was right: Adding small amounts of sugar or salt reduces the bitterness of vegetables. *Appetite, 126*, 90–101.

Behrens, M., & Meyerhof, W. (2011). Gustatory and extragustatory functions of mammalian taste receptors. *Physiology & Behavior, 105*(1), 4–13.

Benson, P. et al. (2012). Bitter taster status predicts susceptibility to vection-induced motion sickness and nausea. *Neurogastroenterology & Motility, 24*(2), 134-e86.

Breslin, P. (1996). Interactions among salty, sour and bitter compounds. *Trends in Food Science & Technology, 7*(12), 390–399.

Breslin, P. (2013). An evolutionary perspective on food and human taste. *Current Biology, 23*(9), R409-R418.

Briand, L., & Salles, C. (2016). Taste perception and integration. In *Flavor*. Woodhead Publishing.

Costanzo, A. et al. (2019). A low-fat diet up-regulates expression of fatty acid taste receptor gene FFAR4 in fungiform papillae in humans. *British Journal of Nutrition, 122*(11), 1212–1220.

Dalton, P. et al. (2000). The merging of the senses: integration of subthreshold taste and smell. *Nature Neuroscience, 3*(5), 431–432.

Doty, R. (2015). *Handbook of Olfaction and Gustation*. John Wiley & Sons.

Eisenstein, M. (2010). Taste: More than meets the mouth. *Nature, 468*(7327), S18-S19.

Forestell, C. (2017). Flavor perception and preference development in human infants. *Annals of Nutrition and Metabolism, 70*, 17–25.

Green, B. & George, P. (2004). 'Thermal taste'predicts higher responsiveness to chemical taste and flavor. *Chemical Senses, 29*(7), 617–628.

Hummel, T. et al. (2006). Perceptual differences between chemical stimuli presented through the ortho – or retronasal route. *Flavour and Fragrance Journal, 21*(1), 42–47.

Karagiannaki, K. et al. (2021). Determining optimal exposure frequency for introducing a novel vegetable among children. *Foods, 10*(5), 913.

Keast, R. et al. (2021). Macronutrient sensing in the oral cavity and gastrointestinal tract: alimentary tastes. *Nutrients, 13*(2), 667.

Lenfant, F. et al. (2013). Impact of the shape on sensory properties of individual dark chocolate pieces. *LWT-Food Science and Technology, 51*(2), 545–552.

Martin, L. & Sollars, S. (2017). Contributory role of sex differences in the variations of gustatory function. *Journal of Neuroscience Research*, 95(1–2), 594–603.

Maruyama, Y. et al. (2012). Kokumi substances, enhancers of basic tastes, induce responses in calcium-sensing receptor expressing taste cells. *PLoS One*, 7(4), e34489.

Reed, D. & Knaapila, A. (2010). Genetics of taste and smell: poisons and pleasures. *Progress in Molecular Biology*, 94, 213–240.

Shizukuda, S. et al. (2018). Influences of weight, age, gender, genetics, diseases, and ethnicity on bitterness perception. *Nutrire*, 43(1), 1–9.

Slack, J. (2016). Molecular pharmacology of chemesthesis. In *Chemosensory Transduction*. Academic Press.

Small, D. et al. (2005). Differential neural responses evoked by orthonasal versus retronasal odorant perception in humans. *Neuron*, 47(4), 593–605.

Spence, C. (2013). Multisensory flavour perception. *Current Biology*, 23(9), R365-R369.

Spence, C. (2015). Just how much of what we taste derives from the sense of smell? *Flavour*, 4(1), 1–10.

Spence, C., & Wang, Q. (2015). Wine and music (II): can you taste the music? Modulating the experience of wine through music and sound. *Flavour*, 4(1), 1–14.

Spence, C. et al. (2016). Eating with our eyes: From visual hunger to digital satiation. *Brain and cognition*, 110, 53–63.

Stevenson, R. et al. (2011). The role of taste and oral somatosensation in olfactory localization. *Quarterly Journal of Experimental Psychology*, 64(2), 224–240.

Wang, Y. et al. (2019). Metal ions activate the human taste receptor TAS2R7. *Chemical senses*, 44(5), 339–347.

Williams, J. et al. (2016). Exploring ethnic differences in taste perception. *Chemical senses*, 41(5), 449–456.

Yang, Q. et al. (2020). Exploring the relationships between taste phenotypes, genotypes, ethnicity, gender and taste perception. *Food Quality and Preference*, 83, 103928.

Yarmolinsky, D. et al. (2009). Common sense about taste: from mammals to insects. *Cell*, 139(2), 234–244.

Yohe, L. & Brand, P. (2018). Evolutionary ecology of chemosensation and its role in sensory drive. *Current Zoology*, 64(4), 525–533.

第五章　皮肤感觉

Ackerman, J. et al. (2010). Incidental haptic sensations influence social judgments and decisions. *Science, 328*(5986), 1712–1715.

Ardiel, E. & Rankin, C. (2010). The importance of touch in development. *Paediatrics & Child Health, 15*(3), 153–156.

Bartley, E. & Fillingim, R. (2013). Sex differences in pain: a brief review of clinical and experimental findings. *British Journal of Anaesthesia, 111*(1), 52–58.

Carpenter, C. et al. (2018). Human ability to discriminate surface chemistry by touch. *Materials Horizons, 5*(1), 70–77.

Coan, J. et al. (2006). Lending a hand: Social regulation of the neural response to threat. *Psychological Science, 17*(12), 1032–1039.

Corniani, G., & Saal, H. (2020). Tactile innervation densities across the whole body. *Journal of Neurophysiology, 124*(4), 1229–1240.

Craft, R. (2007). Modulation of pain by estrogens. *Pain, 132*, S3–S12.

Dubin, A. & Patapoutian, A. (2010). Nociceptors: the sensors of the pain pathway. *The Journal of Clinical Investigation, 120*(11), 3760–3772.

Feldman, R. et al. (2014). Maternal-preterm skin-to-skin contact enhances child physiologic organization and cognitive control across the first 10 years of life. *Biological Psychiatry, 75*(1), 56–64.

Field, T. (2010). Touch for socioemotional and physical well-being. *Developmental Review, 30*(4), 367–383.

Gallace, A., & Spence, C. (2010). The science of interpersonal touch. *Neuroscience & Biobehavioral Reviews, 34*(2), 246–259.

Gibson, J. (1933). Adaptation, after-effect and contrast in the perception of curved lines. *Journal of Experimental Psychology, 16*(1), 1.

Gilam, G. et al. (2020). What is the relationship between pain and emotion? *Neuron, 107*(1), 17–21.

Gindrat, A. et al. (2015). Use-dependent cortical processing from fingertips in touchscreen phone users. *Current Biology, 25*(1), 109–116.

Goldstein, P. et al. (2018). Brain-to-brain coupling during handholding is associated with pain reduction. *Proceedings of the National Academy of Sciences, 115*(11), E2528-E2537.

Guéguen, N., & Jacob, C. (2005). The effect of touch on tipping: an evaluation in a French bar. *International Journal of Hospitality Management, 24*(2), 295–299.

Hertenstein, M. et al. (2009). The communication of emotion via touch. *Emotion, 9*(4), 566.

Kelley, N. & Schmeichel, B. (2014). The effects of negative emotions on sensory perception. *Frontiers in Psychology*, *5*, 942.

Kraus, M. et al. (2010). Tactile communication, cooperation, and performance: an ethological study of the NBA. *Emotion*, *10*(5), 745.

Kung, C. (2005). A possible unifying principle for mechanosensation. *Nature*, *436*(7051), 647–654.

Mancini, F., Bauleo, A., Cole, J., Lui, F., Porro, C. A., Haggard, P., & Iannetti, G. D. (2014). Whole-body mapping of spatial acuity for pain and touch. *Annals of neurology*, *75*(6), 917–924.

McGlone, F., Wessberg, J., & Olausson, H. (2014). Discriminative and affective touch: sensing and feeling. *Neuron*, *82*(4), 737–755.

Orban, G. A., & Caruana, F. (2014). The neural basis of human tool use. *Frontiers in psychology*, *5*, 310.

Pawling, R. et al. (2017). C-tactile afferent stimulating touch carries a positive affective value. *PloS One*, *12*(3), e0173457.

Skedung, L. et al. (2013). Feeling small: exploring the tactile perception limits. *Scientific reports*, *3*(1), 1–6.

von Mohr, M. et al. (2017). The soothing function of touch: affective touch reduces feelings of social exclusion. *Scientific Reports*, *7*(1), 1–9.

Voss, P. (2011). Superior tactile abilities in the blind: is blindness required? *Journal of Neuroscience*, *31*(33), 11745–11747.

第六章　别忽略其他感觉

Baiano, C. et al. (2021). Interactions between interoception and perspective-taking. *Neuroscience & Biobehavioral Reviews*, *130*, 252–262.

Craig, A. (2003). Interoception: the sense of the physiological condition of the body. *Current Opinion in Neurobiology*, *13*(4), 500–505.

Fuchs, D. (2018). Dancing with gravity – Why the sense of balance is (the) fundamental. *Behavioral Sciences*, *8*(1), 7.

Garfinkel, S. et al. (2015). Knowing your own heart: distinguishing interoceptive accuracy from interoceptive awareness. *Biological psychology*, *104*, 65–74.

Holland, R. et al. (2008). Bats use magnetite to detect the earth's magnetic field. *PLoS One*, *3*(2), e1676.

Koeppel, C. et al. (2020). Interoceptive accuracy and its impact on neuronal responses to olfactory stimulation in the insular cortex. *Human Brain Mapping*, *41*(11), 2898–2908.

Paulus, M. & Stein, M. (2010). Interoception in anxiety and depression. *Brain structure and Function*, *214*(5), 451–463.

Sato, J. (2003). Weather change and pain. *International Journal of Biometeorology*, *47*(2), 55–61.

Sato, J. et al. (2019). Lowering barometric pressure induces neuronal activation in the superior vestibular nucleus in mice. *PLoS One*, *14*(1), e0211297.

Seth, A. & Friston, K. (2016). Active interoceptive inference and the emotional brain. *Philosophical Transactions of the Royal Society B*, *371*(1708), 20160007.

Smith, R. et al. (2021). Perceptual insensitivity to the modulation of interoceptive signals in depression, anxiety, and substance use disorders. *Scientific Reports*, *11*(1), 1–14.

Suzuki, K. et al. (2013). Multisensory integration across exteroceptive and interoceptive domains modulates self-experience in the rubber-hand illusion. *Neuropsychologia*, *51*(13), 2909–2917.

Wang, C. et al. (2019). Transduction of the geomagnetic field as evidenced from alpha-band activity in the human brain. *eNeuro*.

Xu, J. et al. (2021). Magnetic sensitivity of cryptochrome 4 from a migratory songbird. *Nature*, *594*(7864), 535–540.

第七章　知觉的织体

Albright, T. (2017). Why eyewitnesses fail. *Proceedings of the National Academy of Sciences*, *114*(30), 7758–7764.

Brang, D., & Ramachandran, V. (2011). Why do people hear colors and taste words?. *PLoS biology*, *9*(11), e1001205.

Cecere, R. et al. (2015). Individual differences in alpha frequency drive crossmodal illusory perception. *Current Biology*, *25*(2), 231–235.

Dematte, M. et al.. (2006). Cross-modal interactions between olfaction and touch. *Chemical Senses*, *31*(4), 291–300.

Ernst, M. & Banks, M. (2002). Humans integrate visual and haptic information in a statistically optimal fashion. *Nature*, *415*(6870), 429–433.

Ernst, M. & Bülthoff, H. (2004). Merging the senses into a robust percept. *Trends in Cognitive Sciences*, *8*(4), 162–169.

Gau, R. et al. (2020). Resolving multisensory and attentional influences across cortical depth in sensory cortices. *Elife*, *9*.

Hadley, L. et al. (2019). Speech, movement, and gaze behaviours during dyadic conversation in noise. *Scientific Reports*, *9*(1), 1–8.

Jadauji, J. et al. (2012). Modulation of olfactory perception by visual cortex stimulation. *Journal of Neuroscience*, *32*(9), 3095–3100.

Majid, A. et al. (2018). Differential coding of perception in the world's languages. *Proceedings of the National Academy of Sciences, 115*(45), 11369–11376.

O'Callaghan, C. (2017). Synesthesia vs. Crossmodal. *Sensory blending.*

Rigato, S. et al. (2016). Multisensory signalling enhances pupil dilation. *Scientific Reports, 6*(1), 1–9.

Schifferstein, H. & Spence, C. (2008). Multisensory product experience. In *Product Experience.* Elsevier.

Spence, C. (2011). Crossmodal correspondences. *Attention, Perception, & Psychophysics, 73*(4), 971–995.

Teichert, M., & Bolz, J. (2018). How senses work together: cross-modal interactions between primary sensory cortices. *Neural plasticity, 2018.*

Theeuwes, J. et al. (2007). Cross-modal interactions between sensory modalities: Implications for the design of multisensory displays. *Attention: From theory to practice,* 196–205.

Van Den Brink, R. et al. (2016). Pupil diameter tracks lapses of attention. *PLoS One, 11*(10), e0165274.

Van Leeuwen, T. et al. (2015). The merit of synesthesia for consciousness research. *Frontiers in Psychology, 6,* 1850.

Wise, R. et al. (2014). An examination of the causes and solutions to eyewitness error. *Frontiers in Psychiatry, 5,* 102.

致 谢

在写作本书的过程中，我极为有幸地获得了许多人的支持。我的经纪人 Max Edwards 不知疲倦地奉献了他的洞见和鼓励。Profile 出版社的一整支团队个个杰出，他们的意见绝对无价。我要特别提一提 Nick Humphrey，是他的出色工作将手稿整顿成形；还有 Emily Frisella，她是写作过程中一位无可比拟的向导。谢谢 Alex Elam，他将本书的消息努力传到了世界各地，真令我惊叹！我还要感谢 Fran Fabriczki，她的审稿意见对我帮助巨大。在大西洋彼端，Basic Books 出版社的 Emma Berry 团队始终给予我大量的支持和睿智意见。我很享受与各位合作，也谢谢你们所做的一切。

我也有幸和很多人并肩共事，每个人都为本书做出了独特贡献。斯黛拉·恩赛尔不仅读了本书邋遢的初稿，还写下了一些弥足珍贵的评语，她把我拉进几场讨论，从根本上塑造了我的想法。几位我研究组的前成员，Alex Wilson、James 'Teddy' Herbert-Read、Alicia Burns、Matt Hansen、Mia Kent 和 Chris Reid，每一位都给我以启发，使我有了更新、更好的想法。Callum Steven 有时会当当夜猫子，个性上是妄自菲薄的典型，他的忠告与支持我都感激不尽。我还要谢谢 Rikki Jodelko 和 Hattie Jodelka 对我的鼓励，无论过去还是现在，那都对我意义非凡。

译名对照表

A   A 类神经纤维：Type A nerve fibre
     阿尔茨海默病：Alzheimer's [disease]
     阿片类物质：opioid
     阿斯巴甜：aspartame
     阿魏：asafoetida
     艾滋病（获得性免疫缺陷综合征）：
       acquired immunodeficiency syn-
       drome，AIDS
     安慰剂效应：placebo effect
     氨基酸：amino acid
     氨水：ammonia

B   巴黎语言学会：Société de Linguistique
       de Paris
     白喉：diphtheria
     白内障：cataract
     半规管：semicircular canal
     半音：semitone
     棒状杆菌：Corynebacterium
     孢子：spore
     薄荷醇：menthol
     饱腹感：satiety
     保温箱：incubator
     鲍鱼：abalone
     爆破音：plosive
     被试：subject
     本体感觉：proprioception

苯甲醛：benzaldehyde
苯硫脲：phenylthiocarbamide
鼻后通路：retronasal olfaction
鼻前通路：orthonasal olfaction
鼻咽：nasopharynx
蓖麻：castor oil plant，Ricinus commu-
  nis
蓖麻毒素：ricin
避孕药：contraceptives
边缘系统：limbic system
鞭毛：flagellum
扁虫：flatworm
扁桃仁：almond（植物：Prunus dul-
  cis）
辨别性触觉：discriminative touch
丙硫氧嘧啶：propylthiouracil
丙酸：propionic acid
病耻感：stigma
病原体：pathogen
波阵面：wave front
哺乳动物：mammal
不随意：involuntary
布冈夜蛾：bogong moth，Agrotis
  infusa
布洛芬：ibuprofen
布洛卡区：Broca's area
布尼亚松子：bunya nut

C　C类触觉纤维：C-Tactile fibre
　　参考音：reference tone
　　参宿四（猎户座 α）：Betelgeuse
　　参照系：frame of reference
　　草履虫：Paramecium
　　超加性：superadditive
　　超声波：ultrasonic wave
　　超重：overweight
　　冲击波：shockwave
　　臭鼬：skunk，Mephitidae
　　初级皮层：primary cortex
　　除臭剂：deodorant
　　触觉智能：tactile intelligence
　　触摸饥渴：touch starvation
　　传感器（感应器）：sensor
　　创伤后应激障碍：post-traumatic stress
　　　disorder，PTSD
　　锤骨：malleus，hammer
　　磁感：magnetoception
　　雌激素：oestrogen
　　次声波：infrasonic wave，infrasound
　　刺鱼：stickleback，Gasterosteidae
　　催产素：oxytocin
　　错觉：illusion
　　错视：trompe l'oeil

D　大堡礁：Great Barrier Reef
　　大肠杆菌：Escherichia coli，E. coli
　　大龙虱（镶边真龙虱）：great diving
　　　beetle，Dytiscus marginalis
　　大脑：cerebrum
　　大鼠：rat
　　大猩猩：gorilla
　　大羊驼：llama，Lama glama
　　大叶南洋杉：Araucaria bidwillii
　　袋鼠式护理：Kangaroo Care
　　[新陈]代谢：metabolism

丹宁：tannin
单孔目：monotreme
蛋白[质]：protein
岛叶[皮层]：insular cortex
地磁场：geomagnetic field
地衣：lichen
地震扰动：seismic disturbance
镫骨：stape，stirrup
颠茄：deadly nightshade，[Atropa]
　belladonna
癫痫：epilepsy
电磁[波]谱：electromagnetic spec-
　trum
电磁场：electromagnetic field，EMF
电脉冲：electrical impulse
电塔：electricity pylon
淀粉：starch
丁酸：butyric acid
酊剂：tincture
顶[浆分]泌汗腺（大汗腺）：apo-
　crine sweat gland
冬眠：hibernation
冬青白珠树：wintergreen，Gaultheria
　procumbens
[音乐]动机：motif
动觉：interoceptive
动态触觉：dynamic touch
毒芹：[water] hemlock，Cicuta
断层：fault
对数：logarithmic
对照组：the control group
多巴胺：dopamine
多普勒效应：Doppler effect

E　额叶：frontal lobe
颚：mandible
耳石：otoconia，ear dust

耳石器：otolith organ
耳屎（耵聍）：earwax，cerumen
耳蜗：cochlea
二甲硫醚：dimethyl sulphide
二色性：dichromatic
二氧化碳：carbon dioxide

F　[神经]发放：fire
发色团：chromophore
发育稳定性：developmental stability
法拉第笼：Faraday cage
番茄碱：tomatine
反安慰剂效应：nocebo effect
反射：reflex
泛音：overtone
方解石：calcite
非正式民意调查：straw poll
鲱鱼：herring，Clupea harengus
肥胖：obese
肺鱼：lungfish
分贝：decibel
分贝仪：decibel scale
分泌：secret
分子扭曲：molecular contortion
风湿病：rheumatism
风味：flavour
伏隔核：nucleus accumbens
佛塔树：banksia tree，Banksia integrifolia
浮潜：snorkeling
福尔马林（甲醛溶液）：formalin
[蕨类]复叶：frond

G　G蛋白偶联受体120：G protein-coupled receptor 120，GPR120
钙：calcium
甘茨菲尔德效应：Ganzfeld effect

柑橘类：citrus
感官生态学：sensory ecology
感官生物学：sensory biology
感光：photosensitive，light-sensitive
感光细胞：light-sensitive cell
感觉（感官）：sense
感觉[内容]：sensation
感觉毛：sensory hair
感觉皮层：sensory cortex
感觉受器（感觉受体）：sensory receptor
感受器（受体）：receptor
感受野：receptive field
感受质：qualia
感性：sensibility
感知：perceive
干呕：dry heaving
睾酮：testosterone
睾丸：testes
搞笑诺贝尔奖：Ig Nobel Prize
隔音：soundproof
个性（人格）：personality
工作记忆：working memory
供体：donor
共情（同理心）：empathy
构象：conformation
构造活动：tectonic activity
谷氨酸：glutamate
谷氨酸单钠（味精）：monosodium glutamate，MSG
谷物：cereal
骨传导：bone conduction
鼓膜（耳膜）：eardrum，tympanic membrane
光合作用：photosynthesise
光学窗口（大气窗）：optical window，atmosphere window

光子：photon
果蝇：fruit fly
过度活跃：hyperactive

H　海拔：altitude
海带：kelp [seaweed]
海马：hippocampus
海鹦：puffin，Fratercula
河狸：beaver，Castor fiber
河狸香：castoreum
赫兹：hertz
褐黑素：pheomelanin
黑白：monochrome
黑背钟鹊（澳洲钟鹊）：Australian
　magpie，Gymnorhina tibicen
黑色素：melanin
黑猩猩：chimpanzee
恒河猴：rhesus macaque，Macaca
　mulatta
红外光（红外线）：infrared light
宏量营养素：macronutrient
虹膜：iris
喉：larynx，voice box
狐臭：body odour，BO
胡蜂：wasp，Vespidae
胡椒莓（山胡椒）：pepperberry
葫芦巴：fenugreek
虎皮鹦鹉：budgerigar，Melopsittacus
　undulatus
花生四烯酸：arachidonic acid
化学梯度：chemical gradient
化学物理觉：chemesthesis
怀孕：pregnancy
坏疽：gangrene
坏血病：scurvy
幻觉：hallucination
幻嗅：olfactory hallucination

唤起：arouse
皇家紫（提尔紫，骨螺紫）：royal
　purple，Tyrian purple
黄豆（大豆）：soybean
黄热病：yellow fever
挥发性：volatility
[脑]灰质：grey matter
回声探测仪：echo sounder
回忆隆起：reminiscence bump
茴芹籽：aniseed
混响：reverberation
混杂因素：confounding factor

J　机械感觉：mechanosensation
机械敏感性（牵张敏感性）：mecha-
　nosensitivity
鸡尾酒会效应：cocktail party effect
基频：fundamental frequency
基因型：genotype
基因组：genome
激声：sonic laser，saser
激素：hormone
吉丁虫：jewel beetle，Buprestidae
脊柱：spine
脊椎动物：vertebrate
寄生生物：parasite
加色：addictive
夹竹桃：oleander，Nerium oleander
甲亢（甲状腺功能亢进）：hyperthy-
　roidism
甲壳类[动物]：crustacean
甲硫醇：methylmercaptan
甲状旁腺：parathyroid gland
甲状腺：thyroid gland
甲状腺肿：goitre
钾盐：potassium
假基因：pseudogene

[美国] 检察官：prosecuting attorney

减色：subtractive

碱性：alkalinity

剑齿虎：sabre-toothed tiger

姜：ginger

奖赏：reward

降噪耳机：noise-cancelling headphone

角膜：cornea

脚气病：beri-beri

酵母：yeast

结核：tuberculosis

介质：medium

芥末：mustard

[视觉] 近点：near point

近视：short-sightedness，myopia

尽责性：conscientiousness

晶体蛋白：crystallin

晶状体：lens

精神分裂 [症]：schizophrenia

静态触觉：static touch

鹫：vulture

局部麻醉：local anaesthetic

橘子：mandarin

聚氯乙烯：polyvinylchlorid，PVC

蕨菜（欧洲蕨）：bracken，Pteridium aquilinum

K　开放性：openness

可穿戴技术：wearable technology

可听声谱（频谱）：audible spectrum

恐音症：misophonia

口感：mouth feel

枯草热（花粉症）：hay fever (pollinosis)

苦瓜：bitter melon，Momordica charantia

筐东（尖叶檀香）：quandong，Santalum acuminatum

辣根：horseradish　　　　　　　　　　L

辣椒素：capsaicin

蓝花楹：jacaranda

蓝鲸：blue whale，Balaenoptera musculus

蓝纹奶酪：blue cheese

蓝细菌（蓝藻）：cyanobacterium

棱镜：prism

离子：ion

痢疾：dysentery

连续性错觉：continuity illusion

联觉：synaesthesia

链 [式] 反应：chain reaction

链霉素：streptomycin

椋鸟：starling

两点辨别觉测试：two-point discrimination test

两栖类 [动物]：amphibian

猎蝽：assassin bug，Reduviidae

灵长类：primate

琉璃繁缕：scarlet pimpernel，Anagallis arvensis

硫醇：thio[alcohol]，mercaptan

硫代葡萄糖苷：glucosinolate

硫黄：sulphur

榴莲：durian

芦笋：asparagus

鲁菲尼神经末梢（球状小体）：Ruffini [nerve] ending，bulbous corpuscle

卵圆窗：oval window

乱伦：incest

罗勒：basil

绿豆蝇（丽蝇）：bluebottle，Calliphora

氯化钠：sodium chloride

迈斯纳小体：Meissner corpuscle　　　　M

麦格克效应：McGurk effect
麦角：ergot
麦角酸二乙酰胺：lysergic acid diethyl-amide，LSD
盲点：blind spot
[布莱叶]盲文：Braille
蟒：python
毛囊：hair follicle
梅克尔细胞：Merkel cell
梅克尔小盘：Merkel['s] disc
蒙特利尔术式：Montreal Procedure
猛禽：bird of prey
摩擦音：fricative
缪勒-利尔错觉：Müller-Lyer illusion
木薯：cassava，Manihot esculenta

N 钠盐：sodium
脑波：brain wave
脑电图：electroencephalogram，EEG
内啡肽：endorphin
内感受敏感性：interoceptive sensitivity
内感受性：interoceptive
拟像：simulacrum
鲶鱼：catfish，Siluriformes
黏膜表层：mucosal lining
黏液：mucus
尿素：urea
啮齿动物：rodent
颞上回：superior temporal gyrus
颞叶：temporal lobe
柠檬香桃：lemon myrtle，Backhousia citriodora
纽甜：neotame
浓度：concentration
疟疾：malaria
疟原虫：Plasmodium
诺贝尔生理学或医学奖委员：the Nobel Committee for Physiology or Medicine

爬行动物：reptile   P
帕尔马干酪：Parmesan
帕金森病：Parkinson's disease
帕奇尼小体：Pacinian corpuscle
排卵：ovulation
泡沫橡胶（海绵橡胶）：foam rubber
皮肤兔错觉：cutaneous rabbit illusion
皮脂腺：sebaceous gland
皮质醇：cortisol
蜱虫：tick，Ixodida
偏头痛：migraine
偏振：polarisation
频率：frequency
平衡觉：equilibrioception
葡萄球菌[属]：Staphylococcus
普鲁斯特效应：Proust Effect
谱色：spectral colours

七鳃鳗：lamprey   Q
栖息地（生境）：habitat
脐带：umbilical cord
启动：prime
气压[的]：barometric
牵张感受器：stretch receptor
前体：precursor
前庭系统：vestibular system
前庭眼反射：vestibulo-ocular reflex，VOR
前嗅核：anterior olfactory nucleus
前缘上回：anterior supramarginal gyrus
潜意识：subconsciousness
茄碱（龙葵素）：solanine
青柠（酸橙）：lime
轻触觉：gentle touch

情绪：emotion
情绪性触觉：emotional touch
氰化物：cyanide
蚯蚓：earthworm
球芽甘蓝：brussels sprouts，Brassica oleracea var. gemmifera
躯体感觉：somatosense
鼩鼱：shrew，Soricidae
去垢剂（洗涤剂）：detergent
去离子：deionise

R 蚺：boa
染色体：chromosome
热量：calorie
人格同一性：personal identity
人工甜味剂：artificial sweetener
人工智能：artificial intelligence，AI
人类白细胞抗原复合体：human leuco-cyte antigen complex，HLA complex
妊娠晚期：third trimester
蝾螈：salamander
肉桂：cinnamon
肉食动物：carnivore
乳状液：emulsion
软体动物：mollusc

S 鳃：gill
三氯蔗糖：sucralose
三原色理论：trichromatic theory
色素：pigment
涩味：astringency
伤害感受：nociception
哨笛：penny whistle
舌乳头：lingual papilla
麝猫油：civet oil
麝香：musk
神经递质：neurotransmitter

神经可塑性：neural plasticity
神经通路：nervous pathway
神经元：neuron
神经质：neuroticism
神秘果：miracle fruit
神秘果蛋白：miraculin
审美寒战：frisson
肾上腺：adrenal gland
肾上腺素：adrenaline，epinephrine
渗透压：osmotic pressure
声襞：vocal fold
声道：vocal tract
声景：soundscape
声呐：sonar
声压：sound pressure
声影：sound shadow
失智（痴呆）：dementia
十二烷基硫酸钠：sodium lauryl sul-phate，SLS
十字花科：cabbage family，mustard family，Brassicaceae，Cruciferae
食草动物：grazer
食管：oesophagus
食蝗鼠：grasshopper mouse
食欲刺激素（胃促生长素）：ghrelin
世系：lineage
似曾相识：déjà vu
侍酒师：sommelier
视杆细胞：rod [cell]
视黑素：melanopsin
视黄醛：retinal
视交叉上核：suprachiasmatic nucleus
视觉对比：visual contrast
视敏度：visual acuity
视皮层：visual cortex
视神经：optic nerve
视网膜：retina

视野：visual field

视锥细胞：cone [cell]

视紫红质：rhodopsin

手语：sign language

手指柠檬：finger lime，Citrus australasica

水解蛋白：hydrolysed protein

水芹：cress

水玉霉：Pilobolus，hat-thrower fungus

松节油：turpentine

松露：truffle

松脂：resin

苏格兰帽椒：Scotch bonnet

酸角：sour tamarind,Tamarindus indica

随意：voluntary

T 胎儿：foetus

苔原：tundra

肽：peptide

檀香：sandalwood，Santalum

碳水化合物：carbohydrate

碳酸：carbonic acid

糖苷：glycoside

糖精：saccharin

糖尿病：diabetes

螳螂虾：mantis shrimp

特化：specialised

体侧线：lateral line

体感皮层：somatosensory cortex

体验营销：experiential marketing

甜菜 [根]：beetroot

萜烯：terpene

听皮层：auditory cortex

听小骨：ossicles

瞳孔：pupil

突变：mutation

土臭素：geosmin

褪黑素：melatonin

外感受性：exteroceptive W

外泌汗腺（小汗腺）：eccrine sweat gland

外膜：outer membrane

外向性：extraversion

豌豆：pea

万寿菊：marigold，Tagetes

网格细胞：grid cell

韦尼克区：Wernicke's area

维生素：vitamin

位置细胞：place cell

味道，味觉：taste

味蕾：taste bud

胃肠气：flatus

温度觉：thermal sensation，thermoception

吻部：snout

稳健：robust

倭黑猩猩：bonobo

巫蛴螬：witchetty grub

无创性：non-invasive

无脊椎动物：invertebrate

无线电波：radio wave

芜菁（大头菜）：turnip，Brassica rapa

无意视盲：inattention blindness

吸血蝠：vampire bat X

细胞应激反应：cellular stress response

细节点（指纹特征点）：minutiae

下颌：jaw

下丘脑：hypothalamus

纤毛：cilium

鲜：umani，savouriness

线虫：roundworm，nematode

腺鼠疫：bubonic plague
香菜（芫荽）：coriander, Coriandrum sativum
香精：essence
响度：loudness
响尾蛇：rattlesnake
橡胶手错觉：rubber hand illusion
消音室：anechoic chamber
小青菜：bok choi, Brassica rapa var. chinensis
小脑：cerebellum
小鼠（小家鼠）：mouse
小行星：asteroid
协同作用：synergy
谐波：harmonic
心悸：heart palpitation
心境：mood
心相世界（环境界）：umwelt
《新英格兰医学杂志》：*the New England Journal of Medicine*, *NEJM*
信鸽：homing pigeon,Colomba livia
信息素：pheromone
猩红热：scarlet fever
[红毛]猩猩：orangutan
行波（前进波）：progressive wave
行为库：behavioural repertoire
杏仁核：amygdala
性唤起：sexual arousal
性腺：gonad
雄烯酮：androstenone
嗅觉白：olfactory white
嗅觉超敏：hyperosmic
嗅觉丧失：anosmia
嗅敏度：olfactory acuity
嗅球：olfactory bulb
嗅上皮：olfactory epithelium
须弥芥：rock cress, Cruchimalaya

雪松：cedar, Cedrus
血红蛋白：haemoglobin
血脑屏障：blood-brain barrier
血清素：serotonin
熏蒸[法]：fumigation
薰衣草：lavender
寻血[猎]犬：bloodhound

Y

压力波：pressure wave
颜色视觉（色觉）：colour vision
眼眶：eye socket
眼裸藻（眼虫）：Euglena
鼹鼠：mole
验光师：optician
羊水：amniotic fluid
洋蓟：artichoke, Cynara cardunculus var. scolymus
洋蓟酸：cynarin
养分梯度：nutrient gradient
遥感：remote sensing
宜人性：agreeableness
胰岛素：insulin
胰腺：pancreas
遗传多样性：genetic diversity
遗传适合度：genetic fitness
异戊酸：isovaleric acid
音叉：tuning fork
音高：pitch
音量：volume
音色：timbre
音位：phoneme
吲哚：indole
隐花色素：cryptochrome
鹦鹉螺：nautilus
营养不良：malnutrition
游离神经末梢：free nerve ending
有机硫：organosulphur

[昆虫]幼虫：larva

鱼露：fish sauce，garum

羽衣甘蓝：kale，Brassica oleracea var. acephala

语言相对主义：linguistic relativism

阈下：subliminal

阈值：threshold

原色：primary colour

原生生物：protist

原始语言：protolanguage

原驼：guanaco，Lama guanicoe

原味：primary taste

月见草：evening primrose

月经周期：menstrual cycle

芸豆（菜豆）：kidney bean，common bean，Phaseolus vulgaris

孕酮（黄体酮）：progesterone

运动反弹效应（错觉）：moiton bounce effect（illusion）

运动皮层：motor cortex

Z 杂食动物：omnivore

再犯率：recidivism

皂苷：saponin

瘴气：miasma

真北：true north

真黑素：eumelanin

真菌：fungus

真皮：dermis

砧骨：incus，anvil

诊断：diagnotics

振荡：oscillation

振动：vibration

振幅：amplitude

震中：epicentre

镇痛：analgesic

整形外科医师：plastic surgeon

正位反射：righting reflex

知觉：perception

脂肪酸：fatty acid

植食动物：herbivorous animal，herbivore

植物化学物：phytochemical

中脑边缘通路：mesolimbic pathway

中央凹：fovea

潴留：retention

主要组织相容性复合体：major histocompatibility complex，MHC

转导：transduction

孜然：cumin

紫外光（紫外线）：ultraviolet light，UV

自传性记忆：autobiographical memory

自动效应：autokinetic effect

自然选择：natural selection

自身免疫应答：autoimmune response

自我感：sens of self

字素：grapheme

纵波：longitudinal wave

最小可觉差（极限可分辨差别）：just noticeable difference，JND